高密度山地城市空间效能与布局优化

李和平　刘　志　著

科学出版社

北　京

内 容 简 介

随着全球性的“城市时代”来临，高密度发展既是我国城市发展的现实环境也是未来发展的主要趋势。提高城市空间效能，促进城市空间集约化、生态化发展成为当前城市发展的重要议题。本书以山地城市空间布局为研究对象，揭示影响空间效能的主要因素，提炼空间布局效能优化的评价因子，建立空间效能分析模型，提出空间效能评价的方法和分析技术。基于系统论、协同论和控制论三大理论，结合山地城市空间布局协调发展中集约化与生态化的内涵，提出高密度山地城市空间布局效能协调的概念、目标及方法，以指导山地城市的空间布局优化。并以重庆市渝中半岛为例，从宏观、中观、微观三个层面进行实证分析。

本书适于城乡规划、建筑学及相关领域的专业人员、城市建设管理工作者阅读，也可作为大专院校有关专业的教学参考书。

图书在版编目（CIP）数据

高密度山地城市空间效能与布局优化 / 李和平，刘志著. —北京：科学出版社，2022.3

ISBN 978-7-03-066981-0

Ⅰ. ①高… Ⅱ. ①李… ②刘… Ⅲ. ①山地－城市空间－空间规划－研究－中国 Ⅳ. ①TU984.2

中国版本图书馆 CIP 数据核字（2020）第 230426 号

责任编辑：张 展 朱小刚 / 责任校对：樊雅琼
责任印制：罗 科 / 封面设计：陈 敬

科 学 出 版 社 出版
北京东黄城根北街 16 号
邮政编码：100717
http://www.sciencep.com

四川煤田地质制图印刷厂 印刷
科学出版社发行 各地新华书店经销

*

2022 年 3 月第 一 版 开本：B5（720 × 1000）
2022 年 3 月第一次印刷 印张：17
字数：340 000

定价：149.00 元

（如有印装质量问题，我社负责调换）

前　言

目前，世界城市数量和规模日益扩大，2007年全世界城市人口在超过农业人口后迅速攀升，全球性的“城市时代”已经来临。我国在经历了40多年的持续快速经济增长、城市化迅猛发展之后，进入了发展转折期，2011年底我国人均GDP已经超过5400美元，进入国际公认的社会重大转型阶段，城市化率首次突破50%达到51.3%，也进入美国地理学家诺瑟姆（Northam）提出的城市化进程“S”形曲线的上升时期。对处于快速持续城市化进程中的中国城市而言，一方面，像京津冀、长三角、珠三角及成渝等几个最重要的城市群地区，正面临城市人口规模和建设规模高密度发展带来的压力；另一方面，在我国土地资源相对短缺的情况下，高密度发展既是城市发展的现实环境又是未来发展的主要趋势，是不同于许多国外城市发展模式的区别所在。同时，国家在宏观政策方面提出以改善城市人居环境为目标的提高城市空间利用效率的策略，并提出城市工作要尊重城市发展规律，要坚持集约发展，框定总量、限定容量、做优增量、提高质量的发展思路。

伴随着城市化进程的明显加快，我国大都市的空间正在发生着一些非常重要的根本性变化，山地城市尤为明显，这既体现在城市二维空间规模的不断拓展，又体现在城市空间三维化、立体化的发展，其中一些变化可被视作传统的延续，而另外一些变化则预示着城市空间演变的新方向。“十三五”时期是全面建成小康社会决胜阶段，更是我国城市化发展的关键时期。防治“城市病”、逐年减少建设用地增量、提高产业和人口集聚度是这一时期城市建设的主要内容。我国城市化布局的主导方向是促进城市健康发展，而提高城市空间效能，促进城市空间集约化、生态化发展成为重要的课题，这种情况迫切需要建立科学合理的评价方法对城市现状效能情况进行评价，从而针对存在的问题建立解决高密度发展过程中城市空间问题的优化技术体系。我国城市经济发展进入“新常态”时期，我国的城市建设随之也由“增量”规划转向“存量”规划，如果说在增量发展阶段我们关注的是城市的二维空间拓展与三维空间增长，则存量规划时期我们更应该关注城市空间布局的运行效能。基于此，本书依托国家科技支撑计划课题项目展开研究，突出将城市高密度发展作为一种城市（地区）发展类型，分析高密度发展在城市空间布局层面带来的各种问题，同时强调高密度发展在城市空间布局中的现实意义。

高密度概念具有相对性，高密度的城市环境往往不只是物理层面的高密度，与人们的感知也有密切关系。高密度城市环境的形成不仅受到物理密度增加的影响，还包括城市化的快速发展、人口急剧增加、人居环境改善诉求及生态补偿等。高密度发展作为我国新时期城市乃至城市群的重要发展类型，其在我国山地城市用地紧张的条件下为节约城市用地起到关键作用。同时，由于高密度发展的自身规律，在发展过程中城市空间布局层面显现出了各种各样的问题。对于山地城市而言，城市用地紧张，拓展难度较大，受地形地貌等因素的影响，一方面，高密度发展成为山地城市发展的必然途径，另一方面，山地城市在高密度发展的同时，也对城市空间效能的发挥有所制约。

本书以山地城市空间布局为研究对象，包括城市空间结构、土地利用、道路交通等，从空间效能的特性出发，揭示影响空间效能的主要因素，提炼空间布局效能优化的评价因子，建立空间效能分析模型，提出空间效能评价的方法和分析技术。基于系统论、协同论和控制论三大理论，结合山地城市空间布局协调发展中集约化与生态化的内涵，提出高密度山地城市空间布局效能协调的概念、目标及方法，以指导山地城市的空间布局优化。并以重庆市渝中半岛为例，从宏观、中观、微观三个层面进行实证研究，印证“高密度概念与标准-空间效能评价体系-空间效能优化标准-空间效能优化策略”的空间布局效能优化方法的实践作用。

经济的快速发展不但触发城市用地规模持续扩展，而且土地财政、房地产市场过热等因素导致了城市高人口密度和高建设强度的状态同时存在。由此带来了诸多空间布局问题，如城市空间结构发展模糊化、用地功能混乱，利用率低下、道路交通水平与城市高密度发展不吻合、山地城市自然环境及建成区更新成本巨大拉低城市经济效能、高密度发展降低城市舒适性、危及城市生态效能限度等。在此背景下，作者基于山地城市空间布局效能评价提出山地城市空间布局效能协调发展理论、协调目标及协调方法，并通过实证研究进行了验证。对补充城市空间布局优化理论，指导山地城市空间布局优化具有一定的理论意义和现实意义。

本书研究内容受到国家科技支撑计划项目“城市群空间规划与动态监测关键技术研发与集成示范项目”中课题“城镇群高密度空间效能优化关键技术研究”（课题编号：2012BAJ15B03）的资助。

目　　录

第 1 章　高密度城市空间认知

通过研究背景及相关概念的解读，认识到高密度是我国城市的发展现状，且高密度发展在空间层面带来了一定的问题，城市的诸多问题是随着城市密度不断增加出现的，并且随着城市高密度的发展，城市病会愈演愈烈。但目前国内外仍然没有对高密度的统一定义。本章主要通过对城市密度的理解探讨城市密度与城市形态的关系，在我国近 30 年的城市建设基础上探寻城市密度的时空发展规律及高密度城市空间的形成动因，结合国内外学者高密度研究及我国国情初步提出高密度城市空间识别标准，进一步阐释高密度城市空间的内涵，为后续的研究提供基础。

1.1　高密度城市的内涵

欧洲的城市经过 19 世纪的工业革命后，均呈现出快速的发展态势，随之则是人口向城市集中、满足拥挤人口的城市住宅和工作坊增加，同时也导致疾病、犯罪增多等现象。有学者提出这种情况产生是因为城市密度不断增加，城市密度就是这种城市现象的形象表达，当然也起到了一定的警示作用，这样的警示作用直接促使城市低密度发展思潮的产生，其是人们期待的分散化的城市环境，一种低密度的城市形态，正如现在英国的花园城市及北美城市的郊区化发展一样。

如今，人们使用密度概念的时候，总会联想到 19 世纪欧洲的高密度所带来的城市问题，这种阴影挥之不去。不管是媒体报道、学者研究还是普通市民的看法，凡是提到城市高密度发展，第一意识就是“城市问题”或者“城市困境”等内容。貌似城市高密度发展就是城市拥挤、城市环境被污染以及居住在城市中人们压抑的代名词；甚至有人认为城市高密度发展就是城市土地的超负荷使用、城市资源的提前消费以及不断挤压城市公共空间的做法；而生活在城市中市民的心理，往往把城市的高密度环境与内心的压抑、不快联系起来，总是觉得欧洲那种低密度才是理想的生态环境（张为平，2009）。人们一旦谈及密度，必然与拥挤以及环境的负面影响联系在一起。

其实城市密度是城市人口和城市建筑物等物质空间要素的量化指标，而不是市民的主观感受，一个城市属于高密度城市或者低密度城市不能够仅通过市民甚至研究学者的直觉来判断。即使一个经验丰富的规划师，如果没有依赖现实密度计算而获得的密度数据，也很难对某种形式的密度做出符合客观实际的判断。在判断一个城市地区的密度时，有时建筑和城市规划行业的专业人员并不一定比业余的公众更准确。因此，在确定与比较城市密度时，将涉及密度的有关因素定量化和明确是十分重要的。

为了梳理与澄清不同的密度概念，下文将对高密度含义不确定性、衡量城市密度的指标、密度与城市形态关系等方面展开陈述。

1.1.1 高密度含义不确定性

目前，在我国没有专门针对城市密度高低的法规或者规章制度，规划建筑设计领域对城市或者一个地块的密度高低有一些通用的标准，人们一般认为一个地块所有建筑的容积率不超过 1.0，即所有建筑面积与地块用地面积的比值低于 1 则称为低密度，容积率在 1.0～2.0 为中密度，容积率超过 2.0 一般就被认为是高密度了，或者在我国一些江南水乡地区，虽然建筑层数并不高，但是建筑的覆盖率相对来说非常高，往往达到 70%甚至更高，这些古镇或者传统村落的街道和公共空间相对非常狭窄，一些小镇往往人车混杂，可以说城市环境完全属于高密度状态，规划设计领域将这种状态称为低层高密度（董春方，2012）。

其实，规划设计行业对城市或者住区的密度也有评价高低的标准。如果将中国规划与建筑设计领域内的密度共识标准转换成欧美的每公顷居住单元密度，也可以发现有相似之处。假定容积率为 1.0 的居住小区，其中的住宅类型为独立或者联排住宅（在中国，低于 1.0 容积率的居住小区通常是所谓的“别墅区”，即独立与联立低层住宅小区），以 200m^2/居住单元计，那么 1.0 的容积率就等于每公顷 50 个居住单元，是低密度容积率的上限，类似于美国、英国、以色列的低密度标准。以容积率 1.5 的居住小区为例，其中的住宅类型为多层公寓住宅，如果按照一户 100m^2 计算，在容积率为 1.5 的居住小区，相当于每公顷可以容纳 150 个单元，按照欧美计算则处于中密度水平。同理，2.0 的容积率就可以容纳 200 个居住单元，就达到了高密度水平。实际上容积率不是唯一一个控制城市地块的发展指标，在我国，一个地块往往受到容积率、建筑覆盖率、绿地率以及日照要求等指标综合约束，规划与建筑设计的经验表明，容积率为 2.0 的居住小区，是多层公寓的最高密度了。更高的容积率必须通过高层建筑才能实现，也符合国家及地方相关法规的基本要求。

其实，把建成环境的高密度与居住人口的高密度联系在一起，城市高密度的含义有时会产生相反的效果，在居住人口不变的情况下，增加建筑面积，建筑密度呈现上升趋势，但是单位建筑面积的人口密度呈现出下降的趋势，也就是说，单位个人拥有了更多的建筑空间，所以人们谈及的城市高密度不是绝对的，是对城市密度状态的综合描述。高密度的建造环境不代表高人口密度，反之低人口密度并不意味着建筑密度也低（Rapoport，1975）。

高密度的不确定性往往还体现在人们对城市的感觉密度。感觉密度更多强调的是个人的直观感受（图 1.1），主要指人们对城市某个环境中人口规模和建筑规模的感觉和估算。不同的空间布局、不同的建筑分布都会影响人们对空间密度的感觉；感觉密度往往是在个人及其所处的城市环境相互作用的过程中逐步形成的，个人的社会背景、社会认知对感觉密度的大小有一定的影响（Alexander，1993）。

图 1.1　感觉密度示意图

资料来源：吴恩融. 2014. 高密度城市设计[M]. 北京：中国建筑工业出版社.

人与周边环境的相互关系是感觉密度最为强调的。感觉密度不等同于实际的空间密度，是人在城市环境中通过相互作用而产生的一种对空间感知的状态。曾经有学者通过室内环境的变化研究人在环境中感觉密度的变化，一些建筑特性有可能改变密度和拥挤的感觉，如色彩、照明、房间形状、窗户尺寸、房屋高度、采光、隔断/分区、家具等（图 1.2）。

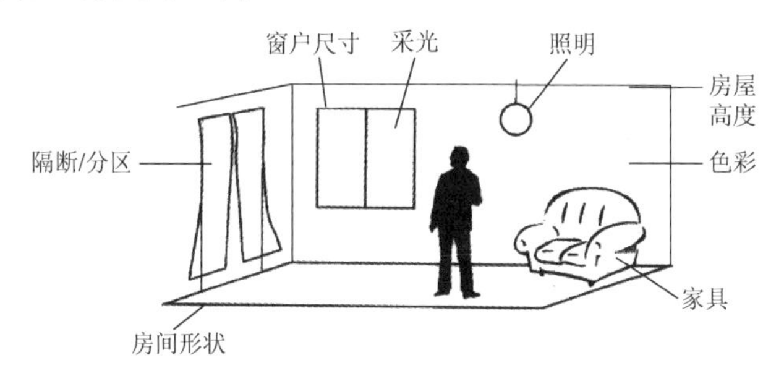

图 1.2　影响密度感觉的建筑特征

资料来源：吴恩融. 2014. 高密度城市设计[M]. 北京：中国建筑工业出版社.

人们发现，在城市环境中，城市的建筑形式和城市特征对感觉密度有直接的影响（图 1.2）。拉波波特（Rapoport）通过对城市环境中建筑的高度、街道高宽比、环境组合要素、交通情况等内容的研究，认为它们可以影响感觉密度的产生。

在库珀-马库斯（Cooper-Marcus）和扎尔基西安（Sarkissian）撰写的《住宅开发指南》中，作者提出了影响感觉密度产生的设计要素，如建筑的整体规模、建筑之间的空间、建筑立面的变化和通往开放空间、绿色空间的视线通廊。另外，博内斯（Bonnes）提出，街道宽度、建筑高度、建筑规模、建成空间和空闲空间之间的协调等空间特性都可以影响人们的感觉密度。弗拉克斯巴特（Flachsbart）通过一项实证研究，考察若干种建筑形式对感觉密度的影响，他发现，比较短的地块长度和更多的交叉路口能够降低感觉密度。当然，街道宽度对感觉密度没什么影响。此外，一些属性，如街道形状、坡度和建筑地块的多样性也没有展示出明显的影响。扎卡里斯（Zacharias）和斯坦普斯（Stamps）则认为感觉密度与建筑布局密切相关。他们通过实验模拟发现建筑布局影响人们感觉密度的要素主要包括建筑数量、体量以及建筑间的间隔，而建筑的质量以及细部没有显示出对感觉密度有什么重要的影响。目前为止的研究显示，密度的感觉是与一定的环境暗示相联系的；当然，特别涉及高密度的感觉时，除形体特征外，个人认识和社会文化因素同样是感觉密度的关键因素。

1.1.2 衡量城市密度的指标

根据《不列颠百科全书》，密度（density）是“单位体积的某种物质的质量”。如果密度以一定土地面积上的人口比率作为参考量度，那么可想而知，参照不同尺度的地理单位，密度的含义将发生重大的变化。以香港为例，如果按照香港特别行政区行政面积计算人口密度，截至 2018 年香港的人口密度大约为每平方千米 0.7 万人（人口约 742.89 万，行政区面积约 1106.66km^2），但是如果把参照值换成香港的建成区面积，则人口密度将达到每平方千米 25900 人，是香港地域土地面积的人口密度的近 4 倍（Edward，2010）。又如，重庆市作为山地城市给人留下城市建筑密集、道路拥挤、人口稠密的印象，依据 2014 年《中国城市建设统计年鉴》提供的数据，行政区域面积为 31849km^2，常住人口为 1952.1 万，人口密度大约为 612.92 人/km^2，显然与人们对重庆市密度的实际感受大相径庭。而中心城区建成区面积 1233.44km^2，常住人口 1243.48 万，人口密度大约为 10081.40 人/km^2；如果以重庆市渝中半岛计算，常住人口 65.02 万，人口密度大约为 27423 人/km^{2}①。同样是描述重庆市的密度，如果以全市行政区域作为面积依据，重庆市的密度并不高；而如果以中心城区或者建成区为面积依据，重庆市的密度就已经相当高了。所以在密度统计与计算时，明确地限定地理参照量度是至关重要的，否则密度量度的比较是非常困难的。有时甚至失去其意义。

① 《中国城市建设统计年鉴》（2014）。

目前，还没有关于城市高密度或者城市低密度的国家或地区统一标准，只有如何测量密度的方法，在建筑学科中基本按照人口密度和建筑密度来度量，当然这里的建筑密度不是建筑覆盖率的概念。从字面理解，建筑密度是关于建筑总量的指标，指一定用地区域上所有建筑总量的表达，同理人口密度是有关人口总体规模的指标，指一定空间内人口数量的多少。常用的人口密度和建筑密度的表达方式如下：

1. 人口密度

人口密度是单位用地上所有人口规模总量（图 1.3），表达的是一定地域范围内人口聚集的程度。一般按照每平方千米的人口规模来计算。人口密度的计算有行政区人口密度、居住区人口密度以及城市人口密度等方法，主要是统计的地域范围有所区别。行政区人口密度一般是国家城市统计年鉴中常用的计量单位，通过行政区的全部人口和全部土地面积计算得到。这里的行政范围土地面积为行政范围内所有建成及未开发的土地面积。在中国，行政区域人口密度通常用来表示人口的分布状况，一般国土规划和区域规划都采用行政区域人口密度作为主要的参照数据。居住区人口密度是指人口规模和居住区用地的比率，以人口总量/居住区总用地面积计算。在我国相关规范中又分为居住区人口毛密度和居住区人口净密度[①]。如果说区域人口密度是宏观层面的描述，居住区人口密度是微观层面的描述，那么城市人口密度应该属于中观层面的城市人口密集程度的指标。城市人口密度也是本书中度量城市是否高密度的一个指标，往往按照城市常住人口/城市建成区面积来计算。虽然在城市中人口密度的分布呈现差异性，但通过不同城市之间的城市人口密度比较，基本可以确定某个城市人口的集聚程度。

图 1.3 人口密度示意图

① 《城市规划基本术语标准》(GB/T 50280—98)。

人口密度在评价城市环境是否为拥挤状态上具有重要价值，当然仅仅通过人口密度未必可以反映真实情况。就我国目前的城市环境来讲，一般高密度的城市或者高密度的地区人口密度相对来说还是处于高密度状态。当然很多时候人口密度低未必就意味着环境密度也一定低。例如，当一定的用地面积上居住较少的人口，同时拥有较大的建筑空间时，那么就表示该地块容积率较高，而人口密度并没有处于高密度的状态。

2. 建筑密度

本书所研究的城市建筑密度并不是传统泛指的建筑覆盖率，而是指一定区域内城市总建筑面积与区域用地面积的比率，通常用城市毛容积率表达，主要反映区域内建筑总量的集中程度。

1）建筑覆盖率

建筑覆盖率①主要指城市或者一个区域所有建筑基底面积和总用地面积的比值，指标的高低反映区域或者用地中建筑的密集度以及空地率。

建筑覆盖率是评价城市环境密度状态的重要参照指标，建筑覆盖率与建筑容积率之间不是正相关和负相关关系，主要表达的是建筑外部开放空间在环境中量的多少，建筑覆盖率越高，空地率相对就越小，留作空间绿化景观的用地就相对少了，也就是说，用地内建筑密集度较高；反之亦然，实际生活中，城市用地拥有较高建筑覆盖率时，往往建筑容积率不高，一般工业用地、物流用地属于这种情况，居住用地基本是以中低层建筑为主的社区，主要是环境中建筑密集程度较高。

2）建筑容积率

建筑容积率是指总建筑面积与建筑所在用地面积的比率（图 1.4）。通常在许多案例中，规划文件会给出精确的用地范围。计算容积率所需要的基地面积和总建筑面积一般是一个准确的数字，所以容积率通常也是一个清晰的指标。建筑容

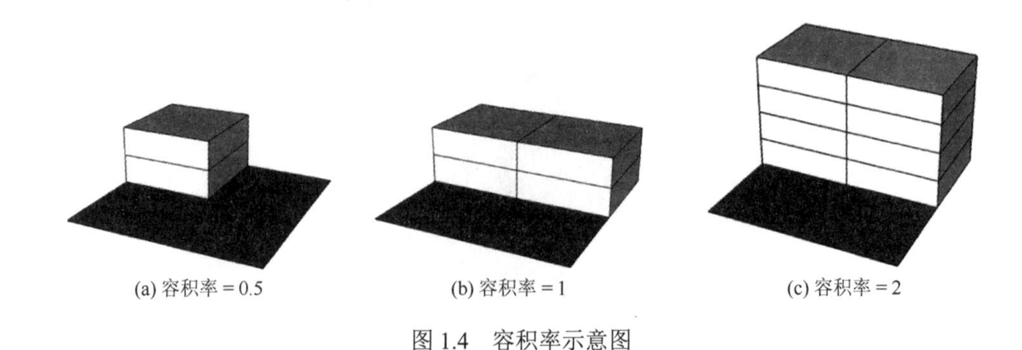

(a) 容积率 = 0.5　　(b) 容积率 = 1　　(c) 容积率 = 2

图 1.4　容积率示意图

① 《民用建筑设计统一标准》（GB 50352—2019）。

积率反映独立于建筑形态与组构方式的建筑容量强度指标，其指相对应的用地上的总建筑面积。在现行的规划体系中，容积率往往是用地中一项最重要的控制指标，容积率往往决定了一定地域范围内的总体规模及一定范围内的环境状态，通常也是防止城市过度开发而对城市环境造成不可逆转的重要指标。

从二维空间看，高容积率不能代表环境的高密度状态，同时如果考虑人口密度因素，高密度状态还受到入住率的影响。但如果从三维空间考察环境密度状态，建筑覆盖率与环境密度状态没有直接关系，高容积率就表示三维空间中所容纳的建筑容量更多。

计算容积率的分子分母同样也经历了不同的发展阶段，最开始使用住宅的数量或者人口规模来计算容积率，当测度非住宅建筑的时候难以获得准确的数值。为了获得准确的容积率数值，早在 20 世纪 40 年代，英国卫生部就建议使用建筑总面积作为计算分子来计算容积率。这个度量建筑密度的指标被称为楼面空间指数（floor space index，FSI），后来这个指标成为欧洲量度建筑密度的公共标准。而美国将该指标称为容积率（floor to area ratio，FAR），即总建筑面积与总用地面积的比值。这一概念所表达的关系是基地与总建筑规模的关系，当然也有国家采用容积率的反向指标来衡量建筑密度。例如，荷兰就采用了用地指数（land index），即总用地面积/总建筑面积（Pont and Haupt，2004），几个国家和地区的不同表达方式其实质是一样的。

在我国，建筑规划领域的容积率与前文所讲的容积率概念完全一致，容积率也称为“建筑面积密度”，与建筑面积密度类似的还有建筑面积净密度和建筑面积毛密度两个概念，之间的区别主要是计算时的分母不同，计算住宅建筑面积净密度时分母是住宅用地面积，而计算住宅建筑面积毛密度时分母是居住用地面积（李德华，2001）。

3）开放空间率

建筑覆盖率的反向指标就是开放空间率，其主要表达的是一定区域范围内的开放空间总面积（图 1.5）。当然有时候也用人均开放空间面积来代替开放空间率

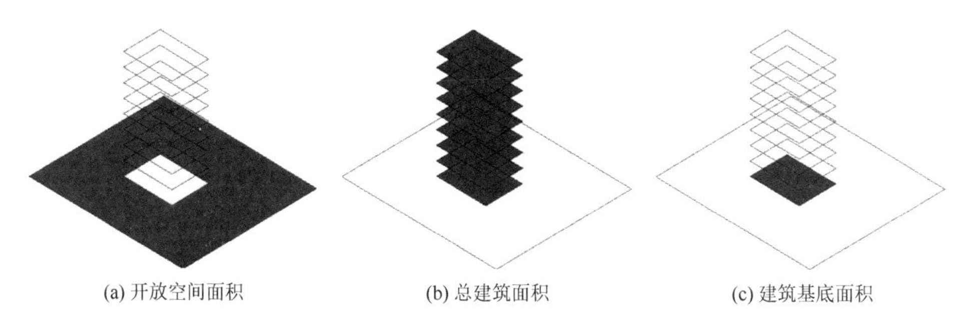

图 1.5　开放空间率、平均建筑层数示意图

开放空间率 = 开放空间面积/总建筑面积；建筑平均层数 = 总建筑面积/建筑基底面积

来保证区域人口规模拥有合理的户外空间。开放空间率高则说明用地内的空地多，但未必就一定是低密度状态，高层低密度的建设方式就属于用地空地率相对较高，但容积率也一般较高。所以，真实地反映一个地块的密度状态，需要通过人口密度、建筑覆盖率、开放空间率等多指标综合评价获得。

3. 城市密度

建筑容积率不同于人口密度，一般不会在区域层面衡量城市建筑面积的多少，建筑容积率往往是衡量一个地块的城市建筑容量。一个地块的容积率往往衡量的是地块上建筑总量分布的平均数据，这个数值不能代表整个地块上建筑分布的真实情况，当地块的面积比较大时，容积率的指标所代表的意义差异性就更大。当然用地范围内包含更多的非建设用地，如道路、绿地、水域等要素时，整个地块的容积率势必会降低，所以说度量一个地块或者一定城市范围的密度时，用地面积也是影响密度的重要因素。如果将城市建成区或者城市建设用地面积作为分母，城市中所有的建筑面积作为分子，则计算结果就是城市的建筑容积率，往往称之为城市毛密度，城市毛密度在一定程度上也可以体现城市建筑的集聚程度。城市毛密度与城市人口密度共同构成了城市密度的衡量标准。

目前诸多学者对城市密度的讨论与研究仍然以城市单要素密度代替，常用的有人口密度、建筑密度、道路密度等。丁成日（2005）以人口密度探讨了城市密度的形成机制；范进（2011）则以人口密度代替城市密度对城市能源消耗的影响进行了实证研究；王浩锋（2013）以街道网络密度为对象研究了城市街道形态与城市密度的关系；唐子来和付磊（2003）通过对不同国家与地区的密度分区制度的研究，从宏观、中观及微观层面探讨了城市密度在不同层面的内涵。总之，本书所讲的城市密度是指城市的物质组成要素的分布强度（刘冰冰等，2007）。

4. 密度梯度与分布

到目前为止，讨论的密度计算都是以土地覆盖为基础的。如果人或建筑果真在一个区域内均匀分布的话，这些计算的确能够反映现实。然而，在许多情况下，特别是在相关地理单元规模巨大时，人或建筑的分布会有很大的差异。以重庆为例，重庆市行政区人口密度大约为 612.92 人/km^2——低人口密度，而中心城区人口密度大约为 10081.40 人/km^2，如果以重庆市渝中半岛计算，常住人口 65.02 万，人口密度大约为 27423 人/km^2——高人口密度。不同地区可以形成完全不同的密度状态，渝中半岛的人口密度是中心城区的 2.72 倍，人口分布非常不均。与人口密度的分布相似，重庆市中心城区的建筑面积密度也呈现出非常不均的状况。密度梯度和密度分布可以充分表达密度在空间上的变化。

1）密度梯度

密度梯度是描述人口密度分布与变化的方法，由所选址的参照点向外扩展不同的距离所测得的密度下降数值来表示。这样，正密度梯度表示密度随着参照空间的距离增加而减少。密度梯度通常按照一系列同心圆的方式分布，如距离参照空间 10km 或者 20km 的放射同心圆（Longley and Mesev，2002）。

密度梯度是对密度的综合性计算方式。对密度梯度随时间变化的模式进行比较，就能够看到空间发展过程。图 1.6 揭示了两种高密度梯度的变化模式，（a）展示出分散化的过程，城市中心人口密度减少，而城市郊区人口密度增加。与之相比，（b）表示人口密度随着距离的增加呈现出逐渐从中心向外推移的过程。1800～1945 年北美城市显示出前一种模式，而欧洲城市则显示出后一种集中化的过程（Muller，2004）。

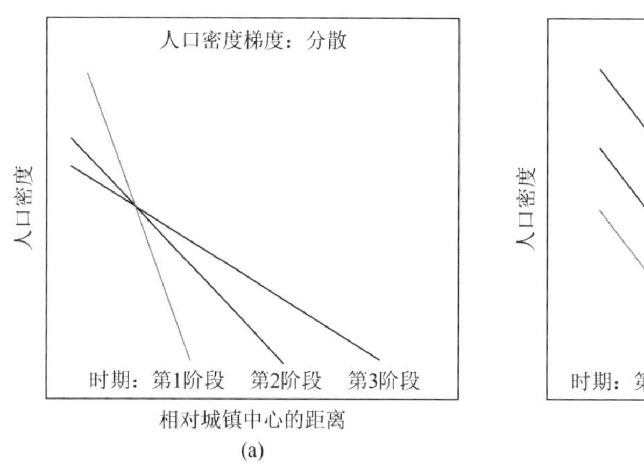

(a)

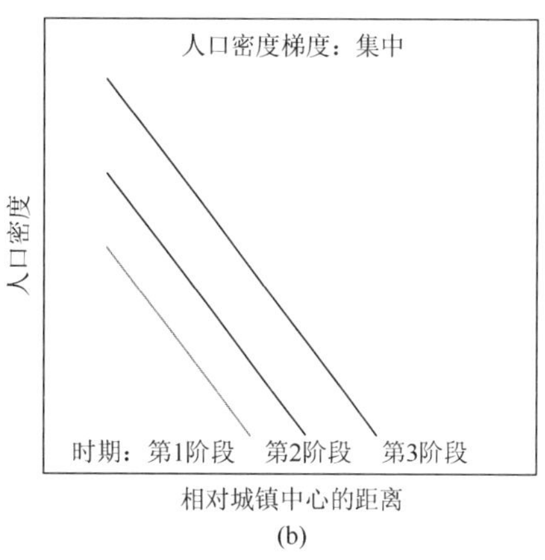

(b)

图 1.6　从城市中心至郊区的人口梯度

2）密度分布

密度分布类似于密度梯度，是指在给定参照点的情况下，对一系列相对于参照点的不同城市地段或者城市区域的密度情况的统计，该指标一般用作城市居住用地结构的衡量指标。在英国，通过以一系列等距尺度的同心圆所围合的用地面积为基础进行乡村地区的分布统计，查看在空间连续尺度上的密度变化来定性不同居民点的结构。通过统计分析得出，英国地区的村庄密度分布如果按照间隔 200m 为半径统计有如下特征：在 800m 半径范围内每公顷大约分布 0.18 个住宅单位，在 400m 半径范围内大约分布 0.4 个住宅单位，在 200m 半径范围内则大约分布 0.6 个住宅单位。随着空间距离的增加，用地内的住宅单位密度呈现出等倍数地减少（Bibby and Shepherd，2004）。

1.1.3 密度与城市形态关系

建筑密度与城市形态具有错综复杂的关系，在城市产生过程中，建筑密度发挥了重要作用。例如，不同的容积率和场地覆盖率显示出各式各样的建筑形式。相类似，同样密度的建设能够表现出千差万别的城市形式。图 1.7 展示了每公顷 76 幢住宅的居住密度条件下的三种居民点形态，当然它们具有不同的城市形式：高层大厦、中间有庭院的多层建筑、成排的单层建筑。这三种布局存在多方面的差异。然而，就城市土地而言，表面开放空间的比例和布局意义重大。

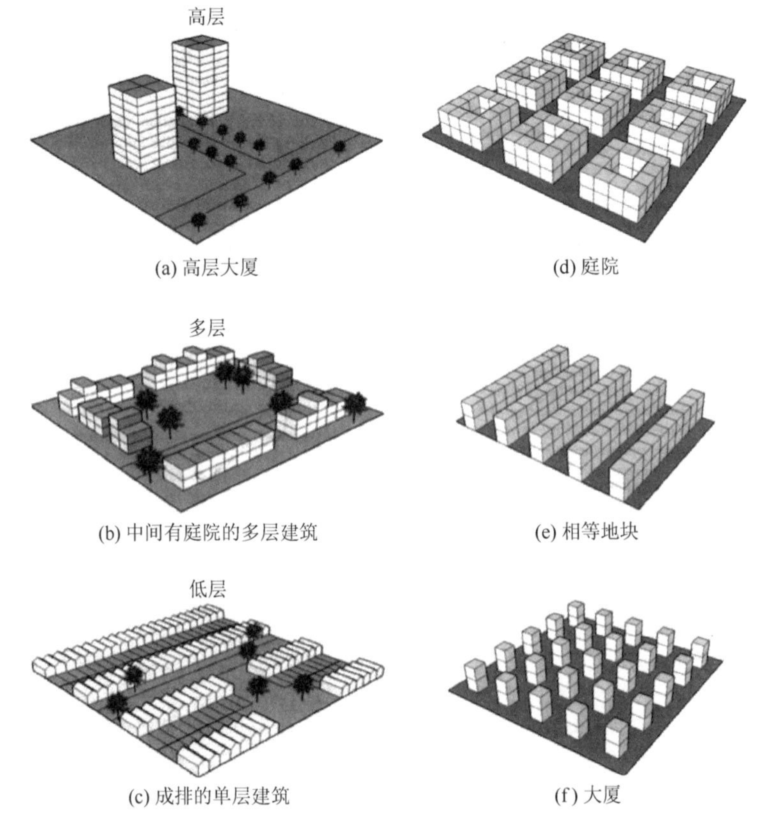

(a) 高层大厦　(d) 庭院

(b) 中间有庭院的多层建筑　(e) 相等地块

(c) 成排的单层建筑　(f) 大厦

图 1.7　容积率相同而布局不同

资料来源：吴恩融. 2014. 高密度城市设计[M]. 北京：中国建筑工业出版社.

面对迅速的城市化，建筑密度和城市形式之间的关系已经得到广泛的重视。日益增加的城市人口使得土地受到越来越大的压力，所以，人们对多层建筑空间的意义做了大量研究。为了说明这个问题，人们使用了数学和几何学的分析，特别关注建筑高度、容积率、场地覆盖率和采光等方面的问题（Beckett，1942；Martin and March，1972）。

关于建筑密度状态评价和影响城市形态的主要密度指标，目前很多国家和地区仍然使用住宅数量在用地上的分布作为密度确定的方法之一。但实际情况是在很多用地上，仅仅考虑住宅的数量并不能反映真实的密度情况，在住宅数量相同的情况下，住宅的规模大小也是影响密度实际大小的重要因素，其他诸如商业配套建筑、办公楼等公共设施也会影响到实际密度的评价。在对非居住用地建筑密度状态进行评价时，使用容积率相对更合适；在地块面积不变的情况下，容积率高低反映的是建筑总量的大小，不同国家和地区一般还有建筑间距、日照、建筑覆盖率甚至建筑限高的控制要求，只有通过多指标的统一控制才能评价出用地建筑密度的真实情况。所以，比较有效率地衡量一个区域的密度真实情况，不能单纯地使用建筑容积率或者建筑覆盖率一种评价指标，通过包含建筑容积率、建筑覆盖率、开放空间率、平均建筑层数等多指标体系（图 1.8）来评价才是比较客观的建筑密度综合量度方法（董春方，2012）。

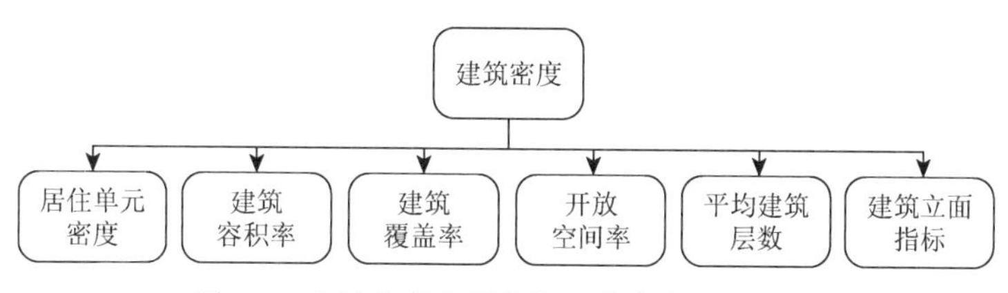

图 1.8　建筑密度主要指标（董春方，2012）

1. 建筑密度与形态的关系

建筑容积率是建筑容量大小的强度指标，与建筑类型、建筑形态及组构方式没有直接的关系，对城市某个区域或者某个环境进行密度状态评价时，首先参考的就是该区域或者该地块的建筑容积率。一般来讲，建筑容积率与环境的密度状态呈线性关系，即当一个地区建筑容积率相对较高时，那么这个地区通常处于高密度的状态，反之，则环境密度较低。

建筑覆盖率是建筑覆盖用地与空地之间的关系，一定意义上该指标主要是指建筑紧凑度高低。与建筑容积率一样，建筑覆盖率对于评价一个区域或者地块的密度状态是一项主要的参照指标。建筑覆盖率与建筑容积率没有线性的关系，建筑覆盖率高，建筑容积率不一定高，建筑覆盖率主要表达了用地内开放空间比较少，用于绿化、景观和开敞空间的用地比较少，也就是说，建筑的密集度要高；正因为建筑覆盖率主要考察的是建筑基底面积，所以与三维空间中的总建筑容量和总人口容量没有关系，无法使用建筑覆盖率这项参考指标来评价一个环境的拥挤状态。

开放空间率指单位总建筑面积所拥有的未建建筑的空地面积，因为与总建筑面积发生关系，所以开放空间率可以在一定程度上描述环境的密度状态。如果用地面积不变，增加总建筑面积，无论建筑覆盖率是否增加，单位建筑面积所拥有的空地面积在减少，所以开放空间率在降低，因为增加的建筑面积会导致建筑容积率的增加，以及用地上居住人口的增加，也就是说，使用相同规划开放空间的人数增多了。与建筑容积率一样，开放空间率对于评价一个区域或者某一地块的密度状态是一项重要的评价指标。

通过建筑平均层数指标可以了解该用地上建筑高度状况及对周边开放空间的压力和日照情况等。建筑立面指标反映建筑内部空间和外部空间的联系状态、获得自然光和景观面的程度。

上述五个指标采用了同一系列的数据——用地面积、建筑基底面积、总建筑面积，而且在数学逻辑上是相关联的。容积率的变化意味着开放空间率的自动变化以及可能的建筑覆盖率的变化。一个恒定的建筑覆盖率表示建造用地与空地的不变比率，在这种情况下，如果增加建筑的层数就能增加建筑容积率。因此，针对总建筑面积、建筑基底面积以及建筑用地这些数据建立统一的测量标准非常重要，否则因这些数据而形成的指标也就存在非常大的不确定性和不可比性（Pont and Haupt，2004）。

2. 空间伴侣——综合评价城市形态与建筑密度关系的方法

荷兰代尔夫特大学 Pont 和 Haupt（2004）将建筑容积率、建筑覆盖率、建筑平均层数和开放空间率四项指标结合在一起建立了一种评价城市形态与建筑密度相互关系的方法，即“空间伴侣”。

“空间伴侣”采用了一种综合性的评价方式，通过多项指标综合表述城市环境密度状况和城市形态的关系，不仅避免了使用单项指标衡量城市密度状态的不准确性，还可以更直观地了解城市的形态特征。如果将建筑容积率、建筑覆盖率、建筑平均层数以及开放空间率四项单行评价指标融合为一个整体性的单一综合评价指标，就可以将城市形态与密度状态很好地关联起来，更容易理解不同城市特征，从而有效地描述密度状态与城市形态之间的关系（图 1.9）。

3. 影响城市形态的其他因素

随着城市化的持续快速发展、用地资源的相对稀缺以及有限空间中城市人口的持续增长，空间使用的最大化是空间经济性的必然要求。为了尽可能提高空间的使用率，提高建筑容积率是一项重要的措施，但是过高的建筑容积率是不具有可操作性的，因为国家相关规范要求的日照时间、采光以及防火安全等保障居民心理健康的室外空间也是必须考虑的。而且因为我国大部分地区居住建筑有采光的硬性要求，对于较低容积率的联排住宅而言，增加建筑高度通常会导致采光问题。也就是说，不考虑采光角度单纯地增加建筑高度会提高容积率。进一步讲，减少场地覆盖率，将会产生更多的开放空间。

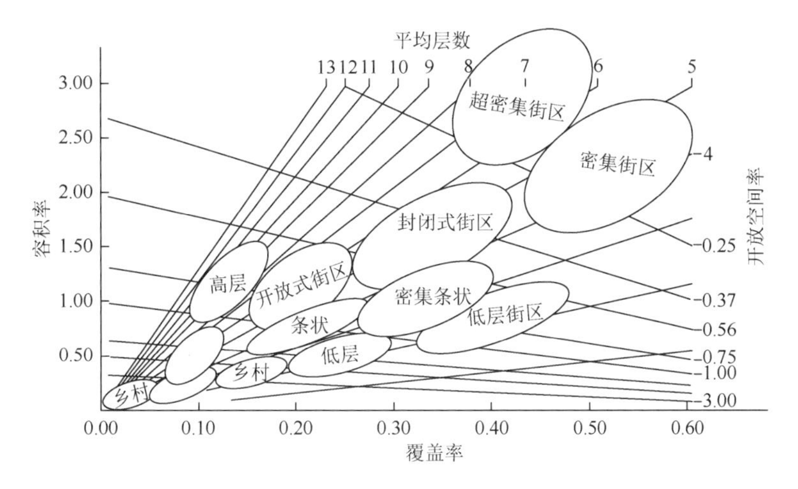

图 1.9　不同建筑密度指标范围所表示的不同类型城市组织

资料来源：Pont M B，Haupt P. 2004. Spacemate：The Spatial Logic of Urban Density. Delft：Delft University Press

影响城市形态的因素不仅包括建筑容积率、开放空间率和采光等，而且包括建筑类型以及不同的建筑形态和组合等。所以说，城市形态与建筑密度之间的关系相对复杂，即使把日照角度、建筑类型、建筑形态及组合等因素全部考虑周全，往往也不能百分之百地确定城市形态的特征，城市形态特征的形成同时与其所处的自然地理环境有密切的关系，也受各国及地区相关城市政策和经济发展程度的影响（图 1.10）。

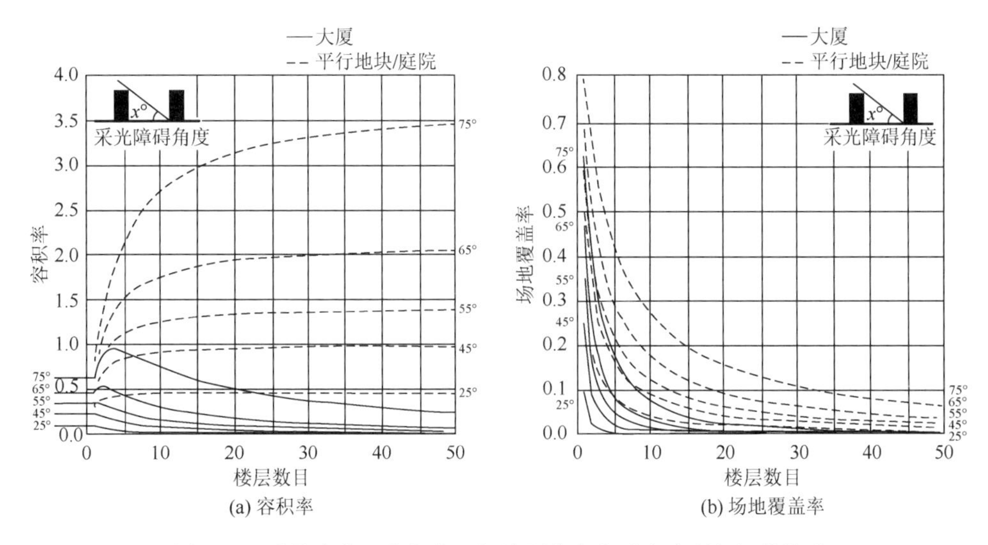

图 1.10　建筑高度、容积率、场地覆盖率和采光障碍之间的关系

资料来源：Pont M B，Haupt P. 2004. Spacemate：The Spatial Logic of Urban Density. Delft：Delft University Press

1.1.4 相关概念界定

1. 高密度山地城市

人们对城市高密度的理解不仅受到个人所处国家、地区、文化背景的影响，而且受到个人主观认知因素的影响。对城市高密度的认知包括建成环境的高密度和居住人口的高密度两方面的内容。在英国，人们把每公顷住宅用地上超过 60 个居住单元的住宅区称为高密度住区（TCPA，2003），而在美国，这个数值就变成了 110 个居住单元（Ellis，2004），到以色列居住单元的规模则高达 290 个（Churchman，1999），可见同一个地块有不同的建设规模，不同的居住规模在一个地区可能是高密度，而到了另一个地区则完全可能是低密度。在中国，城市高密度区域往往被认为是高层建筑集中分布的地区，或者称之为城市环境处于高密度状态，如各大城市的中央商务区。当然也有一种状态是建筑层数不一定高，即低层高密度的区域也会被认为是高密度地区，也许这种地区正处于所谓的城市环境高密度状态（董春方，2012）。

在规划建筑设计领域，对于城市或者一个地块的密度高低有一些通用的标准，人们一般认为一个地块所有建筑的容积率不超过 1.0，即所有建筑面积与地块用地面积的比值低于 1 则称之为低密度，容积率在 1.0～2.0 为中密度，容积率超过 2.0 一般就被认为是高密度了。当然在不同地区，界定地块是否高密度，容积率的数值相差仍然很大。例如，在重庆这个典型山地城市中，由于用地紧张，容积率超过 3.0 的居住用地比比皆是，在这种情况下，只有那种容积率超过 5.0 甚至更高的地块才会被当地人认为是高密度。

另外，正是由于建成环境高密度和居住人口高密度两个影响因素，城市高密度含义更加复杂，因为建成环境是给人使用的，当居住人口不变的情况下，单方面地提高建成环境的密度或者说增加单位个人拥有的建筑空间，对于个人而言，建筑面积上的人口密度是降低的，那么也就是说，在人口不变的情况下增加建筑密度对人口密度能产生相反的效果。所以在讨论一个区域是否是高密度或者城市环境是否处于高密度状态时，要具体情况具体分析，要综合分析人口及建成环境两个因素，高密度的概念具有不确定性和模糊性。尽管高密度的概念被广泛运用，但是至今没有明确的定义（董春方，2012）。

高密度属于感知范畴，是主观的。在不同社会、文化背景下，以个人感知与主观性对密度的基准进行判断。城市高密度包含三个方面的内容：第一是城市空间物质环境建造的高密度；第二是城市居住人口的高密度集聚；第三是社会个体对其所处环境的主观认知及对比评价。本书主要从客观的视角出发，认为城市人口的高密度不能作为高密度城市的唯一标准。城市人口的高密度往往伴随着城市建筑高容量的增加及城市建筑密度的增加，高人口密度与高建筑密度是高密度城市的主要表征，高密度城市的衡量标准通过人口密度和建筑密度两个指标共同决定。

国内外，尽管对山地城市的研究与实践已经几十年，但仍没有统一的山地城市的概念，国外学者根据各地的情况考虑城市建设在坡地的特征命名为“斜面都市”“坡地城市”等。黄光宇教授是国内较早对山地城市进行研究的学者，他在综合考虑城市建设环境不同、周围地形地貌不同以及地形垂直梯度变化等影响因素的前提下提出了广义山地城市的概念。核心概念是指城市的状态在发展过程中，即使平原城市也有可能因为城市规划扩大逐步向周边丘陵和山地延伸，从而形成与原来城市完全不同的空间结构，对于山地城市的认识，需要从宏观的视角出发考虑城市周边环境的影响（黄光宇，2002）。广义的山地城市包括两种情况（表 1.1），第一种指不考虑城市海拔，修建在地形坡度大于 5°以上的环境中，锡耶纳、吕贝克、爱丁堡、重庆、香港、攀枝花、乐山、西沱等属于该类；第二种是指城市布局在平坦用地，但城市内部或者周围的复杂地形与自然环境条件对城市空间结构和发展方向有重大影响，罗马、佛罗伦萨、雅典、巴斯、堪培拉、青岛、桂林、拉萨、大理、阆中等是第二种的代表。

表 1.1　国内外典型山地城市类型划分

山地城市类型	国外代表城市	国内代表城市
A. 直接于起伏不平的坡地上选址建城的城市	爱丁堡、锡耶纳、吕贝克、圣弗朗西斯科、里约热内卢、墨西哥城、圣地亚哥、萨尔瓦多、奈良、仙台、釜山等	重庆、涪陵、香港、澳门、攀枝花、西沱、诺邓、巫山、乐山、汶川等
B. 建于平坦地区，由山地环境构成的城市	罗马、巴斯、佛罗伦萨、雅典、萨尔斯堡、卑尔根、渥太华、利马、加德满都、堪培拉、京都、吉隆坡、开普敦等	拉萨、大理、阆中、常熟、南京、青岛、桂林、丽江、宜宾、长沙等

资料来源：曹珂. 2016. 山地城市设计的地域适应性理论与方法. 重庆：重庆大学.

基于高密度的概念及山地城市的概念，作者认为高密度山地城市或高密度山地城市区域主要是指建筑密度与人口密度均处于高水平状态下的山地城市或山地城市地区。

2. 效能和效能评价

不同行业从不同角度对效能的解释不同，最基本的解释是系统达到一组具体任务要求的程度，或者说达到设定目标的程度。在谈及城市空间布局效能的时候，

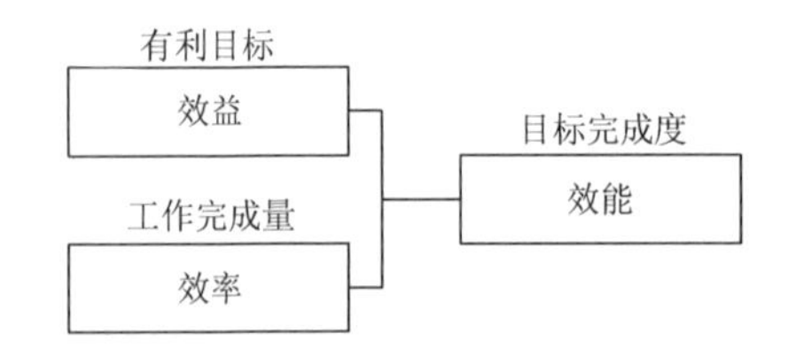

图 1.11 效能、效率、效益的关系分析图

无法避开与效能相关的效益、效率等几个概念（图 1.11)。效能、效率、效益三者虽然相互联系，但又有明显区别，与效率相比，效能是指目标完成度。在城市空间层面，关于效能的研究较少，但不妨通过对城市空间效益与城市空间效率研究的综述来梳理城市效能与效率和效益的关系。

通过在中国知网检索主题词“城市效率”和“空间效率”等发现，关于城市空间效率的研究从 20 世纪 80 年代初开始出现，到目前为止，随着城市的发展，各个学科研究的广度和深度不断扩展，主要有以下特点：关于空间效率的研究在 20 世纪 80 年代初出现，当时以城市效率概念、城市运行效率及其与城市化的关系为主，90 年代以单个城市的效率和单个省的城市效率研究为主，且更多地集中在土地利用和经济效率上；随着新技术的不断发展，在城市空间效率研究领域越来越多地出现利用新技术来分析城市及城市群效率的研究，最近开始出现关于城市空间效率及其驱动机制以及城市空间效率与城市规模和开发强度之间关系的研究。总体来讲，针对城市空间效率的研究主要关注城市效率与城市空间要素的关系、城市之间的效率对比、城市空间单要素的效率测度等。

与城市空间效率研究相比较，城市效益研究成果内容丰富，经过近 30 多年的积累，主要呈现出的特点是从关注经济效益、社会效益、生态效益单一效益发展为关注综合效益；研究对象也从单城市转变为城市之间或者城市群，或者研究载体由单要素演绎为多要素和综合要素；研究方法则从定性向定量发展，同时伴随着新技术新方法的不断渗透；研究重点由现象研究发展到综合系统的研究；研究内容涵盖更加广泛，不仅包括城市要素，还更加关注城市事件和城市行为等内容。

系统效能不是一个绝对的概念，一个系统的效能需要特定的任务目标。而系统效能评估是指对系统效能进行设计、分析、评价和优化等（张杰和唐宏，2009)。有学者认为效能就是在一定目标下的效率的不断累积，即“效能 = 效率×目标”，也就是说，系统不能只追求效率，因为效率高不代表目的已经实现，一定是在有了目标的情况下，再通过效率的不断提高达到目的的。所以说，只有将效率高低的现实性指标、效率提升的潜在性指标两大方面进行综合加权计算，才能够得出效能高低的综合性判断。

城市作为一个复杂的巨型系统，城市空间布局效能指城市中各个子系统相互作用、彼此配合、运行通畅，即城市可持续发展的程度。广义城市空间布局效能包含经济繁荣、社会公平、环境友好与形态宜居等方面；狭义角度的城市空间布局效能则指城市的集约化和生态化发展，落实到物质空间层面可以是城市空间结构的紧凑性、城市土地利用的高效性、道路交通的通畅性等（图 1.12)。

		狭义的效能	
		集约化	生态化
广义的效能	经济繁荣	直接关联	间接关联
	社会公平	间接关联	间接关联
	环境友好	直接关联	直接关联
	形态宜居	间接关联	直接关联

图 1.12　空间布局效能广义与狭义的关联性

城市空间布局效能评价主要是指对城市空间布局各个组成部分进行效能要素的提取，通过定性与定量的评价方法进行科学合理的评价，确定各自的效能水平或者城市空间布局可持续发展的程度。与城市效益一样，城市空间布局效能同样具有社会、经济与生态三个方面的指向，即不同城市空间布局在城市发展的不同阶段产生的社会效能、经济效能与生态效能有所不同。城市在不同发展阶段所追求的效能指向甚至相差较大，随着城市化进程的加快，以人为本的城市发展理念逐渐渗透到城市规划与管理的各个层面，城市空间布局往往不是像过去那样追求片面的社会效能或者经济效能，“十九大”中国家将生态文明建设提高到了千年大计的高度，明确指出，生态文明建设是关系中华民族永续发展的千年大计。在此背景下，结合本书研究的对象主体是城市空间布局，故本书中所指的生态效能指狭义层面的含义。

概括来说，高效能的城市空间布局就是城市空间布局的紧凑化发展与生态化发展，是空间布局各效能要素的协调发展。

对城市空间布局效能的理解与效益一样，同样存在社会效能、经济效能、生态效能单一效能及综合效能的分类方法，本书中后续的效能定性与定量评价中仍然通过对单一效能要素的评价解读空间布局在高密度发展背景下存在的各种问题。

1）社会效能评价

董福忠主编的《现代管理技术经济大辞典》一书认为社会效能评价是人们对所从事的社会活动或其社会行为所引起的社会效果的分析评价。社会效能评价可以从社会稳定、政治、国防、就业、福利、文化、精神、道德以及自然、资源、环境、生态等方面进行评价。也有学者从社会经济、社会生态及社会精神三个视角去分解认识社会效能；当然有的学者将社会效能理解为由社会行为的发生而提供的公益性服务，这些服务包括城市区域协调发展、城市环境的改善、增加市民就业岗位以及提高市民生活水平等（张明哲，2007）。

根据以上论述，本书中的社会效能指不同布局下的城市空间载体及空间结构、土地利用及道路交通给城市居民提供的公共服务程度所产生的效能，对其评价即社会效能评价。山地城市空间布局社会效能是指山地城市空间布局满足公众需要和为社会提供公共服务的程度，这种需要在山地城市物质空间布局上表现为城市空间结构的合理性、城市土地的集约利用以及城市道路交通网络的完善顺畅。城市空间结构布局的合理可以理解为利用城市一定规模等级基础上的城市空间结构指标与城市人口指标的匹配程度去衡量。一般来说，当城市空间的集约化和生态化水平达到较高程度的时候，城市居民对高集约化和高生态化的城市空间都会具有较强的社会可接受性。因为当城市空间具有较高的集约化水平的时候，城市居民从中得到的社会红利更多，居民对城市的发展模式、发展观念的接受度更高。

2）经济效能评价

从城市空间经济学角度来看，城市空间生产的目的就是获取高额的土地产出、生产满足大众消费需求的城市空间产品。国内研究城市经济的学者关注的内容主要集中在城市土地的投入水平、利用强度、产出效益三个方面。他们认为固定资产投资、国内生产总值（gross domestic product，GDP）和三产投资比例等经济指标能够反映城市空间经济效能水平。然而，山地城市受自然地形地貌的影响，空间发展受限。同时，山地城市空间的建设成本和基础设施的维护成本较平原城市要高出许多。在高密度发展背景下，城市更新改造成本巨大。以上原因间接地影响到城市空间经济效能的提高。

空间不仅具有“容器”的基本属性，在城市中，空间的社会属性往往比物质属性对人们更重要，城市空间是一种市民可以消费的社会商品（余瑞林，2013）。城市空间是城市的主要资本，城市空间效能的评价本质是一个经济范畴。经济效能是指生产过程中劳动占用、劳动消费和劳动成果的比较，城市空间布局经济效能是指在有限的城市空间内生产的城市空间产品和城市空间服务的价值。从城市空间经济学角度来看，城市空间生产的目的就是获取大量的空间产出和土地产出、满足居民消费的城市空间产品。研究空间生产的学者，国内大多数关注的还是城市土地的投入程度、开发强度、产出效能等内容。他们认为固定资产投资、国内生产总值和三产投资比例等经济指标能够反映城市空间中一年内创造的最终产品和服务价值，是判定城市空间经济效益常用的综合性指标，单位面积产值越大，城市空间的经济效益越高。

3）生态效能评价

城市空间的生态效能是指城市空间生产过程中对整个城市生态系统的平衡造成某种影响，从而对人的生活环境和生产环境产生的效应。作为一种资源，生态环境的所有者是全体人类。对城市空间生态效能的重视体现了公众对人居环境质量的追求。对山地城市而言，空间的生态敏感性更高于平原城市，城市空间的生态效能往往受到城市规模、城市绿地系统以及城市微气候的影响。

对城市空间生产而言，追求经济效能最大化是其动力之一，但一味追求经济发展会影响城市可持续发展。因此，城市空间效能的提升不能一味地追求经济效能而忽略生态效能，在生态文明发展的背景下，城市效能提升需首先考虑生态环境因素的影响。

3. 空间布局优化

城市空间布局是城市社会、经济、环境以及工程技术与建筑空间组合的综合反映。城市空间布局是指城市用地的不同功能组合及其与城市道路的关系所呈现出来的状态（李德华，2001）。当然也是城市内部社会关系在城市物质空间上的表现，城市空间本身就是城市的资本，不同的布局模式会产生不同的空间效能，也反映了社会关系在空间中的分布。城市空间不仅涉及经济、社会和环境生态因素的影响，还有构成城市空间的所有物质空间载体。如果对空间布局的所有因素展开论述，难免出现顾此失彼的情况，本书从城市规划专业的特点出发，对城市空间布局效能的研究以空间布局的物质性要素为主（李保华，2013）。

一般以城市的功能、结构与形态作为城市空间科学布局的楔入点。城市的功能是城市存在的本质特征，正如《雅典宪章》明确指出城市的四大功能是居住、工作、游憩和交通一样；城市的空间结构是内涵的、抽象的，是城市构成的主体，分别以经济、社会、用地、资源、基础设施等方面的系统结构来表现；城市的形态是表象的，是构成城市所表现的发展变化着的空间形式的特征，城市道路交通自始至终贯彻城市的形成与发展过程，城市道路交通与城市同步形成，城市道路交通结构正是城市空间形态的外在表现形式。基于此，本书研究包含城市空间结构、土地使用及道路交通三个要素内容，而空间布局优化是指对空间布局中的三个内容通过效能的定性与定量评价找出其中存在的问题，并通过效能协调的方法进行空间布局的优化，使三者在运行的过程中相互协调，使得空间布局效能整体有所提高。

1.2　高密度城市成为城市发展的重要类型

对于城市规划学者来说，寻找高密度城市优化策略是基于城市高密度环境而产生的规划应变对策。因此，作为规划学策略研究的技术性内容，在澄清有关密度和城市密度的相关内容和参照指标之后，需要厘清高密度与城市高密度环境的含义和所指，寻找并发现城市高密度环境形成的动力因子，从而为高密度含义的确定及识别奠定基础。如果说西方目前低密度人口的国家和地区有条件选择分散的城市形态进行发展，那么对于大多数的东方国家而言，人口基数大与用地紧张两个制约因素就导致必须采取紧凑城市形态的发展模式。其实近些年欧洲部分城市的中心城区密度也开始逐步升高，当然如果按照西方学者提出的紧凑城市标准来讲，我国大部分城市早已属于此类城市，甚至密度是标准的许多倍，所以可以说，亚洲城市是全球密度最高的城市（于立，2007）。对人们而言，紧凑城市不是选择，而是事实，在未来城市只会更加密集紧凑地发展。随着中国和亚洲国家城市化进程的加速，高密度将是这些国家城市的一种常态。纵观全球，我国正经历着人类历史上最大规模的城市化，1981～2014 年我国城镇化率逐年升高（图 1.13）。中国人多地少，土地资源非常珍贵，低密度的发展方式不适合我国的基本国情。

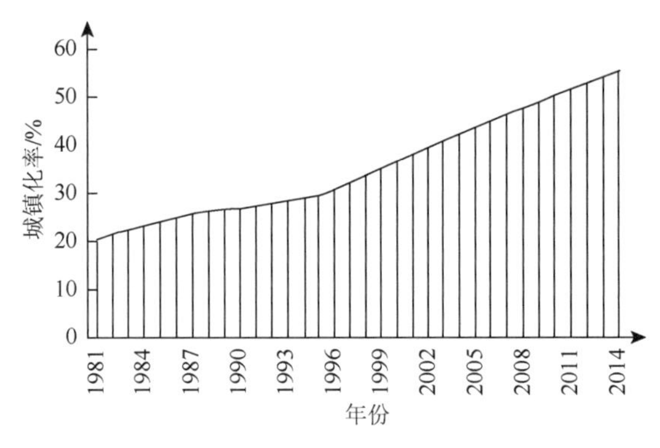

图 1.13 我国历年城镇化率（1981～2014 年）

1.2.1 城市高密度发展动因

我国城市高密度发展主要是由于城镇快速发展、人居环境改善以及城市生态补偿等。如果说城市人口的急剧增长是城市高密度发展的根本动因，那么人口基数的增长正是城市人口增长的前提条件。城市高密度发展正是人口不断增长及其对空间诉求与有限空间的矛盾以及快速城市化所导致的。就目前世界人口来讲，不但人口总量大，而且人口增长的速度也呈数量级（表 1.2），世界人口从 10 亿增长到 20 亿用了 123 年，达到 30 亿用了 33 年，1959～2019 年，以平均 8 亿的规模增长，根据联合国《2019 年世界人口数据展望报告》提供的数据，截至 2018 年底全球人口总量已经达到 77 亿，1959 年～2019 年，不但人口增长速度和总量惊人，而且城市人口的数量也从近 10 亿增长到了近 43 亿，城市人口占比从 33%达到 56%，这足以说明城市人口急剧增长的特点①。

表 1.2 世界历年人口规模及城市人口数量

年份	全球人口/人	年增长率/%	年净增量/人	人口密度/(人/km^2)	城市人口数量/人	城市人口占比/%
2019	7713468100	1.08	82377060	52	4299438618	56
2009	6872767093	1.23	83678407	46	3516830263	51
1999	6064239055	1.33	79445113	41	2808231655	46

① United Nations. 2019. Department of Economic and Social Affairs. World Population Prospects. New York.

续表

年份	全球人口/人	年增长率/%	年净增量/人	人口密度/(人/km^2)	城市人口数量/人	城市人口占比/%
1989	5237441558	1.79	92015550	35	2233140502	43
1979	4380506100	1.76	75972599	29	1706021638	39
1969	3625680627	2.09	74081500	24	1319833474	36
1959	2979576185	1.84	53889480	20	992820546	33

资料来源：《2019 年世界人口数据展望报告》。

根据联合国人口基金《2011 年世界人口状况报告》总结与预测，1960～2019 年每隔 10 年的人口预计规模与实际的人口数量基本一致，同时预计再过 30 年全球人口规模将达到 93 亿，随着城市化进程的加速，城市规模也将进一步增长，在有限的城市土地上必然导致进一步的高密度发展。从这些数据和图表中可以看到触目惊心的世界人口膨胀状况。从 1804 年的 10 亿人口，到 2009 年的约 68 亿人口、2050 年的约 100 亿人口（表 1.3），地球上每一次数量级的人口增长都对人们赖以生存的土地和空间提出了更高的要求，这种要求绝对不仅仅指提供人类直接生活的空间，还包括为人类生存提供所有物质的其他空间，如绿化、粮食生产等。我国作为目前世界上人口最多的国家，从《2018 年国民经济和社会发展统计公报》中的数据可以知道，2018 年底全国内地总人口为 13.95 亿，其中城镇常住人口 8.31 亿，常住人口城镇化率达到 59.58%。按照目前自然增长率 3.81%计算，到 2050 年，人口将会进一步增加，当然城市人口随之增加，我国人口基数大，城市用地面积相对紧张将会导致我国大部分城市走向高密度发展的模式。

表 1.3　世界各地历年人口发展及预测　（单位：千人）

年份	世界	撒哈拉以南非洲	非洲	亚洲	欧洲	拉丁美洲和加勒比地区	北美洲	大洋洲
1960	3038413	222478	286729	1707682	603854	220058	204318	15773
1970	3696186	285063	368148	2134993	655879	286377	231284	19506
1980	4453007	374705	482803	2637586	692869	362326	254454	22970
1990	5306425	495136	635287	3199481	720497	443032	281162	26967
2000	6122770	641566	811101	3719044	726777	521429	313289	31130
2010	6895889	822724	1022234	4164252	738199	590082	344529	36593
2020	7656528	1046989	1278199	4565520	744177	652182	374394	42056
2030	8548380	1303018	1562047	4867741	741233	701606	401657	47096
2040	8874041	1587538	1869561	5060964	731826	734748	425467	51475
2050	9306128	1891711	2191599	5142220	719257	750956	446862	55233

资料来源：《2011 年世界人口状况报告》。

城市是人类生存的重要载体，城市化是人类空间拓展的主要途径，从柏拉图在《理想国》“共和篇”中提出5040（刘易斯·芒福德，2004）人口的理想城邦发展到今天东京（东京都会区，包括横滨等周边卫星城市）3530 万人口[①]的超级城市，这个极端的案例虽然不能说明城市在人类文明进程中的全部意义，但是至少可以凸显古今城市化水平和城市规模的倍率，以及城市能够容纳人口容量的巨大潜力。实际上城市化进程与人类自身的社会、经济和文明的进步演进一直在同步进行着，只是在前工业化时期城市化的进程缓慢而悄无声息。城市化的必然结果是城市用地扩大吞并周围的农业及其他用地，壮大城市自身的空间容量和范围，而失地农民与谋求城市生活的非城镇人口涌入城市，城市化加速。

经过百年的工业化，欧美后工业化国家的城市化在20世纪初至中叶已进入稳定状态。全球城市化水平超过50%以后，新兴经济体和发展中国家的城市化发展水平也可以随着工业化与网络化和信息化进一步增长预见发展中国家的城市规模，尤其是非洲和亚洲在以后数十年将会出现前所未有的增长。到2030年，发展中国家的城市和城镇人口将占世界城市人口的81%[②]。这一时期的城市化主要特征便是城市人口规模和用地空间的爆炸性扩大，所增加的城市空间总量将超过人类有史以来城市空间之和。在城市形态上表现为大城市、特大城市与超大城市的持续迅速增长。早在20世纪90年代，就有城市研究学者指出，据预测，到20世纪末，几百万至几千万规模的大城市将越来越多，西方发达国家城市化率将超过 70%，而发展中国家目前城市化水平还不够高，在未来的发展过程中不仅城市内部人口会持续增长，同时农村地区迁往城市的人口也会急剧增长（迈克·詹克斯等，2004）。发展中国家的城市化短时期内不会停下来甚至都不会慢下来，反而愈加增速发展。“世界城市化进程预计将在许多发展中国家继续快速进行，至2050年世界人口的70%可能是城市居民[③]。”曾经有荷兰学者通过研究全球可居住用地、全球城市人口规模以及人们对居住面积的需求，发现在不远的未来，几乎是每 4 天就需要建设一个可以容纳百万人口的城市[④]，这样算起来，相当于每个月就增加一个新的伦敦市（理查德·罗杰斯和菲利普·古姆齐德简，2004）。

20世纪80年代以来，世界新增城市人口的80%是由中国与印度来贡献的[⑤]。1981～2018 年，我国城市人口由 0.93 亿增加到 5.12 亿，城镇人口年均提高约 4.72 个百分点，城市数量由226个增加到613个，城市建成区面积从1981年

---

① 联合国经济和社会事务部人口司. 2005. 联合国人口与发展委员会2005年数据.

② 联合国经济和社会事务部人口司. 2007. 2007年世界人口状况报告.

③ 联合国经济和社会事务部人口司. 2009. 2009年世界人口状况报告.

④ 方振宁. 2004-08-07. MVRDV与汉诺威博览会荷兰馆. http://www.abbs.com.cn/at+d/PIAC80/ARCHITEC/MVRDV/HE.PDF.

⑤ 联合国经济与社会理事会. 2009. 世界人口趋势.

的 0.74 万 km^2 增加到 2018 年的 5.84 万 km^2。即使按照目前人口规模不变的情况，到 2050 年城市化水平达到 70%以后，城市居住人口将达到近 10 亿，可以预见，为了在城市中容纳新增的 4 亿多人口，提供相对应的就业、住房和基础设施的城市空间压力可想而知。同时随着城市化发展，所有人的居住生活水平都需要提高，那么，我国城市空间的压力将不断加剧。如果不能持续无限制地扩大城市用地面积，为了满足不断增长的城市人口所有需要的建筑空间，就必须提高城市的毛容积率，城市势必高密度发展。不管是每 4 天一个 100 万人口城市的计算，还是一个月增加一个新伦敦的估计，抑或是 2050 年世界人口的 70%将居住在城市的推测，都说明一个问题：城市化正在加速进行着，人类越来越多地聚居于城市。数据表达如果让人觉得抽象的话，那么芒福德一段形象的描述可以提供一幅生动的城市规模扩张状态的景象："过去，城市曾经像农村大海的一个个岛屿。但是现在，在地球上人口较多的地区，耕作的农田却反而像绿色孤岛，逐渐消失在一片柏油、水泥、砖石的海洋之中，或者把土壤全部遮盖住，或者把农田的价值降低为供铺路、管线或其他建设之用（刘易斯·芒福德，2004）"。总的来说，随着人口规模的增长、城市经济的快速发展及城市人口居住生活水平要求的提高，所需求的城市空间增长，而城市所处的自然环境不允许无限制地扩大城市规模，这就要求既能保证人类的生存发展，又不破坏生态环境，达到可持续发展的目的。那么，高密度的发展模式毫无疑问应该是其中一种，当然高密度带来的问题也需要通过技术的手段来解决。

前文论述了城市人口规模的增长在未来几十年不会停止，城市化水平也会越来越高，当然随着科技的发展，人们对生存环境的改善诉求也会越来越强烈。从这个意义来讲，空间需求的另外一个动力就是人类对生产和生活环境需求的不断提高。对空间的占据不仅仅是城市新增人口的要求，城市中原有居民对生活环境的要求往往比新增城市人口的要求更高，不仅发展中国家如此，在很多人口增长率不高的后工业化国家，城市的规模也没有停止增长。

例如，荷兰的阿姆斯特丹就是一个典型的人口增长率低的城市，同样也经历了爆炸性的城市增长，并且该城市充满了巨大的空间需求。城市规模从 $15km^2$ 增加到 $200km^2$，用了 100 年的时间，城市空间规模增加了 12.33 倍，但人口增长仅为原来的一半，如果以 100 年前的人口密度计算现在的城市面积仅仅需要 $22.5km^2$ 即可，事实上是 $200km^2$，足足是原来的 10 倍。1900 年平均每户 5 个居民，人均居住面积 $8m^2$；2000 年平均每户 2.3 人，人均 $48m^2$；预计 2050 年平均每户 2 人，人均 $108m^2$（Uytenhaak，2008）。荷兰学者 Uytenhaak（2008）估计，与一个世纪前居住在一个单位中的人口的一半相比，今天的居住面积是 100 年前的 3 倍，同时每个居住单位所占有的城市用地是 100 年前的 2 倍，由此产生的城市空间增长倍率为 $2\times3\times2=12$，基本与阿姆斯特丹 100 年的城市规模增长率接近。荷兰阿姆斯特丹城市规模扩张的动力除了人口增长之外，更重要的是百年来社会的进步和物质条件的改善，使得城市居民对居住空间的要求越来越高。当然，还有一些原因是随着科技的发展，人们的劳动生产效率普遍提高之后，个人的休憩时间更多，所需要的休憩空间也更多。一个 19 世纪的矿工每天 40%的时间在井下工作，35%的时间在家睡眠与饮食，剩下 25%的时间是围绕家庭周围的活动。今天，工作场所的使用在一个人每天的时间中只占 25%，即使如此，工作场所仅仅 50%被使用。因此每天对工作场所的占有率为 12.5%。人们另外需要 35%的时间睡眠。这样就会留下多余 50%的时间用在其他空间。这种趋势将不可避免地导致越来越多“领域”的动态使用（MVRDV，2005）。

对我国而言，城市不仅需要承受新增人口的压力，同时个人对空间的需求与后工业化国家又非常相似。1986～2000 年的 15 年，中国城市人口增长了 54.99%，城市规模增长了 125%，城市扩张系数（城市土地增长率与人口增长率之比）达到 2.27∶1。实际上，城市扩张的 70%来自人们对拥有更多城市空间的扩张需求。早在新中国成立初，中国城市人均居住面积不足 $4m^2$，2009 年增至 $27m^2$。城市人均居住面积增长了 575%。

重庆市从 125 年前开埠时期的渝中半岛发展为今天全国最大的直辖市，城市面积不断扩大，不仅见证了近代中国人口膨胀和城市化进程，还显示出社会进步和物质财富激增对城市居住空间提出更多要求的发展过程。1981 年，重庆市区的总人口为 190 万，到 2018 年，重庆市区的总人口为 1500 余万；人均居住面积从 1981 年的 $3.3m^2$ 增加到 2018 年的 $37.5m^2$，增长了 10.4 倍。过去近 40 年，人口增加了 7.9 倍，城市居住面积增加了约 11 倍，居住单位面积增加了 2 倍①。这些数据表明，我国大城市单位人口对空间的需求完全是在复制后工业化国家的轨迹，甚至超过了新人口的空间要求（图 1.14）。

城市高密度发展还与生态补偿密切相关。《环境科学大辞典》曾将生态补偿定义为“生物有机体、种群、群落或生态系统受到干扰时，所表现出来的缓和干扰、调节自身状态使生态得以维持的能力，或者可以看作生态负荷的还原能力。”对人类而言，生态补偿是指为了平衡人类生产和生活所产生的生态负荷的生态还原能力，狭义来看就是需要对人类的生产与生活所产生的二氧化碳排放、水资源消耗、水土流失等做出生态补偿以达到生态平衡。

城市发展与生态平衡的保持存在一定的矛盾，随着城市发展，人们对生态环境的利用和破坏增加，需要进行生态补偿，根据地球生态足迹的相关指标要求，满足人类各种需要的土地容量为每个人需要 $1.8hm^2$，由此许多国家需要比其国土面积大得多的空间用作生态足迹要求。

① 《中国城市建设年鉴》（1981~2018 年）。

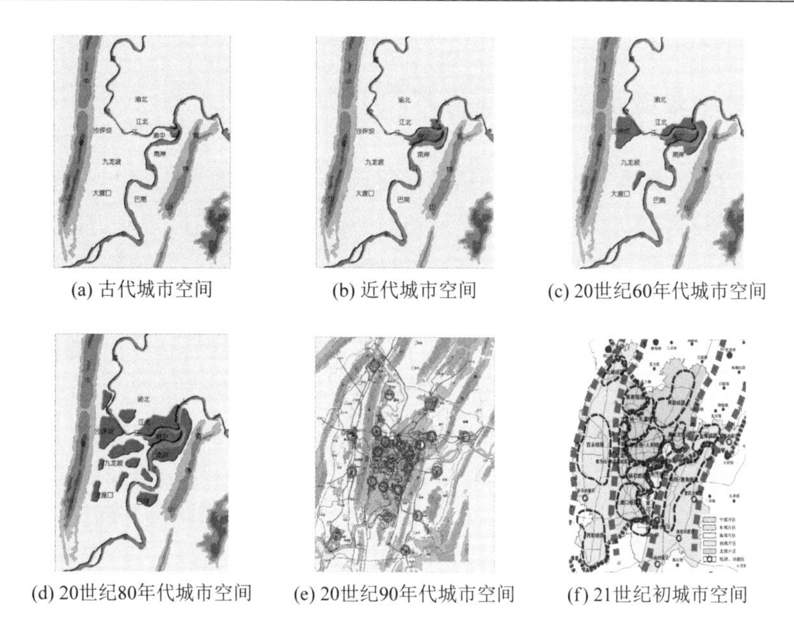

(a) 古代城市空间　(b) 近代城市空间　(c) 20世纪60年代城市空间

(d) 20世纪80年代城市空间　(e) 20世纪90年代城市空间　(f) 21世纪初城市空间

图 1.14　重庆市城市空间拓展示意图

根据《京都议定书》，许多国家早已需要超过其国土领地的空间用作生态补偿。一些国家通过植树造林来补偿他们所排放的二氧化碳，但是他们需要用地球上其他国家的土地来完成这种要求。如果使用他们自己的国土来补偿二氧化碳的排放量，那么美国将需要 4 倍于其现有国土的用地，新加坡需要其现有国土的 20 倍。现在如果全球人口都按照美国的消费方式生活，我们需要新增 4 个地球才能满足生态补偿的要求（MVRDV，2005）。

虽然许多批评家和环保主义者质疑《京都议定书》的价值，认为它只是停留在文件层面，但是其所指出的为了补偿二氧化碳排放量各国所需的维持生态平衡的空间无疑具有警示作用，明白无误地说明节约土地的紧迫性和必要性，间接说明城市高密度发展的重要性。如果建筑设计事务所（MVRDV）以《京都议定书》要求描述一些国家所需要的生态补偿用地让人觉得不切实际，那么中国 2003 年用于生态平衡而退耕还林的土地为 223.73 万 hm^2，占了中国全年净减耕地 253.74 万 hm^2 的 88.17%则更具体。人类的生存和发展涉及巨大的空间需求，虽然人们已经做了很大的努力，但仍然不够。一些观点和数据难免失之偏颇，甚至可能是狭隘的，一些概念和表述也有相互交织的内涵和外延。

总之，空间扩张最根本的驱动力是人口膨胀、城市化进程以及个人对空间环境的需求。此外，对人类赖以生存的环境进行生态补偿也需要很大的空间。这个世界，正如温妮・马斯所说的，“每个人都需要空间”。

1.2.2　高密度是城市发展的重要方向

至 2018 年，世界人口的 55.3%居住在城市地区，到 2030 年，城市地区的人口预计将占全球人口的 60%。2018 年，世界范围内人口超过 100 万的城市数量已增至 548 个，预计到 2030 年，人口超过 100 万的城市将达到 706 个。城市发展到今天，人口超过 1000 万的城市通常被称为“大都市”，2018 年全球有 33 个城市达到大都市的标准，预计 2030 年将达到 43 个；截至 2018 年，人口在 500 万～1000 万的城市约有 48 个，而到 2030 年，其中有 10 个城市将超过 1000 万，达到大都市的标准。而人口在 500 万～1000 万的城市将达到 66 个。2018～2030 年预计有 28 个城市人口将超过 500 万，其中 13 个位于亚洲，10 个位于非洲。城市人口在 100 万～500 万的城市在 2018 年有 467 个，到 2030 年这个数值预计增长到 597 个①。

40 多年的改革开放，我国已经初步形成长三角、珠三角、京津唐、成渝等重要的城市密集区，这些地区不仅是我国经济的主要增长点，同时还是人口主要的聚集地。2011 年我国城镇化率首次超过了 50%，人口超过 1000 万的有上海、北京、重庆、广州、天津、深圳共 6 个城市，超过 100 万的城市则有 102 个，占据了全球百万人口城市的 1/4（图 1.15）。

图 1.15　上海、广州、重庆、深圳等地中心区高密度意象

世界人口在地球上并非均匀分布，以国家土地面积为基数计算所得人口密度

① United Nations. The World’s Cities in 2018. New York：United Nations，2018.

并不能反映城市的人口密度，谈论较多的还是建成区的人口密度，一般称之为城市人口密度。例如，纽约的城市人口密度为每平方千米 1750 人；伦敦的城市人口密度为每平方千米 5100 人；亚洲城市，如新德里和德黑兰的城市人口密度比较高，分别约为每平方千米 10700 人和 12300 人。有些城市，如香港和孟买，具有非常高的城市人口密度，每平方千米超出 20000 人①。

当然，城市人口的高密度不能作为高密度城市的唯一标准，城市人口高密度往往伴随城市建筑高容量的增加及城市建筑密度的增加。就我国而言，截至 2018 年底，我国设市城市 673 个，相比 1978 年 193 个设市城市，增加了近 2.5 倍，其中地级市由 98 个增加到 302 个，县级市由 92 个增加到 371 个；城市建成区面积也由 $7483km^2$ 增加到 $58455.66km^2$，建成区面积增加了 6.8 倍；房屋建筑总量由 1981 年的 15.4 亿 m^2 增加到 2012 年的 591.42 亿 m^2，增加了 37.4 倍；城市人口由 1981 年的 0.93 亿增加到 2018 年的 5.12 亿，增加了 4.5 倍②。

整体上看，由于城市二维扩展速度快于人口增加速度，人口规模整体呈下降趋势，而城市房屋建筑面积三维增长远远高于人口与建成区增长速度，整体上城市建筑密度呈现高密度发展趋势。虽然人口整体呈现下降趋势，但千万人口城市、百万人口城市较多，在世界范围内，如此人口规模的城市数量仍占据重要地位。

重庆市都市区作为典型的山地城市，超高层建筑增长速度惊人，引起建筑总量变化快的原因是普通高层建筑。据不完全统计，截至 2020 年，重庆市高层建筑总数达到 3.47 万栋，150m 以上的超高层建筑在重庆有 110 余座，居全国第二，仅次于上海。

考察城市密度还有另外一种方式，就是观察城市的建设方向和开发密度，有趣的是，大部分城市现在都向高密度开发方向转变。例如，在加拿大，比较新近的开发项目通常采用每平方千米 5000～7000 人的密度（吴恩融，2014）；很多年前成都市就提出原则上不批多层建筑，主张城区建筑向 60～100 层的高度发展。这种主张也是针对自身土地资源短缺的情况，特别是像成都这种人口规模较大的城市，在未来发展过程中，只有走“高密”城市形态、土地集约利用的道路。深圳、上海、重庆随后也在规划层面制定了形态分区规划，从制度层面保证了城市高密度发展的可能性。40 多年的城市高速发展，城市高密度发展呈现出以下发展态势：大城市局部地段高密度发展—大城市全面高密度发展—中小城市局部地段高密度发展—部分县城高密度发展，甚至出现乡镇高层建筑异军突起的现象。为此，不能不说城市高密度发展已经成为我国城市发展的重要类型。

高密度生活有时也有商业原因或政治原因③，较高的和比较紧凑的城市设计保

① www.demographia.com.

② 根据《中国城市建设统计年鉴》（2019 年）整理。

③ Walker B. 2003. Making Density Desirable.www. forumforthefuture.org.

护了非常具有价值的土地资源，减少了出行距离，减少了能源需求，密度高使公共交通更具有活力（Smith，1984；Betanzo，2007）。高密度城市的倡议者提出，高密度城市在经济上更有效率，他们认为紧密地生活在一起有利于更多的社区交流，减少弱势群体的孤独感；紧凑的居住用地需要比较少的交通，可以减少私家车的使用，对城市环境和居民的健康均有利；高密度的城市开发经济效益较高，整体而言对于减少城市碳排放有一定的帮助[①]。相比高密度城市的优越性，为人们所诟病的更多的是高密度城市在感官上给人们带来的不认同，私密性和噪声是高密度城市的两大主要问题。当然还有其他一些问题，因为居住拥挤而产生的空间紧张问题就是之一（Freedman，1975），"高密度和低多样性"也是问题之一。

1.2.3 高密度在城市空间中的现实意义

欧美一些国家有条件地选择紧凑的城市形态还是分散的城市形态主要是因为这些国家的城市人口密度较低，而对于人口基数比较大的中国而言，由于城市用地相对缺乏，人口密度往往又比较高，所以仅考虑城市用地与人口基数这两个要素就只有选择紧凑的城市发展模式。高密度的城市环境不但可以解决空间诉求与城市有限空间之间的矛盾，而且高密度的城市环境也是紧凑城市理念的具体表现。

1. 解决空间诉求与有限空间之间的矛盾

荷兰建筑师威尼·马斯（Winy Mass）在专著中明确提出了人类需要空间的紧迫性，21 世纪初是这个星球历史上最拥挤的时期，地球上居住着越来越多的居民，同时资源的消耗也与日俱增。相比以前，居民对居住空间的要求也越来越高，对更大更舒适的居住空间需求成为城市居民追求的主要目标，并且人们正在实现这样的目标。为了额外的产品、水、能源、氧气、生态补偿、安全、缓解不断增加的灾难的可能性，世界各国都在寻找空间。每一个人都需要空间（MVRDV，2005）。

威尼·马斯的观点并非耸人听闻，其实人类的发展过程及城市的演进均在一定程度上体现了人们对空间的需求及空间的拓展（图 1.16）。城市化、人口膨胀、环境改善以及生态补偿等导致对城市空间扩张的需求，同时由于我国山地较多，可建设用地较少，许多城市用地不足，二者之间的矛盾日益突出，在有限的土地范围内容纳更多的人口，城市必须三维化发展，伴随城市人口高密度而来的建筑高密度是主要出路。

城市居民对城市空间需求的不断增加不仅包括直接生活上的需要，同时还包

---

① Willis R. 2008. The Proximity Principe，Campaign to Protect Rural England，Green Building Press.www.cpre.org.uk/library/3524.

含了维持人类生存与代谢的供给所需要的一切间接空间。城市化现象是人类拓展空间的典型代表作，城市化过程本身就是城市空间不断拓展的现象，城市化的内在动力就是城市空间需求的增加。毋庸置疑，在资源有限且一定的情况下，容纳更多的城市人口，不仅导致城市规模扩大，同时使得城市数量增多，这与人类其他的生存资源之间就形成了相互争夺的态势。空间诉求的另一个动力是随着社会的进步与物质条件的改善，单位人口比以往任何时候都要求更大的空间环境。同时，维持生态平衡、城市可持续发展，需要更多的空间进行生态补偿，仅依据地球生态足迹观点来测算（每人需要 1.8hm^2 土地容量以满足人类的各种需要），今天的人类就无法应付生态补偿需要的巨量空间（迈克·詹克斯等，2004）。山地城市用地更加紧张，城市建设成本更高，同时也是各种地质灾害易发的地区，相对平原城市，山地城市对空间的诉求与山地城市有限空间之间的矛盾更为激烈。

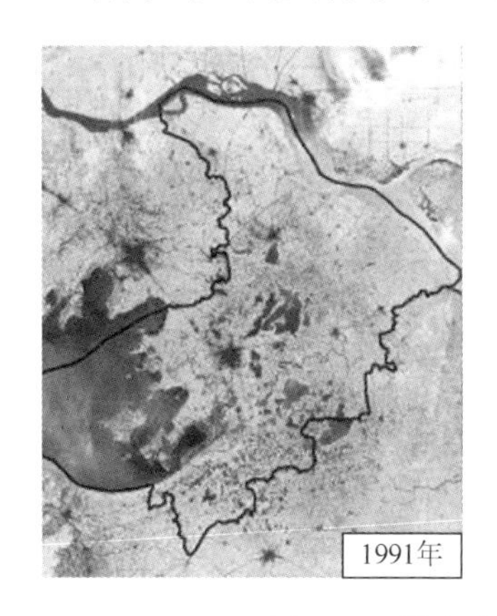

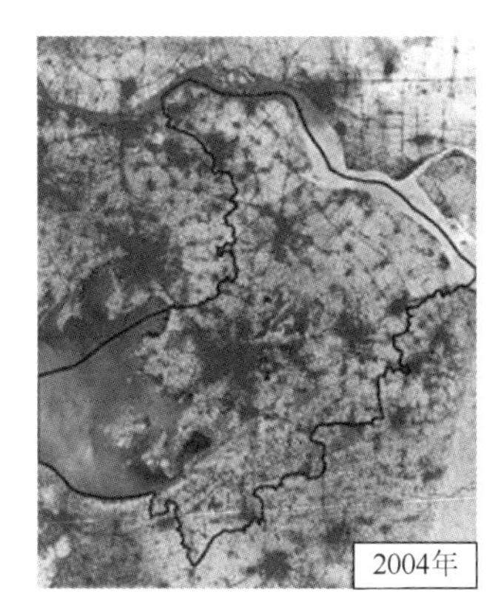

图 1.16　城市建设用地快速拓展

资料来源：中国城市规划设计研究院. 2012. 城市群空间规划与动态监测关键技术研发与集成示范项目.

高密度发展可以有效减缓空间诉求与有限空间的矛盾。假想，如果将现在的城市按照低密度发展，则城市的建成区将是现在的数十倍，城市的无序蔓延与扩展不但造成大量耕地的浪费，而且分散的城市布局也造成大量的能耗。

2. 高密度是紧凑城市理念在城市形态上的体现

紧凑城市在形态上的主要体现就是城市高密度发展，高密度发展包括城市中各类要素的高密度，如人口居住的高密度、城市用地的高强度开发以及各类公共服务设施的高密度集聚（王峤和曾坚，2012）。纵观人类发展的历史，人类社会的最佳生存方式就是居住在城市，随着人口的增加，城市空间需求的不断增长是必然的。到目前为止，只有城市能接受不断增长的人口和生存发展，除此之外没有更好的办法。在未来城市化进程中，随着人口增长，只有城市这个载体才能容纳更多人口，大部分人口将居住在城市中，所以城市是人类生存和繁衍的最后场所。于是，究竟何种城市形态与发展模式才符合人类生存与发展的可持续要求是摆在人们面前的一个重要问题。城市向郊区无限蔓延和在已有的城市用地方向上发展是目前增加城市空间的主要方式，也就是增量发展与存量发展的区别。前者就目前而言的经验已经被证明是不可持续的，只有高密度发展途径可行，其就是在已有城市用地范围内挖掘城市用地潜力进行增量发展，提高有限空间内的人口密度与建设密度。

紧凑城市的理念最早来自欧洲部分城市的高密度发展模式。这些城市不但对建筑师、规划人员及设计师有巨大的吸引力，而且也是旅游者趋之若鹜的地方。紧缩城市最积极的倡导者是欧盟，其理论的前提条件是控制城市扩张速度。通过集中利用公共设施达到减少交通出行距离的目的，同时在城市功能布局、空间形态及城市密度等方面进行紧凑性利用，最终促进城市可持续发展（迈克 • 詹克斯等，2004）。

城市正是在不断集聚的过程中形成了高密度发展的空间形态和空间环境。而紧凑城市理念也是在高密度城市历史与现实的发展过程中通过经验的总结和价值的提取逐步形成的，这一理念在城市中心城区高密度发展与局部地区高密度发展的过程中起到积极的促进作用，可以说城市高密度发展的状态正是紧凑城市理论在城市形态上的呈现。无关历史古城和建设新城，城市中心区的形态基本与紧凑城市所提倡的空间形态相一致，属于高密度的城市环境。

紧凑城市的价值与高密度的城市环境密切相关，城市的高密度发展不仅丰富了城市的功能与城市的空间形态，同时还为建筑类型和形态的丰富创造了条件。一般来讲，高密度发展地区有便利的交通条件，丰富且密集的生活配套设施，从某种意义上讲，以上内容就意味着城市的高效能。另外，完善和提升城市的整体形象离不开紧凑密集的城市空间形态和界面连续统一的建筑群，高密度发展为此也提供了更多的可能性。

1.3　我国城市高密度发展态势

目前，城市的数量和规模日益扩大，全世界的城市人口在超过农业人口后迅速攀升，全球性的“城市时代”已经来临。我国改革开放 40 多年来，城镇化进程不断加快（图 1.17），政府公布的城镇化率在 2011 年首次超过 50%，2018 年达到 59.6%。1981～2018 年，我国城市人口由 0.93 亿增加到 5.12 亿，城镇人口年均提高约 4.72 个百分点，城市数量由 226 个增加到 673 个，城市建成区面积从 1981 年的 0.74 万 km^2 增加到 2018 年的 5.84 万 km^2，部分大城市已经呈现出高人口密度和高建筑密度的发展态势。在经历了 40 多年经济的持续快速增长、城市化迅猛发展之后，我国进入了发展转折期。党的十八届三中全会提出推进以人为核心的新型城镇化，《国家新型城镇化规划》（2014～2020 年）明确提出提高城市空间利用效率，改善城市人居环境的发展思路。作为城镇化的核心要素，城市人口分布与城市建筑规模累积不仅能够反映我国城镇化的基本空间格局，同时还可以映射出我国城市密度发展的态势。

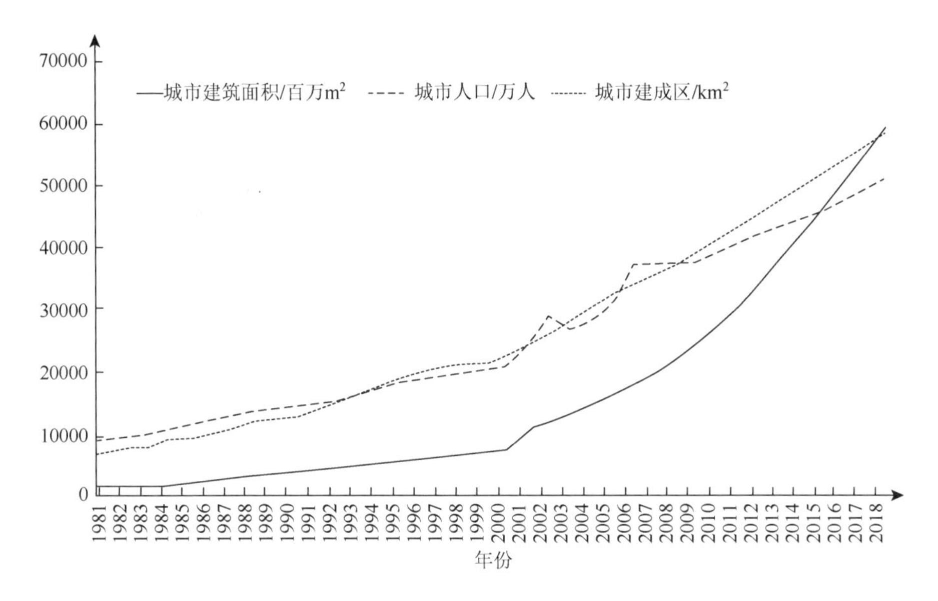

图 1.17　我国历年城市建筑面积、人口、建成区变化

在城乡规划领域，城市密度主要指城市空间的物理密度，衡量城市物理密度的方法主要包括两类（Edward，2010）：城市人口密度和城市建筑密度①。本书人口密度指城市人口与城市建成区的比值；建筑密度指城市房屋建筑面积与城市建成区的比值，即城市毛容积率。在城市规划和建筑设计领域，人们普遍认为高密度既包括高密度的物质建设环境和高密度的人口，又包括人的主观认知因素。不同的国家、不同的文化、不同的人口对高密度有不同的理解。因此，高密度是对环境密度条件的综合描述，具有不确定性和模糊性。虽然高密度的概念被广泛使用，但至今还没有明确的定义。

本节基于 1981～2018 年 37 年的《中国城市建设统计年鉴》和《中国统计年鉴》的城市基本数据建立城市密度数据库，按时间维度纵向分析历年城市密度的变化规律；空间维度利用 ArcGIS 空间分析技术进行城市密度数据与城市空间匹配，横向分析城市密度的空间分布规律；时空维度上主要利用 MATLAB 中的 BAR3 工具对不同城市在不同时间切面上的城市密度数据进行分析，形成城市密度的时

① 这里的建筑密度并非指中国建筑规范中“建筑覆盖率”的概念。

空分布图。依托城市密度数据库多维度、多对象、多内容分析城市“时间-空间”下的密度演变规律及分布特征；以此结合国内外学者相关研究尝试界定我国高密度城市的识别内容与标准；通过我国城市高密度发展特征的基本判断引导城市紧凑集约发展，提出高密度发展背景下城市紧凑集约的发展路径，为应对城市高密度发展带来的城市问题提供支撑。作为城镇化的核心要素，城市人口分布与城市建筑规模累积不仅能够反映我国城镇化的基本空间格局，同时还可以映射出我国城市密度发展的态势（图 1.18）。

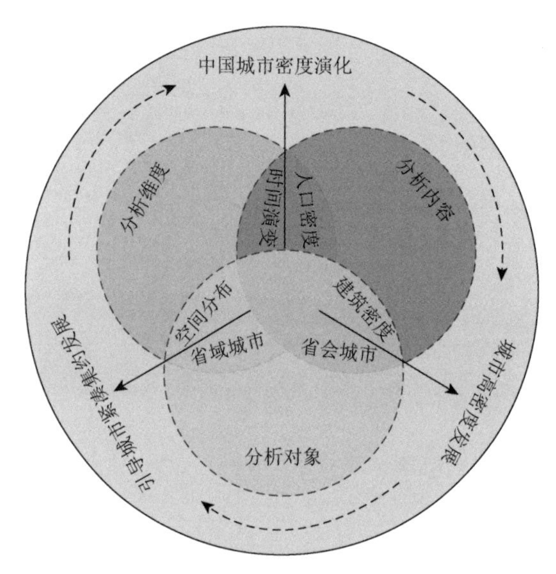

图 1.18 我国城市密度演变分析框架

1.3.1 时间维度下的城市密度发展

城市密度随着城市经济社会的发展动态变化。改革开放 40 多年，我国城市不但经济总量发生了翻天覆地的变化，而且城市密度在时间维度的变化也呈现出我国独有的特点，主要表现为快速城镇化引发城市人口规模、城市建设用地规模以及建筑规模膨胀式发展。同时，三者发展速度的异同导致出现建筑密度快速上升与人口密度下降并列的状态。

1. 快速城镇化触发城市密度膨胀式发展

城镇化是人类文明进步和经济社会发展的大趋势，是人口持续向城镇集聚的过程，是世界各国工业化进程中必然经历的历史阶段（邹德慈，2004）。改革开放后，随着我国城镇化进程的加快，城市人口规模不断增加，随之城市建成区迅速拓展、城市房屋建筑面积也呈现出膨胀式增长。改革开放后 40 多年的城镇化发展，不但体现在城市经济的增长、城市数量的增加上，而且城市建成区规模①与房屋建筑面积②也发生了数量级的增长。1981～2018 年，全国城市数量由 226 个增加到 673 个，城市人口由 0.93 亿增加到 5.12 亿（图 1.19），增加了约 4.5 倍；同时建成区面积也由 0.74 万 km^2 增加到 5.84 万 km^2（图 1.20），增加了近 7 倍，平均每个城市建成区面积由 $32.00km^2$ 增加到 $86.86km^2$；房屋建筑面积则由 15.40 亿 m^2 增加到 591.42 亿 m^2，增加了约 37.4 倍（图 1.21）。

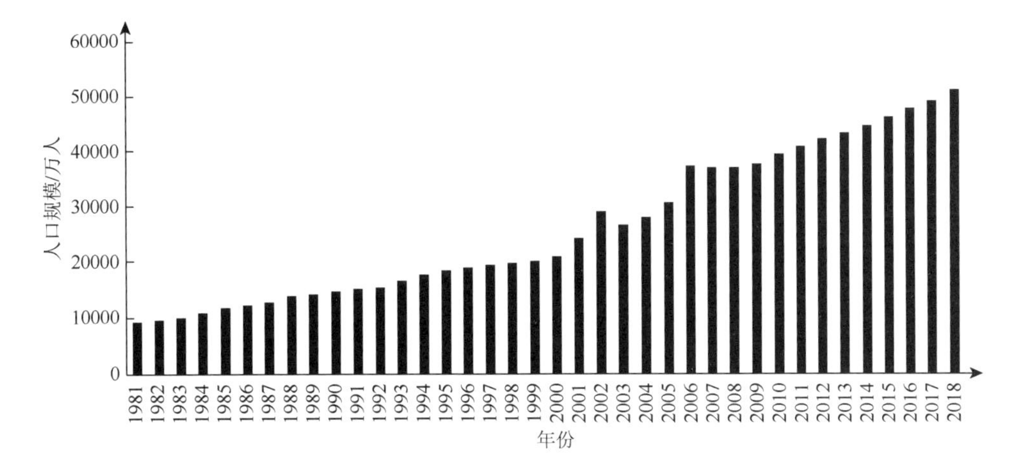

图 1.19　我国城市人口规模变化

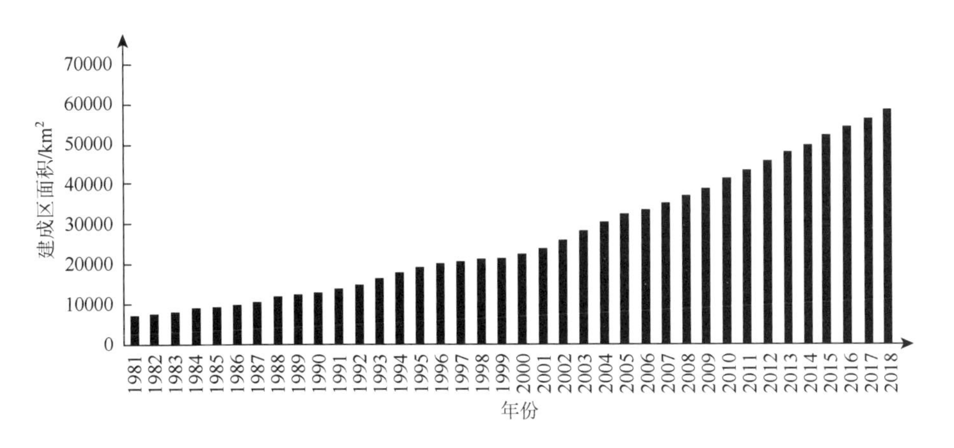

图 1.20　我国城市建成区面积变化

① 本书建成区规模指《中国城市建设统计年鉴》中各个城市的建成区面积，非城市建设用地面积。

② 本书房屋建筑面积指《中国城市建设统计年鉴》中城市所有建筑面积，其中 2000 年以前房屋建筑面积按照《中国城市建设统计年鉴》计算，2001 年及以后参照《中国统计年鉴》中各省市年度竣工建筑面积累积统计得出。

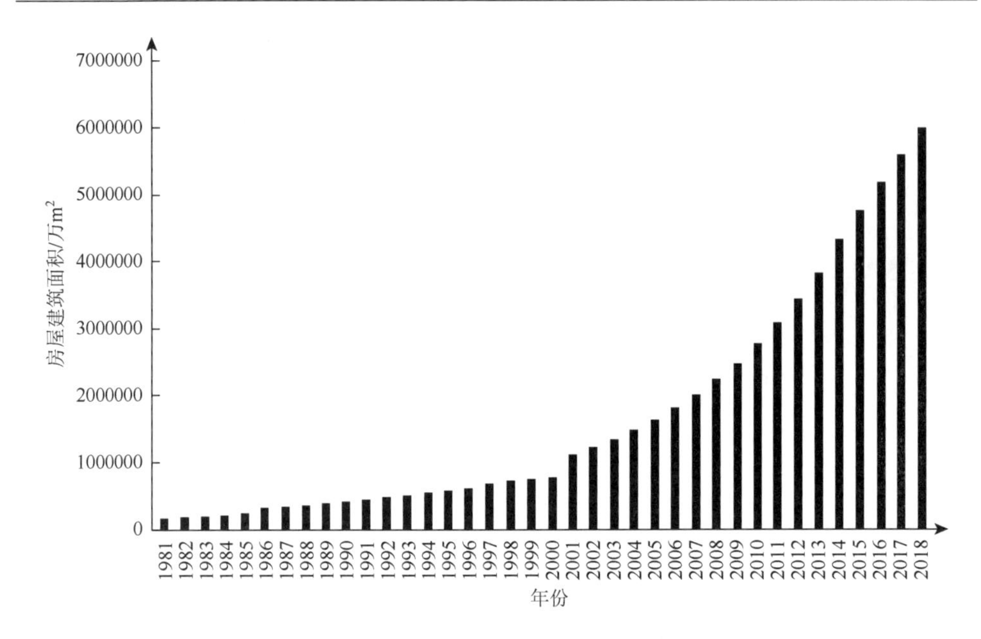

图 1.21　我国城市房屋建筑面积变化

城市人口规模总体呈现出波浪梯度增长的特点，1981～2000 年人口为持续增长型，由 9262.4 万人增加至 20952.46 万人，以 5.01%的速度持续增长，年均增加 615.26 万人；2001～2005 年、2006～2018 年两个时间段的人口增长特点为先减后增，并以每年 12.4%的增长速度增长，年均增加 1582.55 万人。

城市建成区呈现出稳定增长态势，1993～1998 年增长速度略高于其他时间段。

城市房屋建筑面积呈现出两段式增长特点，1981～2000 年为缓慢增长，由 15.4 亿 m^2 增加到 76.6 亿 m^2，以 10.09%的速度增长，年均增加 3.22 亿 m^2；2001～2018 年为快速增长，由 110.1 亿 m^2 增加到 591.42 亿 m^2，以 10.61%的速度增长，年均增加 28.31 亿 m^2。我国城市平均建筑密度历年变化及我国城市人口密度变化如图 1.22 和图 1.23 所示。

2. 建筑密度增高与人口密度降低并行

以城市房屋建筑面积和城市建成区面积为基础计算 31 个省（自治区、直辖市；港澳台未统计）的城市建筑密度（城市毛容积率）来分析省域层面城市建筑密度的变化情况。1981～2018 年，城市平均建筑密度由 0.22 增加到 0.89；1981～2000 年城市平均建筑密度呈波动式上升，处于低水平增加阶段，1981～1991 年为持续增加，由 0.2 增加至 0.31，1992～2000 年城市平均建筑密度的变化则由 0.31 降低为 0.29 再上升到 0.33。2001 年出现突增后，持续升高，由 0.47 增加至

0.89。2018 年城市毛容积率超过 0.5 的省（自治区、直辖市）达到 26 个，其中浙江、江苏、湖北排名前三，分别达到 2.79、1.97、1.032。

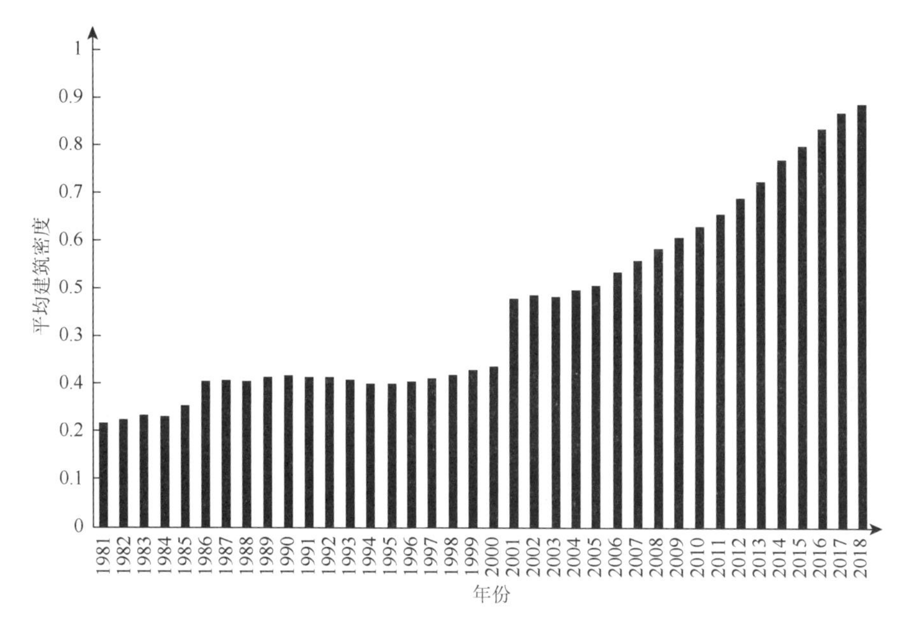

图 1.22　我国城市平均建筑密度历年变化

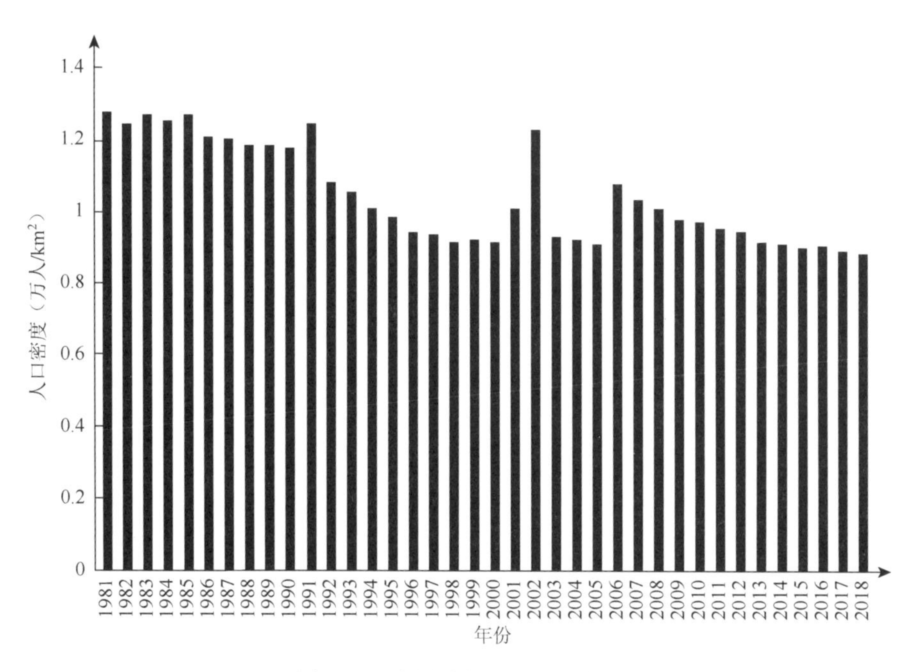

图 1.23　我国城市人口密度变化

与城市建筑密度的演变规律相反，由于建成区扩展速度超过人口增长速度，城市人口密度呈现出持续降低的发展态势。1981 年，全国 233 个城市的平均人口密度为 1.28 万人/km^2，到 2018 年城市数量增加至 673 个，人口密度则降低到 0.89 万人/km^2，全国城市平均人口密度总体减少了约 30.5%。城市人口密度在 33 年间的变化分为三个阶段，整体呈现降低趋势。在人口规模持续增加的同时，1981～1991 年整体变化较小，说明人口规模与用地规模增加相一致；1992～2002 年呈现出先降后增的趋势，说明同时期城市用地规模由供大于求转为供不应求；2003～2018 年人口密度整体呈现出先升高再降低的趋势，说明城市建成区面积拓展速度进一步加强。

城市人口密度的持续降低，一定程度上反映出过于猛烈的城市用地扩张，这也是国内许多城市的规模无节制膨胀，出现“摊大饼”现象的重要原因。基于当前国内存在土地城镇化与人口城镇化的不同态势，并且两者差距仍在拉大，2014 年 7 月住房和城乡建设部及国土资源部共同确定了全国 14 个城市[①]开展划定城市开发边界试点工作，来制止“摊大饼”式的发展。随着各个城市用地扩展速度的减缓，可以预见未来将呈现出高建筑密度与高人口密度的发展态势，城市有限的土地资源促使高密度城市逐步涌现。

1.3.2　空间维度下的城市密度分布

通过对城市密度在时间维度的演变分析，可以知道我国城市密度在纵向的整体演变规律，但我国幅员辽阔，城市分布范围较广，且东西地区城市化差异较大，有必要对城市密度在空间上的分布特征进行分析，从而解析城市密度在地区分布上的差异性，从而更好地制定针对不同地区的城市紧凑集约发展策略。

1. 城市空间密度分布与“黑河—腾冲”线保持一致

为清楚了解我国城市密度在空间维度的分布特征，本书首先从省域层面出发，以各省城市人口规模、房屋建筑面积、建成区等数据为基础，从某一个时间切面分析各省（自治区、直辖市）城市人口密度和建筑密度的空间分布。以 10 年为一个节点，分析 1981 年、1991 年、2001 年、2011 年及 2018 年五个时间切面的城市密度分布规律，采取自然间断法对人口密度进行分类，最大限度突出城市密度在空间上分布的差异性。

---

① 首批试点城市包括北京、沈阳、上海、南京、苏州、杭州、厦门、郑州、武汉、广州、深圳、成都、西安以及贵阳。这 14 个城市的开发边界划定工作于 2015 年完成。

通过分析可以发现不同时间切面人口密度分布基本与“黑河—腾冲”线①保持一致，随着时间的演变，人口密度分界线变化呈现出顺时针转动的变化趋势，且城市最低人口密度由 0.34 万人/km^2 提升至 0.58 万人/km^2，但最大人口密度在波动降低，同时最大人口密度的分布主要集中在京津、上海、重庆等地区，第二梯度人口密度主要分布在中部地区。

城市建筑密度的空间分布与人口密度空间分布相一致，高建筑密度省（自治区、直辖市）主要集中在“黑河—腾冲”线以东，随着时间的演变，逐步由北向南发展，第一梯度高建筑密度省（自治区、直辖市）则主要集中在东南沿海城市化发达地区及用地紧张的山地城市地区；第二梯度省（自治区、直辖市）主要集中在我国中部地区，西部及北部省（自治区、直辖市）城市建筑密度相对较低。

2. 城市密度受经济社会影响极化发展

从省域层面可以整体了解我国城市密度的空间分布态势，而从 36 个直辖市和省会城市及计划单列市（含 31 个直辖市和省会城市和大连、青岛、深圳、宁波、厦门 5 个单列市）角度可以微观地分析我国大城市密度空间分布规律。通过对比分析 1981 年、1991 年、2001 年、2011 年及 2018 年各节点各个城市的人口密度和建筑密度，发现城市人口密度基本与城镇群格局发展趋势一致，并且逐步形成“离散-连续”的发展态势，说明大城市的人口密度趋同性发展。

建筑密度则反映出层级明显、极化发展的空间格局，逐步形成以重庆、上海、北京三个城市为第一梯度的大城市建筑密度空间分布，这在一定程度上反映了高建筑密度城市主要集中在经济发达地区及用地紧张地区。通过对 36 个省会城市及计划单列市建筑密度、人口密度与地区生产总值的相关性进行分析发现三者在 0.01 水平上显著相关（表 1.4）。

表 1.4　建筑密度、人口密度与地区生产总值相关性分析（2018 年）

		建筑密度	人口密度	地区生产总值
建筑密度	Pearson 相关性	1	0.523**	0.436**
	显著性（双侧）		0.001	0.008
人口密度	Pearson 相关性	0.523**	1	0.572**
	显著性（双侧）	0.001		0.000
地区生产总值	Pearson 相关性	0.436**	0.572**	1
	显著性（双侧）	0.008	0.000	

**表示在 0.01 水平（双侧）上显著相关。

① 1935 年，地理学家胡焕庸在对中国人口分布考察研究的基础上，提出了著名的“瑷珲（今黑河）—腾冲”线，该线从中国东北边境的黑龙江省黑河市一直延伸到中国西南边境的云南省腾冲市，大致地划分出了中国人口在区域上的分布，体现了中国人口东南和西北分布区域之间的悬殊差异。

无论从时间维度还是从空间维度考察不同层面的城市密度变化，经过 40 多年的改革开放，我国已经初步形成长三角、珠三角、京津唐、成渝等重要的城市密集区，这些地区不仅是我国经济的主要增长点，同时还是人口主要的聚集地，更是城市建筑集中建设的地区。在城市人口规模及建筑规模均以数量级增长的同时，随着城市建成区面积蔓延扩展，在时间维度上呈现出人口密度降低与建筑密度升高并行现象；而在空间维度上，人口密度与建筑密度的分布在与“黑河—腾冲”线保持一致的同时，个别地区出现极化发展的特点。整体上看，在时空演变的过程中，城市密度呈现高密度发展趋势（图 1.24）。

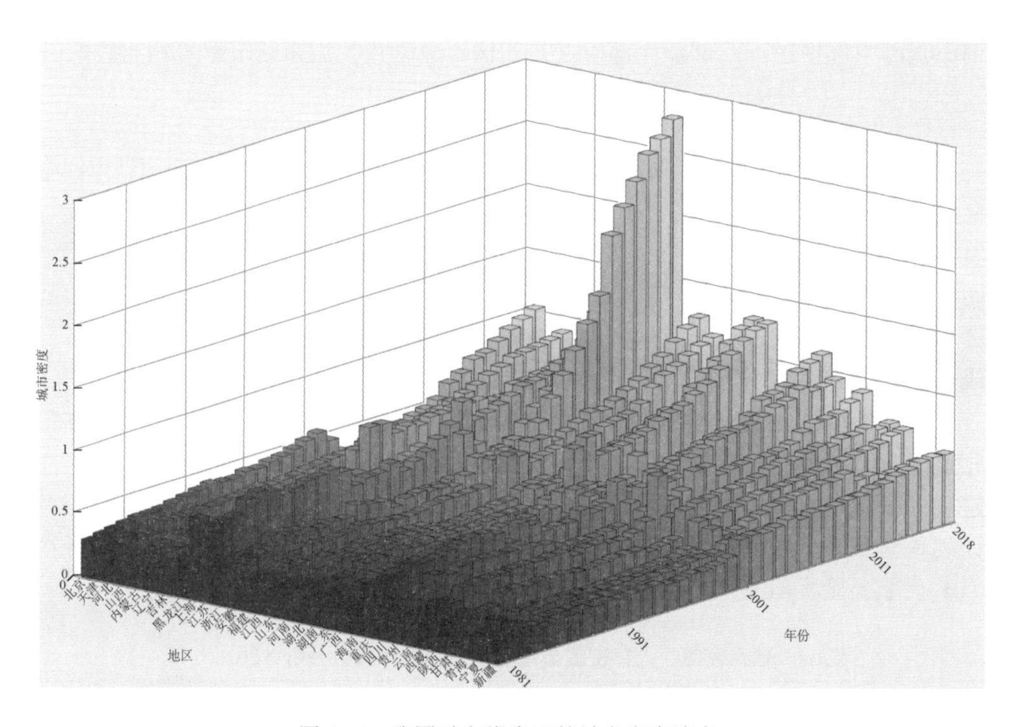

图 1.24　我国时空维度下的城市密度演变

1.3.3　我国高密度城市的划分标准

荷兰的建筑学者研究认为，可以通过空间质和量来评价空间的使用，并建立一个集城市密度、居住环境、建筑类型和城市化程度的链接，并提出了“空间伴侣”的概念和方法（Pont and Haupt，2004），这一成果为密度的研究提供了理性直观的分析、判断和评价工具。空间伴侣就是将四种建筑密度指标（建筑容积率、建筑覆盖率、建筑平均层数和开放空间率）结合在一起建立一种评价建筑密度与城市形态关联的图表。但这种评价方法缺少人口密度指标的参与，人口密度与城市建筑密度分布如果非线性相关，最终可能导致评价结果偏差较大。

李敏和叶昌东（2015）通过世界 50 万人以上城市人口密度数据，探讨了高密度城市的门槛标准，得出 15000 人/km^2 为高密度城市门槛，按此指标统计，2012 年全球高密度城市共有 76 个，其中人口密度超过 25000 人/km^2 的超高密度城市有 10 个。这些城市主要分布在亚洲地区，其中印度最多（31 个），其次为中国（9 个）。这种评价方法又忽略了城市建筑在高密度城市中的重要角色，高密度人口不一定高建筑密度，反之高建筑密度也不一定高人口密度。只有将人口密度与建筑密度共同纳入衡量高密度城市的指标体系才可以较准确地评价城市的高密度状态。

目前，从世界范围来看，绝大多数的超大城市的内城显现密集紧缩和高密度形态，这种现象在亚洲人口密度高的国家的大城市尤为突出。城市中心区成为城市中密度最高同时最具活力的核心地区。以重庆为例，重庆市渝中半岛占地 9.47km^2，截至 2011 年底，渝中半岛常住人口 44.5 万，约占渝中区常住总人口的 70%，平均人口密度达到 47747 人/km^2，根据《重庆市主城区密度分区规划》，2011 年渝中半岛平均毛容积率为 3.7（图 1.25），其中解放碑地区是整个半岛内容积率最高的地区，达到 12.57[①]。然而，城市高密度地区并不能代表整个城市为高密度城市。前文根据我国 36 个大城市来分析 30 年间城市人口密度的变化，城市平均人口密度主要集中在 1.1～1.6 万人/km^2，而且随着城市建成区用地拓展的加速，城市人口密度在降低。《城市用地分类与规划建设用地标准》（GB 50137—2011）规定：新建城市人均建设用地指标控制在 85.1～105m^2。据此推算，城市人口密度规划控制的合理范围为 9500～11750 人/km^2。结合中国实际情况，人口密度 10000 人/km^2 可以作为是否为高密度城市划分的分界线。

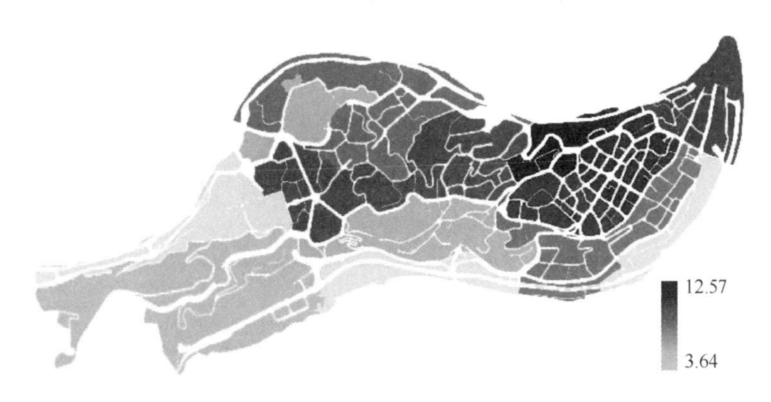

图 1.25　重庆市渝中半岛平均毛容积率分布（2011 年）

① 《重庆市统计年鉴》（2011）。

以我国 36 个大城市分析 1981～2018 年 37 年间城市平均毛容积率的变化（表 1.5），发现代表我国城市化发展的主要大城市，1986～2018 年城市平均毛容积率在 0.35～0.44[①]，可见城市毛容积率 0.5 是城市物质建造环境是否高密度的分界线。综合人口密度与建筑两个指标，可以将我国城市分为高密度城市、中高密度城市、中密度城市、中低密度城市及低密度城市。按此标准，本书中分析的 36 个省会城市及计划单列市中高密度城市主要有北京、上海、重庆、西宁、长沙等；低密度城市有拉萨；其他为中密度城市。目前我国城市中城市整体建筑密度超过 1.0 的非常少，当出现这种情况的时候往往人口密度也较高，所以这个时候城市必然为高密度发展状态（表 1.6）。

表 1.5　我国 36 个大城市历年城市平均人口密度与平均毛容积率发展

项目	1981 年	1982 年	1983 年	1984 年	1985 年
城市平均毛容积率	0.228818	0.239172	0.264531	0.27802	0.297701
城市平均人口密度/（万人/km^2）	1.353973	1.33776	1.398956	1.414275	1.428043
项目	1986 年	1987 年	1988 年	1989 年	1990 年
城市平均毛容积率	0.351581	0.359659	0.362114	0.379412	0.383439
城市平均人口密度/（万人/km^2）	1.358815	1.361585	1.344418	1.377877	1.364201
项目	1991 年	1992 年	1993 年	1994 年	1995 年
城市平均毛容积率	0.389031	0.389025	0.393539	0.398446	0.402348
城市平均人口密度/（万人/km^2）	1.343162	1.319888	1.319379	1.321553	1.290093
项目	1996 年	1997 年	1998 年	1999 年	2000 年
城市平均毛容积率	0.398129	0.410005	0.409781	0.428743	0.440886
城市平均人口密度/（万人/km^2）	1.23523	1.223432	1.169835	1.192145	1.190258
项目	2001 年	2002 年	2003 年	2004 年	2005 年
城市平均毛容积率	0.441877	0.422499	0.397248	0.396673	0.389793
城市平均人口密度/（万人/km^2）	1.154011	1.106637	1.035489	1.007236	1.009829
项目	2006 年	2007 年	2008 年	2009 年	2010 年
城市平均毛容积率	0.378265	0.379753	0.372476	0.383238	0.388327
城市平均人口密度/（万人/km^2）	1.206425	1.135474	1.084535	1.060332	1.060494

① 根据《中国城市建设统计年鉴》的历年城市数据整理。

续表

项目	2011 年	2012 年	2013 年	2014 年	2015 年
城市平均毛容积率	0.400696	0.404371	0.403976	0.409713	0.413278
城市平均人口密度/（万人/km^2）	1.062138	1.052249	1.008284	0.98789	0.995218
项目	2016 年	2017 年	2018 年		
城市平均毛容积率	0.417238	0.420643	0.417874		
城市平均人口密度/（万人/km^2）	1.012618	1.011769	1.008278		

表 1.6　高密度城市划分表

建筑密度	人口密度/(万人/km^2)				
	＜0.2	0.2～0.5	0.5～1.0	1.0～1.5	＞1.5
＜0.2	低密度城市	低密度城市	低密度城市	中低密度城市	中密度城市
0.2～0.5	低密度城市	中低密度城市	中低密度城市	中密度城市	中高密度城市
0.5～1.0	低密度城市	中低密度城市	中密度城市	中高密度城市	高密度城市
1.0～1.5	中低密度城市	中密度城市	中高密度城市	中高密度城市	高密度城市
＞1.5	中密度城市	中高密度城市	高密度城市	高密度城市	高密度城市

第 2 章　高密度山地城市空间布局存在的问题

由前文分析可知，随着城市化发展，城市空间高密度的发展将进一步加强，山地城市在高密度发展背景下有一般城市存在的问题，如人地关系失衡、城市用地与人口增长不协调、城市用地供需矛盾突出、城市密度分布与道路结构不相符。同时，由于用地紧张及自身空间独特性还存在城市组团发展不平衡以及城市功能过度集中、城市功能分区导致交通跨区出行加剧、交通容量落后于高密度城市建设及城市慢性交通难成体系等问题，导致城市交通拥堵加剧。

随着城市化发展，城市用地紧张程度加剧以及近十多年的房地产快速发展，导致我国城市高密度发展已经成为事实。同时，城市病在主要大城市也不断蔓延，目前尚不清楚城市病是否是高密度的直接结果，但高密度在城市的空间层面确实带来了一定的问题。高密度发展虽然是我国城市发展的重要类型和缓解城市用地紧张的有效方法，但同时在城市空间的各个层面带来不同的问题，如市民压抑感增加、城市环境恶化、城市道路交通拥堵、城市绿化用地减少等，有关学者研究表明高密度确实会影响城市的空间效能①。当然不能因噎废食，诸多学者针对高密度带来的各种问题已经展开了相关的研究，主要集中在城市高密度与城市可持续性的关系、城市高密度与城市气候、高密度城市的环境舒适问题、城市高密度的通风与采光、城市绿化对城市高密度的作用以及高密度城市空间的社会和心理问题等。国际上许多国家控制城市密度的方法主要采取区划，包括美国、日本及新加坡等，因为城市设计一般不具有法定约束力，关于密度控制的原则和策略一般在区划条例中体现（唐子来和付磊，2003）。同时，国内深圳、重庆、天津、成都、呼和浩特、合肥、桂林等部分城市已经进行了针对密度分区的规划实践。

纵观高密度的相关研究关注的内容及针对密度分区的规划实践，可以发现高密度在城市空间布局层面带来的问题主要表现为空间结构发展模糊化、土地利用拓展快速化以及道路交通配套迟滞化。

2.1　人地关系发展失衡，空间布局社会效能降低

正如前文所述，如果山地城市空间布局社会效能是指山地城市空间布局满足

① http://scnews.newssc.org/system/2006/02/10/000047685.shtml.

公众需要和为社会提供公共服务的程度，那么，提供公共服务的城市空间物质载体及接受公共服务的公众就是体现社会效能的主要要素，而城市土地正是城市空间物质载体的所指，如果从这个角度理解城市空间布局社会效能，那么城市中的人地关系是否和谐正是衡量城市空间布局社会效能是否正常发挥的重要指标。

人地关系不仅是地理学研究的核心内容（吴传钧，1991），还是城市规划领域研究的主要内容，人地关系是指人类与地理环境的关系，进一步解释就是人类社会及其活动与自然环境之间的关系（杨青山和梅林，2001）。人地关系的核心理论就是人地关系协同发展，强调人口与自然环境的协调共生发展。人地关系协调论解决人类活动空间（城市）与地理环境之间呈现出何种关系，人类活动空间（城市）与地理环境之间关系如何协调、协调程度怎么样等问题。目前对人地关系论的运用主要涉及领域包括运用人地关系论进行环境容量和人口承载力的计算及土地资源的利用和管制。基于人地关系协调论的城市规划研究主要应用在城市规划的前期评价，以及整体空间结构的优化、调整、控制等方面。

城市人地关系是由特定城市地区人类活动和地理环境的相互作用和制约所形成的人地关系的动态结构。在不同的历史阶段、不同的社会关系和不同的地域空间，它表现出不同的性质和特征。因此，对城市人地关系的研究不仅要基于特定的区域空间和社会经济发展的特定阶段，还要关注人地关系的动态演变。只有解决城市人地关系与区域空间结构的和谐共存，才能解决和谐社会建设中的诸多矛盾（向云波等，2009）。

在我国目前的快速城市化进程中，山地城市与其他城市一样，城市空间的扩展成为必然，城市高密度发展更是未来发展的主要趋势。但随着现代技术的发展，人类对自然的改造能力大大增强，与平原城市相比，山地城市的生态敏感性更脆弱，山地城市建设过程中协调好人地关系尤为重要，如果忽略对山地城市和谐关系的技术改造容易导致人地关系的失衡（刘高翔，2009）。山地城市发展条件受地形、建设用地和生态环境等因素的制约，其人地关系更为脆弱（温晓金等，2016）。借用人地关系协调的理论思想，山地城市空间结构各要素的协调发展正是山地城市空间布局优化的重要内容，而其中人口、用地以及建筑规模三者之间的关系是否协调发展正是高密度发展背景下城市空间布局是否合理在空间结构层面的映射。

目前，学界借用人地关系理论开展研究更多的是关于城乡人口与建设用地关系。本书基于研究内容的需求将人地关系扩展为人地容关系，即城市人口、建设用地、建筑规模三者之间的关系，人地关系的相对脆弱性概括为人口与用地发展不协调、人口与建筑规模发展不协调以及城市用地与建筑规模发展不协调三个内容，具体表现为山地城市受用地紧张的影响导致人均建设用地指标较平原城市要低。汪昭兵（2009）通过选取中国最典型的 31 个山地城市，运用 1998 年和 2006 年两个截面时间的城区非农人口和城市建设用地数据，通过对比分析同时期相邻地域同等规模的平原城市发现：山地城市人均建设用地除人均绿地外，其他各类用地均低于同时期平原城市，在城市非农人口与建设用地增速的比较中，除中部地区山地城市非农人口和建设用地增速均高于该区域平原城市外，其他区域这两项指标均低于同区域平原城市；在单项人均建设用地的比较中，各类用地也差异明显。另外，自然地理环境的影响导致山地城市建设维护成本较高，与地方经济水平产生冲突（表 2.1 和表 2.2）。

表 2.1　山地城市与平原城市人均建设用地分析　　（单位：m^2）

区域	类型	人均 *R*		人均 *M*		人均 *S*		人均 *G*		人均建设用地	
		1998 年	2006 年	1998 年	2006 年	1998 年	2006 年	1998 年	2006 年	1998 年	2006 年
东部	山地城市	27.05	28.43	19.92	22.92	5.63	9.21	9.13	10.69	85.05	96.27
	平原城市	27.50	30.92	25.36	24.61	5.78	11.29	4.84	10.75	87.52	103.17
	比较	0.45	2.49	5.44	1.69	0.15	2.08	–4.29	0.06	2.47	6.9
中部	山地城市	24.04	33.00	20.89	26.54	5.53	9.11	5.73	10.46	78.94	110.29
	平原城市	31.60	40.58	23.26	21.33	10.64	12.71	8.65	10.04	105.37	110.84
	比较	7.56	7.58	2.37	–5.21	5.11	3.6	2.92	–0.42	26.43	0.55
西部	山地城市	25.61	28.52	21.08	18.88	4.72	8.01	8.43	10.73	82.21	93.85
	平原城市	33.73	32.24	22.03	22.90	7.28	13.34	5.29	8.86	98.93	114.99
	比较	8.12	3.72	0.95	4.02	2.56	5.33	–3.14	–1.87	16.72	21.14
全国	山地城市	26.01	29.14	20.55	21.76	5.23	8.69	8.34	10.67	82.97	97.32
	平原城市	30.57	32.57	23.73	23.57	7.05	12.24	5.54	9.95	94.55	108.59
	比较	4.56	3.43	3.18	1.81	1.82	3.55	–2.8	–0.72	11.58	11.27

注：比较 = 平原城市人均（单项）建设用地面积—山地城市人均（单项）建设用地面积；*R* = 居住用地面积，*M* = 工业用地面积，*S* = 道路广场用地面积，*G* = 绿地面积。

资料来源：汪昭兵，杨永春. 2009. 基于对比平原城市的山地城市用地标准讨论//城市规划和科学发展——2009 中国城市规划年会论文集.中国城市规划学会.

表 2.2　平原城市和山地城市人均城市维护资金和市政固定投资对比表（2014 年）

类别	城市	人口规模/万人	城市维护建设资金支出/万元	市政公用设施建设固定投资/万元	维护资金支出与固定投资之和/万元	人均城市维护建设资金/元	人均市政公用设施固定投资/元	人均维护资金和固定投资/元
山地城市	安康	32.26	290886	258055	548941	9016.925	7999.225	17016.15
	武汉	634.65	2135082	8221026	10356108	3364.188	12953.637	16317.825
	南京	608.64	3196954	6528492	9725446	5252.619	10726.360	15978.979
	贵阳	265.36	225369	3958020	4183389	849.295	14915.662	15764.957
	蓬莱	17.6	91719	184744	276463	5211.307	10496.818	15708.125
	肇庆	56.4	482372	359286	841658	8552.695	6370.319	14923.014
	兰州	196.12	246059	2542604	2788663	1254.635	12964.532	14219.167
	郴州	61.87	191722	629715	821437	3098.788	10178.035	13276.823
	榆林	40.9	261735	261545	523280	6399.389	6394.743	12794.132

续表

类别	城市	人口规模/万人	城市维护建设资金支出/万元	市政公用设施建设固定投资/万元	维护资金支出与固定投资之和/万元	人均城市维护建设资金/元	人均市政公用设施固定投资/元	人均维护资金和固定投资/元
山地城市	洪江	6.1	39275	38630	77905	6438.525	6332.787	12771.312
	南平	21.1	210360	44755	255115	9969.668	2121.090	12090.758
	桂林	82.33	573702	340674	914376	6968.323	4137.908	11106.231
	温州	184.26	967975	952636	1920611	5253.311	5170.064	10423.375
	重庆	1243.48	2919924	5305685	8225609	2348.187	4266.804	6614.991
	西宁	126.09	409664	409664	819328	3248.981	3248.981	6497.962
平原城市	石家庄	281.77	496727	1235321	1732048	1762.881	4384.147	6147.028
	广州	1104.09	3162776	2970581	6133357	2864.600	2690.524	5555.124
	郑州	637.95	1189243	2294647	3483890	1864.163	3596.907	5461.070
	长春	370.69	738833	1201750	1940583	1993.129	3241.927	5235.056
	哈尔滨	417.33	1001727	1001727	2003454	2400.323	2400.323	4800.646
	沈阳	516.55	942938	1536170	2479108	1825.453	2973.904	4799.357
	深圳	1077.89	182053	2693627	2875680	168.900	2498.981	2667.881
	上海	2425.68	2661719	3727712	6389431	1097.308	1536.770	2634.078
	海口	137.42	103294	173254	276548	751.666	1260.763	2012.429
	银川	134.02	82270	147998	230268	613.864	1104.298	1718.162

在城市化快速发展的情况下，山地城市为了追求更快的经济增长，往往在城市建设和开发中以经济发展为导向，为了获得更多的建设用地忽视了山地城市本身的自然环境，按照平原城市的建设模式，采取填水挖山的方式，不仅破坏了山地城市的生态环境，还导致山地城市的特色逐渐消失，同时在建设地段留下了塌陷、滑坡等多种自然灾害隐患，严重威胁人们的生存环境（图 2.1）。在唯城市化率的考核背景下，随着城市中人口规模的不断增长，很多山地城市在不考虑地理环境的情况下大规模建设新城区，侵占了大量基本农田、蚕食大量山体坡地等，不但导致山地城市的“人-地”关系矛盾突出，而且造成了土地资源的浪费。

在山地城市进行空间拓展，综合考虑城市建设的经济性、生态环境的稳定性时一般都采取相对集中规划、分期建设的模式。因为在山地城市中，由于山地环境不是连续平坦的，在实际建设过程中往往面临着“集中”还是“分散”的空间发展选择；城市化的快速发展，使得部分山地城市建设急功近利；在不考虑用地的实际情况、道路交通的连贯性以及基础配套设施等情况时，直接采用“跨越式”的空间拓展方式，使得新城区与老城区之间空间结构脱节，各个组团间缺乏有机

图 2.1　城市开发蚕食大量山体（重庆某居住小区）

地联系，新建设的城市组团被地形割裂、缺乏交通的联系和基础配套的不完善使得组团内部功能单一。

2.1.1　异速增长态势加剧，人地关系协调困难

正如前文所述，城市在高密度发展后，城市人口和建筑规模必然呈现出急剧增长，在有限且紧张的城市用地范围内城市的人口、用地与建筑规模的增长呈现出异速发展的趋势，人地关系发展不协调，城市人口的增长与用地的增长呈非线性发展，城市土地拓展速度远远超过城市人口的增长速度，土地浪费严重。同时，受土地财政影响，城市房地产市场发展迅速，城市建筑规模（居住建筑规模）的增长速度远远超过城市人口与用地的增长规模，表面看来，人均居住建筑面积增加，人居环境改善，实则城市空房率居高不下，很多城市新城区呈现出“鬼城”的状态。

近些年，西方国家逐渐开始对城市扩展及城市规模变化等现象重视起来，国际上的学者开始关注城市土地与人口关系的理论和实践研究。该领域的 Lee、Mandelbrot、Batty、Sebastián、Amin、Halvard 等有影响力的学者主要研究内容包括城市人口-城区面积异速生长模型（Lee，1989）、城市位序-规模法则（Mandelbrot，1982）、城市分形生长和空间扩展（Batty and Longley，1989；Amin et al.，2011）、土地利用和城市蔓延（Sebastián et al.，2007）、城市人口增长和社会问题（Halvard and Henrik，2013）等。关于城市人口与城市建成区面积的关系，国内学者主要从城市结构与城市规模分布、城市规模分形理论等方面展开研究。同时，从实证的角度建立了城市体系异速生长方程，研究认为大城市内部明显呈现出城市人口与

城市用地之间的正异速关系，土地增长速度明显大于人口增长速度，也就是说，土地城市化快于人口城市化。国内学者目前更多的是从地理学和人口学的角度探讨人口与建成区的关系，而没有将城市人口、城市用地和城市的建筑规模三者综合起来，或者将更多的城市要素纳入进来判断它们之间的关系。本书以全国设市城市为研究对象，以 1981～2014 年的城区人口、建成区土地面积及城市建筑规模为截面数据，应用异速生长模型描述城市人口、面积、建筑规模的异速增长规律，并结合人口密度与建筑密度来探讨城市人地关系的和谐程度。

异速生长是用生物生长表示不成比例的生长关系的用语，由英国生物学家赫斯特利首先采用（Nordbeck，1971），主要应用于有机生命体中存在的某种规律，即非线性关系。近来不少学者将其运用于经济地理学中，特别是在城市人口和建成区土地面积之间的异速生长关系中，将城市的发展比喻成生命有机体的成长过程，而城市的人口和建成区可以看成是整个有机体中两个不可或缺的部分，其异速生长关系也是与分形维数直接相关的一种模型。一般用幂函数表示：

$$A = aP^b \tag{2.1}$$

式中，A 为建成区土地面积；a 为比例系数；P 为城区范围中的城市人口；b 为标度指数，又称异速生长系数。通常情况下，$b>0.85$ 表示正异速生长，表明建成区土地面积比城市人口增长快，城市人口密度呈下降趋势；$b<0.85$ 表示负异速生长，城市人口密度上升；$b=0.85$ 表示同速生长，表明两者增长成比例。

和谐的城市人地关系不仅仅表现在城市人口与城市建成区之间的合理比例关系上，同时城市人口与城市总建筑规模的关系以及城市建成区面积与城市总建筑规模的关系也是体现和谐城市人地关系的重要内容。借鉴上文城市建成区土地面积与城市人口的异速增长模型分别建立城市建成区总建筑规模与城市人口、城市建成区总建筑规模与城市建成区土地面积的增长模型，并利用 1981～2014 年的面板数据来检验我国省域层面及城市层面下的人地关系：

$$A = cD^e \tag{2.2}$$

式中，A 为建成区土地面积；c 为比例系数；D 为城区范围中的城市总建筑面积；e 为标度指数，又称异速生长系数。通常情况下，$e>0.85$ 表示正异速生长，表明建成区土地面积比城市总建筑面积增长快，城市建筑密度呈下降趋势；$e<0.85$ 表示负异速生长，城市密度上升；$e=0.85$ 表示同速生长，表明两者增长成比例。

$$P = fD^g \tag{2.3}$$

式中，P 为建成区人口规模；f 为比例系数；D 为城区范围中的城市总建筑规模；g 为标度指数，又称异速生长系数。通常情况下，$g>0.85$ 表示正异速生长，表明建成区人口规模比城市总建筑规模增长快，人均建筑面积呈下降趋势；$g<0.85$ 表示负异速生长，人均建筑面积上升；$g=0.85$ 表示同速生长，表明两者增长成比例。

建成区人口密度为城区人口和建成区土地面积的比值，这个比值的变化可以用来测度城区人口和建成区土地面积的相对增长关系，反映城市化过程中土地使用的集约程度变化（傅建春等，2015）。建成区城市建筑密度为城区总建筑面积与建成区土地面积的比值，这个比值的变化同样可以测度城区建筑规模和建成区土地面积的相对增长关系，反映城市化过程中土地使用的集约程度的变化。建成区人均建筑面积是指建筑总面积和城市人口的比值，这个比值的变化可以测度建成区总建筑面积与城市人口的相对增长关系。

通过人口-建成区土地面积异速生长模型实例验证，省域层面整体来看，城市呈现正异速生长，城市建成区规模不断扩大，从而导致土地城市化快于人口城市化。通过建筑规模-建成区土地面积异速生长模型实例验证，省域层面整体来看，城市呈现负异速生长，城市建成区规模不断扩大，从而导致土地城市化慢于建筑规模城市化。以上两种异速生长模型的实证分析，可以充分说明随着城市化发展，城市人口、用地与建筑规模的异速生长态势加剧（表 2.3）。

表 2.3　全国 652 个设市城市异速生长模型

省（市）名称	辖区面积/万 km^2	城镇村及工矿用地面积/万 hm^2	占地比例/%	山地比例（含丘陵）/%
北京市	1.64	28.48	17.37	65.4
河南省	16.7	205.24	12.29	38.8
河北省	18.85	175.25	9.30	56.6
重庆市	8.23	50.7	6.16	86.9
福建省	12.4	55.41	4.47	86.9
陕西省	20.58	83.53	4.06	84.6
甘肃省	42.59	69.78	1.64	77.8

在城市人口、用地与建筑规模异速增长态势加剧、山地城市高密度发展的背景下，随着城市化加快发展，城市人口将持续增长；土地财政及房地产市场的带动将使得城市建筑规模进一步增大。加之山地城市用地紧张的特殊性，城市人口、用地与建筑规模三者之间的异速增长将愈加难以控制。于是，寻找三者之间的合理增长模式就成为解决人地关系的主要途径，其更是提高空间布局社会效能的重要手段。

2.1.2　用地供需矛盾突出，城市环境压力增大

山地城市和平原城市在自然地理环境方面存在很大的差异，不同的城市自然禀赋完全不同，而城市的建设往往受制于其所处的地理环境，尤其是山地城市，

复杂的地形地貌、特殊的水文地质条件是山地城市独特城市形态和用地特征形成的前提条件。山地城市所处的地理区位不仅对城市建设初期有影响，对后期土地利用格局的形成乃至未来城市的拓展都有很大的影响，而且这样的条件是无法改变的。根据第二次全国土地调查结果，2016年底，我国城镇村及工矿用地为46489.5万亩（1亩≈666.7m^2），仅占我国陆地面积的3.2%（表2.4），从全国省（自治区、直辖市）城镇村及工矿用地占辖区面积数值对比可以看出，山地（含丘陵）比例较高的西藏自治区、青海省、新疆维吾尔自治区、内蒙古自治区、甘肃省、云南省、黑龙江省、贵州省均低于全国水平，更远远低于平原地区的上海市、天津市、江苏省、北京市、山东省、河南省、安徽省、河北省、浙江省、辽宁省、广东省等地。而且山地的比例越高，建设用地的比例就越低。同时，作为平原城市的上海市，其城镇建设用地比例是重庆市的约6倍，贵州省的约14倍。上述现象形成除了我国东西部社会经济发展水平的差异之外，山地地区特殊的自然条件对城市建设用地的限制也是非常重要的。

表2.4　中国省/市城镇村及工矿用地占辖区面积比例对比表（2016年）

行政单位	城镇村及工矿用地/万亩					辖区面积/万 km^2	占地比例/%
	城市	建制镇	村庄	采矿用地	小计		
全国	6508.7	7638.3	28800.5	3541.6	46489.5	962.85	3.2
北京市	169.3	82.6	177.6	12.1	441.6	1.68	17.5
天津市	166	66.6	188.3	66.2	487.1	1.13	28.7
河北省	240.3	332.3	1915.8	322.3	2810.7	18.77	10.0
山西省	151.8	161.2	847.4	133.4	1293.8	15.63	5.5
内蒙古自治区	230.7	365.3	1146.6	249.2	1991.8	118.3	1.1
辽宁省	369.5	213.3	1118.4	251.7	1952.9	14.59	8.9
吉林省	196.3	134	876.5	63.7	1270.5	18.74	4.5
黑龙江省	275	223	1130.9	167.7	1796.6	47.3	2.5
上海市	83.1	202.7	121.8	0.3	407.9	0.63	43.2
江苏省	432.8	613.9	1579.2	175.6	2801.5	10.26	18.2
浙江省	282.6	334.7	804.8	57	1479.1	10.2	9.7
安徽省	276	375.6	1685	92.3	2428.9	13.97	11.6
福建省	149.7	199.9	517.5	49	916.1	12.13	5.0
江西省	157.8	296	865.4	112.2	1431.4	16.7	5.7
山东省	589.9	475	2137.8	320	3522.7	15.38	15.3
河南省	345.6	464.5	2360.6	153.5	3324.2	16.7	13.3

续表

行政单位	城镇村及工矿用地/万亩					辖区面积/万 km²	占地比例/%
	城市	建制镇	村庄	采矿用地	小计		
湖北省	288.4	322	1263.9	66.9	1941.2	18.59	7.0
湖南省	224.5	243.2	1412	89.4	1969.1	21.18	6.2
广东省	511.1	580	1232.9	82.6	2406.6	18	8.9
广西壮族自治区	178.2	241.8	838.6	76.6	1335.2	23.6	3.8
海南省	35.5	101.9	182.7	18.1	338.2	3.4	6.6
重庆市	158.3	138.9	532	22.9	852.1	8.23	6.9
四川省	257	388.7	1573.4	92.2	2311.3	48.14	3.2
贵州省	80.3	175.8	515.9	55.2	827.2	17.6	3.1
云南省	97.1	198.8	807.6	142.4	1245.9	38.33	2.2
西藏自治区	11.6	23.4	96.9	14.6	146.5	122.8	0.1
陕西省	161.8	203.8	721.6	95.9	1183.1	20.56	3.8
甘肃省	109.9	129.1	792.8	73.6	1105.4	45.44	1.6
青海省	25	58.4	126.1	137.3	346.8	72.23	0.3
宁夏回族自治区	62	74.1	221.2	32.1	389.4	6.64	3.9
新疆维吾尔自治区	191.5	218	1009.7	315.5	1734.7	166	0.7

资料来源：根据 2016 年全国土地利用现状汇总表整理。

从全国层面看，山地城市突出的用地供需矛盾不仅体现在各个省域的宏观层面，毕竟从省域层面只能判断出大的趋势，由于不同省域受经济发展和自然环境影响较大，无法准确描述山地城市与平原城市在人地关系上的区别，本书同样选取中观层面的城市面板数据，并通过 2016 年部分平原城市与山地城市数据来分析突出的人地关系矛盾。2016 年，上海、天津、石家庄、太原、合肥、成都等平原城市的城镇村及工矿用地面积占辖区比例为 0.429～2.448，而重庆、乌鲁木齐、丽江、韶关、攀枝花、遵义、乐山、宜宾、青岛、大连等山地城市占辖区比例尚为 0.049～0.793，明显低于平原城市（表 2.5）。随着我国城市化进程的加快，城市内的人口数量不断激增，在这个背景下，受特殊地形和山水环境限制的山地城市无疑比平原城市面临更为突出的土地供需矛盾。此外，由于山地城市的土地结构中往往林地多、耕地少，其辖区内相当一部分有条件进行开发的土地也会被重要的耕地所占据，无法进行城市建设，这就使得山地城市的可建设土地资源更为匮乏，人地矛盾更加尖锐。

表 2.5　中国部分城市城镇村及工矿用地面积占辖区面积比例对比表（2016 年）

城市类型	行政单位	城镇村及工矿用地/万亩	市辖区面积/km²	用地比例
平原城市	天津市	487.1	7399	0.439
	石家庄市	297.4	2194	0.904
	太原市	104.8	1500	0.466
	呼和浩特市	136.9	2054	0.444
	沈阳市	281.8	3471	0.541
	上海市	407.9	6341	0.429
	无锡市	191.3	1644	0.776
	合肥市	260.1	1312	1.322
	芜湖市	136.7	1395	0.653
	潍坊市	378.6	2006	1.258
	郑州市	285.4	1010	1.884
	洛阳市	218.1	594	2.448
	桂林市	136.2	565	1.607
	成都市	363.9	2127	1.141
	长沙市	241.8	1008	1.599
山地城市	大连市	298	2567	0.774
	鸡西市	96.6	2300	0.280
	南京市	217.6	6589	0.220
	青岛市	300.3	3231	0.620
	韶关市	91.8	2871	0.213
	深圳市	124.7	1997	0.416
	珠海市	60.6	1656	0.244
	南宁市	188.4	6569	0.191
	攀枝花市	40.2	2017	0.133
	乐山市	91.1	2514	0.242
	宜宾市	124.9	2591	0.321
	贵阳市	97.6	2408	0.270
	遵义市	152.6	1316	0.773
	丽江市	40.5	1255	0.215
	大理白族自治州	97.1	1815	0.357
	西宁市	60.7	510	0.793
	乌鲁木齐市	100.9	13788	0.049
	重庆市	852.1	82300	0.069

资料来源：根据 2016 年全国土地利用现状汇总表整理。

面对用地供需矛盾突出的山地城市，高密度发展无疑成为必由之路。山地城市如何发展高密度既可以缓减用地紧张，又不影响城市的空间环境是山地城市发展过程中需要智慧解决的问题。现实中山地城市的高密度发展往往简单地通过提高用地的开发强度实现高密度发展。

城市土地作为城市空间的主要生产资料，在运作过程中，土地的开发强度成为平衡各方利益的协调器。土地国有的属性使得政府往往希望通过拍卖土地获得高额的出让金来维持城市的正常运转，在二三线城市，土地财政往往成为城市税收的主要来源。而开发商以追求商品的利益为主要目的，在一定的土地范围内，提高土地的开发强度可以增加更多的建筑规模，也可带来更多的利益，加之原有土地的拆迁安置成本往往通过额外提高开发强度获得补偿。在各方利益的诉求下，城市土地的开发强度往往与周边的城市环境及公共服务配套不相匹配，最终导致城市高密度发展失去了本来该有的功效，使得城市空间布局的社会效能降低。

2.1.3 密度与道路不匹配，城市运行负荷增大

在所有城市病中，城市交通拥堵是最直接被城市居民所感受到的一类，而城市交通拥堵不仅造成能源的浪费、居民出行的不便，还是城市运行效能低下的集中表现。造成城市交通拥堵的原因很多，其不仅与城市的空间结构、用地布局以及汽车保有量有关，还与城市用地密度的分布与现有道路结构关系的不匹配有关。通过对比分析我国历年的城市密度、人均道路指标、车均道路指标不难发现，在城市化进程中，随着建成区面积的拓展，城市道路面积、城市人口、汽车保有量均增加，但三者之间的增长速度有所不同，导致城市人口密度基本保持在 1.0 万人/km^2 左右，而建筑密度从 0.31 增加到 0.62，增加了一倍，人均道路面积从 7.73m^2 增加到 13.22m^2，同样增加了近一倍，但是汽车保有量增加速度太快导致车均城市道路用地面积由原来的 12.35m^2 减少至 6.00m^2（表 2.6）。与十几年前相比，城市道路结构没有发生变化，仍然是主干路、次干路、支路三级布局，不同等级道路的路幅宽度几乎未变，也就是说，城市道路结构未发生变化，但是道路周边的用地密度发生了变化，用地上的建筑规模和汽车保有量均发生了翻天覆地的变化。虽然整体看人口密度变化不大，但是对于我国主要城市，在已经形成的建成区内，城市的道路结构在几乎没有发生变化的情况下，随着城市更新的推进，城市老城区的人口密度、建筑密度以及汽车的保有量同样发生了翻天覆地的变化，这应该是老城区交通拥堵的另一重要原因。

表2.6　我国城市历年人均、车均道路用地面积对比一览表

年份	城市人口/万人	人口密度/（万人/km²）	建筑密度	人均道路用地面积/m²	车均道路用地面积/m²	建成区面积/km²	道路广场用地面积/km²	汽车保有量/万辆
1997	19469.92	0.94	0.31	7.73	12.35	20791.30	1505.60	12190.90
1998	19861.80	0.91	0.32	8.06	12.13	21379.56	1600.99	13193.00
1999	20161.61	0.92	0.33	8.35	11.58	21524.54	1683.71	14529.41
2000	20952.45	0.92	0.34	8.65	11.27	22439.28	1814.48	16089.10
2004	23635.9	0.92	0.50	12.64	11.09	30406.00	2988.83	26937.14
2005	23652.02	0.91	0.51	12.60	9.43	32520.72	2982.34	31596.63
2006	33288.68	1.08	0.51	10.14	9.13	33659.76	3377.53	36973.53
2007	33576.98	1.03	0.54	10.92	8.41	35469.65	3667.96	43583.55
2008	33512.10	1.01	0.57	12.02	7.90	36295.30	4030.52	50996.09
2009	34068.86	0.98	0.59	12.82	7.01	38107.26	4368.92	62280.00
2010	35373.54	0.97	0.62	13.22	6.00	40058.01	4679.90	77963.62

资料来源：根据历年《中国城市建设统计年鉴》统计。

建设用地、道路用地、建筑容量之间的关系变化以及单位用地内道路用地的比例基本没变，但是单位用地内的建筑容量增加，使得道路面积与建筑面积关系失调。用地密度在总体规划、控规阶段确定，依据规范，按照1000m布局主干路，500m布局次干路，但是道路的密度与道路的宽度没有与周边的用地密度发生关系。同时，规划道路一旦形成，在几十年固定的时间无法拓展，扩展预留的空间不足，随着旧城改造的进行，未来道路的压力会更大。在一定时期内以小汽车出行的方式不会改变，甚至有加重的趋势，城市停车设施的不足，使得城市道路在一定程度上承担了停车的功能，导致城市道路的功能受限，进一步加重。

从宏观尺度来说，城市交通网络在不同区域的分布与其所在区域的开发建设强度存在一定的耦合机制，重庆市主城区这种组团式的城市会表现得更明显。通过分析建成区现状用地实际开发强度的分布状态可以发现，内环以外区域的用地开发强度明显低于内环以内区域的开发强度，同时每个组团的中心区域或者说商圈周边用地的建设强度明显高于外围区域（彭瑶玲，2014）。从叠加分析可以看出：现状开发强度较高的区域（主要是内环以内区域），城市道路网络相对密集，特别是快速路网的道路网密度相对较大，这恰恰说明在城市建设中，城市高密度环境地区的交通疏导问题很早就得到了建设者的重视。但是，这些内环以内区域的快速路都是在原有主干路基础上形成的，快速路周边的用地密度往往不大，用地密度大的区域与城市快速路有一定的距离。所以，这些道路还不能有效地疏导内环区域以内高密度建设地区的交通拥堵问题。而内环区域外的新建设组团，相对建设强度较低，道路交通网络建设也相对滞后，特别是快速网络没有形成体系且与

内环以内的快速路形成网络时，城市老城区及中心城区因为高密度发展，内部交通无法顺利疏解到外围，这也是城市外围组团建设中需要解决的重要问题。

2.2　城市密度离散分布，空间布局经济效能递减

如前文所述，城市空间布局经济效能是指在城市有限的空间内生产的城市产品和城市公共服务的价值。如果从城市经济学视角来考量城市空间生产的目的，可以说获取高额的土地经济产出是城市空间生产的主要目的，而城市空间紧凑发展是获取高额土地价值的重要途径，建设空间的扩展需要城市道路交通和公共服务设施的配套。同时，一定的建筑规模与人口入住也是城市空间生产的必要内容。为了获取更高的土地产出，减少城市的交通出行距离，城市组团内部功能的混合使用也是降低城市运行成本的重要手段，然而在现实中，山地城市在高密度发展过程中呈现出的问题和人们的期望背道而驰。

2.2.1　建设空间低效扩张，空间布局集约度下降

目前我国土地利用粗放的问题十分严峻，土地供需矛盾也越来越突出，城乡建设用地粗放浪费与新增用地结构不合理的现象并存。这是因为在改革开放初期，许多城市甚至东部沿海城市都走了“三高”发展之路，即土地高扩张、资源高消耗以及环境高污染，这也直接导致人地关系的进一步恶化。近年来，城市中大约有将近5%的用地由于各种原因闲置，但是城市的用地范围仍然在向外拓展。据不完全统计，我国各类建设项目向外拓展占用耕地甚至基本农田达到每年300万～500万亩，而全国城镇规划范围内空闲和批而未供的土地约有400万亩[①]。

目前，我国的土地利用效率相对低下，正呈现出无序蔓延的趋势。以上海为例，根据2016年城市土地利用现状统计数据，城市城镇村及工矿用地比例达到42.9%，如果崇明岛不计算在内，该数值应该超过50%，而且随着城市化的进一步发展，这一数值将进一步提高。根据《中国发展报告2010》中的相关数据，全球主要城市群如果按照区域开发来看，建设比例均未超过30%，法国大巴黎地区约为21%，英国大伦敦地区约为24%，日本东京、京都和名古屋三大都市圈仅为15%，而高密度发展的东京都市圈也只有29%。如果将上海与典型的高密度城市香港做比较可以发现，上海的人口密度是香港的一半，但城乡建设用地比例是香港的2倍，而上海中心城区的平均容积率还不到香港的1/4，由此可见，中国最发达地区的上海发展非常不集约，土地浪费现象较严重，这正是上海城乡建设用地

① 资料来源：http://news.sohu.com/10/91/news206649110.shtml.

比例相对较高，直接导致城市土地平均开发强度较低的原因。同样以上海和香港作为考察对象，上海中心城区商业办公用地规划容积率上限为 4.0，以高层建筑为主的居住用地容积率上限为 2.5，而香港岛无论居住还是商业办公用地的容积率均在 8.0～12.0，香港中环用地的容积率则更高。如果仅从用地容积率的角度来看，香港的土地利用率是上海的 3～5 倍。上海城市土地利用率较低还与上海有众多的各类工业园区有关，据统计，上海各类工业园区约占城乡建设用地总量的 1/3，但由于工业园区功能的特殊性，往往容积率较低。以开发较早的浦东金桥开发区来说，虽然各类城市基础设施已经比较完善，但园区平均容积率也达不到 1.0。当然上海大量的郊区小城镇以及外围开发建设的新城普遍采取的是低密度的建设模式。

以山地城市重庆市为例，如果按照直辖市市域面积计算，根据 2018 年数据市区面积为 43263km^2，市区人口为 2932 万人，建成区面积为 1496.72km^2，市域平均人口密度为 677.72 人/km^2，这个密度与全国各地相比并不算高，但是由于山地城市可建设用地较少，其建成区面积仅为总面积的 3.46%，实际建成区的人口密度则很高，人口密度达到 10073.09 人/km^2。即使在建成区，城市用地也不是全部为可建设用地，受到山体、陡坡等难以利用土地分布的影响，真正可利用的土地更少，人地矛盾更加突出。面对城市的持续扩张和建设用地的粗放建设方式，城市土地资源只有通过集约开发利用才能达到经济、社会、环境之间的协调与可持续发展。随着城镇化进程的加快，山地城市将进入一个新的发展阶段，过去由于地方政府对城镇化进程的非理性预期而造成的盲目的、“摊大饼”式的土地扩张已经无法继续。在土地资源有限的情况下提高土地的实际利用效率，对于山地城市尤为重要，而提高土地利用率的同时获得舒适的城市空间以及高质量的城市生活更重要。未来山地城市科学化解人地矛盾、实现可持续发展的关键问题则是解决人口对城市空间诉求的不断增长。

2.2.2　城市功能过度集中，组团内部平衡被打破

山地城市一般以组团式结构布局为主，组团内部往往有相对完善的功能配置，组团内的城市生产、工作与居住内部平衡。对于现代城市而言，多中心的组团布局模式一般有各自组团的中心，且每个组团均拥有各自的等级规模与职能，组团之间有一定的差异性。一般而言，对于组团城市，在城市的发展和建设过程中，鼓励组团内部的职住平衡以减少组团间多余的交通需求带来的交通压力。在世界范围内，这种组团内部职住平衡的规划思想不但形成了完善的理论体系，而且很多实践也被证实非常实用。当然组团功能不完善以及很多城市郊区“卧城”模式已经被证明不利于城市空间的良好运转，主要原因是会产生钟摆式交通，大大降低城市的运行效率。多中心组团式布局的山地城市在城市发展过程中，往往也受

到地形条件的限制，每个组团之间相对有一定的距离，组团在形成初期往往考虑减少通勤时间，倾向于组团内部的职住平衡，这也说明了山地城市的形成与发展本身就天然存在组团自身的内部平衡的趋势。

以典型的山地城市重庆市都市区为例，2017 年版的《重庆市城乡总体规划》中提出“一城五片，多中心组团式”的城市空间结构。都市区由中部、北部、南部、西部、东部五大片区组成。以片区为格局有机组织城市人口和功能，各片区具有相当的人口规模，城市功能完善，既相对独立，又彼此联系，相互协调发展。每个片区包含若干个组团。都市区建设用地分为 21 个组团和 8 个独立功能点，中心城区包含其中的 12 个组团和 2 个独立功能点。每个组团功能相对完善，组团内工作、生活、用地基本平衡，紧凑发展；独立功能点是组团外相对独立、承担城市功能的建设区域（图 2.2）。

图 2.2　重庆市中心城区自由 + 方格网布局的道路

资料来源：重庆市规划和自然资源局. 2020. 重庆市国土空间总体规划（过程稿）.

在应对山地城市高密度发展过程中，主要通过集中与分散有机结合的思想来解决人地关系中的突出矛盾。在集中与分散的布局过程中，最重要的是如何把握二者之间的“度”。随着城市人口的增加，城市化的加快，城市规模将进一步扩大，从城市经济学的角度分析，城市聚集的积极效应也会随之不断增加，同时所产生的外部成本会抵消这种聚集的积极效应，也就是说，城市的规模不能无限制地扩展下去。在最大合理规模的基础上，一味地增加聚集，就会导致城市的经济效能降低，带来城市交通、环境以及城市基础设施投入过大等问题。

城市高密度发展是城市人口、经济、资源综合聚集的结果，总体上城市的聚集有利于城市资源的最大效应发挥，但是当集聚的程度突破一定限度后就会产生负面效应。随着城市人口密度、建筑密度、资本密度以及设施密度的过度集中，会产生城市交通拥堵、城市住房价格持续上涨等一系列问题。日本东京市就是典型的城市功能非常集中的大都市，一个城市拥有全国 1/3 的国内生产总值，这必然吸引太多的人口聚集。由于城市功能与就业岗位的高度聚集，东京大都市地区工作日产生的人流量约为 500 多万人次，虽然依靠发达的城市轨道交通来支撑上下班人流的运输，但仍然会产生人均通勤时间过长、交通拥堵随处可见以及城市住房价格居高不下等问题。

以我国首都北京为例，北京虽然不是山地城市，但是城市功能过度聚集的典型代表。在圈层式的城市结构中，主要表现为城市大部分优质公共资源聚集在城市四环以内，也直接导致四环以内的人口密度、就业密度以及建筑密度呈现高密度的状态。当然也有很多城市试图通过建设新城区解决中心城区高密度发展带来的诸多城市问题，但往往由于新城建设有一定的周期，功能的培育如果没有合适产业作为支撑就会沦为“卧城”，导致新城以居住为主，配套缺失，造成居民仍旧在中心城区就业，在较长时期造成“卧城”与中心城区钟摆式的通勤，使得组团间的干道形成新的堵点，从而导致中心城区问题加重，广州市就属于这种情况。

上面以北京和东京为例所述均为平原城市功能过度聚集产生的普适性影响。对山地城市而言，其生态承载力有限，城市功能过度集中不仅会产生一般性城市问题，同时还会对自然环境造成极大的压力。对于山地城市而言，一定程度的功能集中对于提高城市的经济效能非常有帮助，但是如果导致生态环境的破坏又间接地导致城市空间生态效能降低，得不偿失，也不符合可持续发展的要求。无论是山地城市还是平原城市，在城市建设过程中都倡导紧凑发展，这主要是由城市土地资源短缺以及与人口增长之间的矛盾决定的，但是紧凑发展不等同于城市功能的过度集聚。对于结构相对稳定的山地城市而言，在高密度的发展过程中，一般采取的是“大分散、小集中”的发展模式。在全球范围内，香港也以高密度发展著称，但城市空间并非无序聚集，而是通过一定的规划政策制度基于现状用地情况，重点通过土地的集约利用，充分尊重现状地形地貌，对保护自然环境进行了有效的引导，对于生态比较敏感的填海区、半山区以及山顶区重点采取限制高密度发展；即使局部地区允许高密度发展，也需要通过采取功能混合发展以及密度下限引导发展。从香港的做法可以看出，高密度发展并不是只追求城市空间的经济效能，而应该是重点协调城市人口与城市土地资源之间的矛盾、人口高密度与生态承载力低之间的矛盾以及建构城市有机生长与演化的动态平衡机制。

2.2.3 交通跨区出行加剧，城市运行成本升高

山地城市跨区出行加剧主要体现在跨组团出行比例快速提高、功能核心区跨组团出行比例明显高于功能拓展区，并呈现以相邻组团出行为主的跨组团出行特征。在 2014 年重庆市都市区的一份居民出行调查中发现，全日组团内部出行比例约 73%，说明都市区仍以组团内部出行为主，但与 2002 年 85%的组团内部出行比例相比，12 年下降了 12 个百分点，跨组团出行比例由 15%增长到 27%，跨组团出行比例显著提高，组团式的出行特征面临严峻挑战。调查结果表明，早高峰期间，组团内部的出行比例仅为 66%，跨组团出行比例为 34%，与全日 27%的跨组团出行比例相比，早高峰通勤出行的跨组团比例明显更高，早高峰期间的组团间通道压力更大。核心区组团的跨组团出行比例在 30%左右，拓展区组团的跨组团出行比例在 15%左右，核心区组团的跨组团出行比例明显高于拓展区。核心区跨组团出行中以相邻组团出行为主，核心区各组团出行逐渐融合。人和、礼嘉及茶园等拓展区组团的跨组团出行比例分别为 42%、34%及 31%（表 2.7），高于核心区组团的跨组团平均出行比例，而跨组团出行中主要以与相邻核心区组团的联系为主，其中人和组团跨组团出行中与观音桥组团跨组团比例占其跨组团出行的 33%，礼嘉组团跨组团出行中与观音桥组团跨组团比例占其跨组团出行的 22%，茶园组团跨组团出行中与南坪组团跨组团比例占其跨组团出行的 51%。

表 2.7 重庆市都市区各组团内外出行比例对比表（2014 年）

组团名称	内部比例/%	跨组团比例/%
悦来组团	32	68
唐家沱组团	56	44
人和组团	58	42
蔡家组团	62	38
渝中组团	63	37
礼嘉组团	66	34
茶园组团	69	31
大杨石组团	72	28
观音桥组团	73	27
南坪组团	73	27

续表

组团名称	内部比例/%	跨组团比例/%
大渡口组团	76	24
空港组团	76	24
沙坪坝组团	78	22
界石组团	81	19
李家沱组团	85	15
西永组团	85	15
水土组团	86	14
鱼嘴组团	87	13
龙兴组团	90	10
西彭组团	90	10
北碚组团	93	7

注：如果将悦来组团与空港组团的出行作为内部出行，悦来组团的内部出行比例将由32%提高到76%。

资料来源：国家“十二五”科技支撑计划项目“城镇群空间规划与动态监测关键技术研发与集成示范项目”中课题“城镇群高密度空间效能优化关键技术研究”（课题编号：2012BAJ15B03）。

在山地城市中，道路体现了城市建设同山地地形相结合的独特性。道路的走向、布局、尺度无不是适应地形与客观环境的结果。由此可见，不同的用地条件形成了不同的道路体系，而独特的道路体系又起到强化城市形态特征的作用。因而道路是山地城市的骨架，是山地城市中最为突出的表象（杜春兰，2005）。

山地城市往往由于城市空间结构属于组团式布局，山地城市对外交通与内部交通功能相对分离，与平原城市交通组织相对紧凑不一样，山地城市交通组织略显分散。山地城市各个组团之间通常以外部交通串联，而组团内部一般保持相对完整的结构形式。分散布局的交通模式有利于客运交通和货运交通的流量和流向的平衡分布，最大限度地减少各类交通的用地面积，同时减少城市中各类功能区的交通压力以及一定程度的环境污染。当然，受地形地貌的影响，山地城市道路布局一般呈现出立体与自由的形态特征，与平原城市相比，道路的连接性相对较弱。目前，主要采取人行天桥、地下通道、垂直交通等多种辅助性的交通方式来完善山地城市的交通网络结构。

山地城市在居民出行上表现出与平原城市完全不同的特点，主要表现为平均出行次数相对较少、出行方式以步行和公交为主、“近多远少”的出行耗时以及交通出行的非直线系数较大。在城市居民人均出行次数上又呈现出经济不发达城市低于发达城市、大城市低于小城市的特点。在我国，平原城市的经济发展水平普遍高于山地城市，所以，在同等规模的城市中，平原城市的居民平均出行次数要高于山地城市，当然这与山地城市中很多城市用地的多样性以及土地上城市功能的复合使用有很大的关系。

如果说平原城市居民出行以小汽车为主，那么，山地城市居民出行以公共交通和步行为主，小汽车和非机动车在山地城市的交通出行工具中所占比例非常低，甚至有些城市完全没有非机动车的出行方式。这主要归因于山地城市地形导致道路坡度较大，非机动车交通方式完全无法使用，山地城市机动车出行比例低则更多是因为山地城市经济发展水平总体不高，导致机动车占比相比平原城市更低。典型的山地城市重庆市、贵阳市以及遵义市在居民的交通出行中，公共交通约占1/4，步行出行方式超过了50%，远远高出我国大部分平原城市，但私家车出行方式占比相对较低。国外如大伦敦、大巴黎、东京都市圈、新加坡及纽约都会区等城市的小汽车机动化出行分担率分别为38.0%、63.6%、32.0%、37.7%及50.0%，国内如北京、上海、广州及深圳等城市的小汽车机动化出行分担率分别为37.2%、39.8%、41.0%及39.9%，与它们相比，重庆都市区目前29.4%的小汽车机动化出行分担率，仍处于较低阶段，未来还可能持续增长（表2.8）。

表2.8　重庆中心城区与国内外其他城市机动化出行分担率对比表

城市名称	小汽车出行分担率/%	公共交通（公交与轨道）出行分担率/%
重庆中心城区（2014年）	29.4	60.7
北京中心城（2013年）	37.2	52.3
上海中心城（2013年）	39.8	49.3
广州市（2013年）	41.0	46.4
深圳市（2012年）	39.9	46.9
大伦敦（2012年）	38.0	61.2
大巴黎（2010年）	63.6	33.8
东京都市圈（2009年）	32.0	66.0
新加坡（2012年）	37.7	57.1
纽约都会区（2012年）	50.0	45.5

注：大伦敦面积1579km^2，大巴黎面积12012km^2，东京都市圈面积13557km^2，新加坡面积716km^2，纽约都会区面积17450km^2。

资料来源：2014年都市区居民出行调查工作与分析报告。

正如前文所述，我国山地城市主要采用的是多中心、组团式的空间结构以及组团内就地职住平衡的发展模式。所以，对于同等规模的平原城市而言，山地城市组团内交通出行也就是近距离出行比例更高，呈现出典型的“近多远少”的分布特点，即居民出行耗时和出行距离均以组团内为主。另外，还可以通过城市居民交通出行的非直线系数来评价城市居民的实际出行路程。交通出行的非直线系数是指出行的实际路程与出行起讫点之间直线距离（空间距离）的比值。与平原城市相比，山地城市交通出行的非直线系数一般比较大，系数大从另一个角度说明山地城市实际出行距离往往更长，这主要是由两个方面造成的：第一是山地城市受复杂地形的影响城市道路线形曲线较多，而不像平原城市一般以方格网布局为主。第二是山地城市的道路布局一般结合地形，这难免就会产生诸多尽端路和断头路，必须通过辅助交通方式多次转换来解决，也就是说，山地城市路网的整体连通性较平原城市要差一些。所以在山地城市中，城市组团式空间结构和城市功能过度集中等造成山地城市跨区出行加剧时，出行方式及实际出行路程的增加导致城市的整体运行成本会逐步升高。

根据 2014 年重庆市都市区的一份居民出行调查，都市区居民全日出行中，一次出行的平均距离为 3.5km，而早高峰期间一次出行的平均出行距离为 4.3km。不同出行方式的平均出行距离存在一定差异，轨道方式的平均出行距离最大，为 8.7km，其次为小汽车 6.9km，出租车与公交车的平均出行距离相近，分别为 5.1km 与 5.4km。对比全日各方式的出行距离，早高峰期间各方式的出行距离略大于全日。需要特别指出的是，早高峰期间，出租车平均出行距离大于公交车，而全日出行中，出租车平均出行距离小于公交车。总体上，对比各组团的平均出行距离，都市功能拓展区组团的平均出行距离大于核心区内的组团。在全日出行中，唐家沱组团的平均出行距离最大，为 6.2km，而渝中组团的平均出行距离最小，为 2.9km。在早高峰出行中，蔡家组团的平均出行距离最大，为 7.0km，龙兴组团的平均出行距离最小，为 2.8km。对比各组团的早高峰出行距离与全日出行距离发现，早高峰出行距离普遍大于全日出行距离。

2.3　城市交通拥堵加剧，空间布局生态效能失效

2.3.1　城市组团发展不平衡，空间结构难形成

受山川和河流等自然地形地貌以及重要交通道路的分割或者城市空间结构本身划分的影响，山地城市往往由多个组团或不连续的片区构成，每个组团或片区均是城市整体结构的组成单元，从而在城市形态上表现为分散的特征。这种分散的城市空间形态存在居民享受城市公共服务设施和城市市政设施需要长距离出行的问题，主要是分散或者组团式的空间结构导致彼此之间联系不方便，有时为了保证居民享受与平原城市同样的公共服务设施需要配置更多的设施数量，这难免造成城市建设投入的增加以及运营成本的提高（孙施文，2007）。

既然山地城市大多以组团式或者片区式发展，到底山地城市的空间结构模式有哪些种类，这对于研究山地城市组团发展的平衡关系非常重要。研究山地城市空间

结构模式的黄光宇（2005）教授认为山地城市空间结构模式主要包括组团式、带状分离式、放射式以及紧凑圈层式等几种类型。而邹德慈（2002）教授通过对一般城市的空间结构进行分析后认为其空间形态整体上具有绝对的动态性，阶段上具有相对稳定的双重特征，利用“图解式分类法”的分析方法对一般城市空间结构形态进行总结，将城市空间形态分为集中型、组团型、放射型、带型、星座型、散点型六种模式，并且这些空间结构模式在山地城市中也在不同地域有所体现。

我国很多城市都是由中小城市慢慢发展为大城市的，许多中小型山地城市的空间特征主要表现为顺应地形地貌，形成与山地有机结合的空间形态。在城市的进一步发展过程中，随着人口和城市规模的不断增加，山地城市因为受地形的影响最终往往形成多中心组团式的结构，目前国内大部分山地城市的空间形态基本属于这种模式，如香港、重庆、攀枝花、宜宾、贵阳等（图 2.3）。这种空间结构可以很好地发挥城市的生态效能，保护城市及周边的自然环境，并与建成环境形成良好的耦合平衡关系。山地城市在拓展过程中一般首选用地坡度较小的土地，对于组团式的山地城市，每个组团的拓展方向是多方位的，这就为城市发展留出了更多的可能性，在拓展过程中可以根据组团的功能定位、道路交通情况、产业定位等综合判断，具有很强的弹性。另外，组团之间彼此独立的空间特征也会更有利于维护城市空间结构的整体效能，而不会因为城市个别组团或者局部地区出现问题导致城市空间结构的稳定性受影响。

(a)

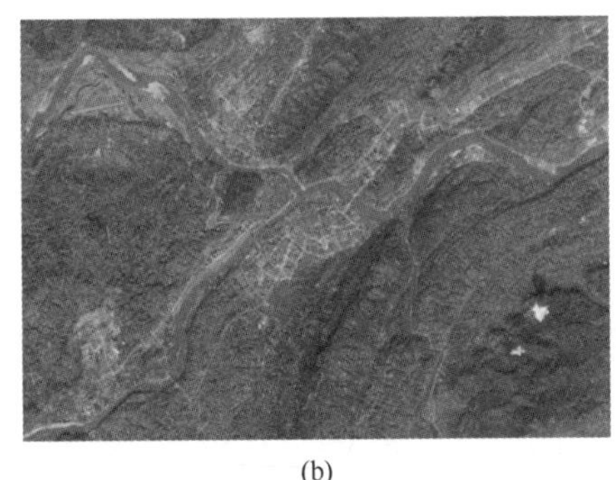

(b)

图 2.3　贵阳（a）和宜宾（b）航拍图

我国山地城市受地形因素的限制，随着城市的发展往往以组团式为主，以商业功能为主的或传统的城市中心区以高层建筑为主，其他组团根据地形的不同，形成与地形相契合的城市空间形态。然而，随着高密度发展的态势，山地城市由于用地紧张所限，城市更趋向于高密度发展，几乎所有的城市组团均以高强度开发为主（缺少城市设计的控制，受土地价格的影响）。

山地城市往往还受到区域内水系分布的影响，因为我国城市的选址自古就与水有着千丝万缕的关系。因此，在山地城市的发展过程中，地形地貌和水系分布是最重要的影响因素，所以一般山地城市都被称为山水城市。山水城市的空间形态也受制于区域地势起伏的变化、地形地貌与山脉的走向、河流的分布。除城市整体轮廓会受到地形限制外，城市内部的空间结构、城市的拓展方向和规模甚至组团的功能布局也会受到周边环境的影响，而自然山水条件突出的山地城市更是如此。山地城市往往由于自身自然环境的影响以及周边山水的阻隔，无法采取“摊大饼”式的发展模式，规模较小的山地城市或者用地相对比较完善的地区采取集中式的发展，一般也是紧凑型。大多数山地城市在城市的不断发展过程中，更多采用并且形成了多中心组团式的用地格局，以重庆、贵阳、宜宾、攀枝花等为典型代表，城市内部用地被山脉和水系自然地分割形成不同功能布局的城市组团。并且这些阻隔组团的山水也是城市不可分割的有机组成内容，而且是城市中重要的开敞空间和留白空间，大面积的山体和水体不仅可以调节城市微气候，还是城市重要的公共绿地，是改善城市生态环境的重要内容，而且赋予了城市以鲜明的风貌特征，避免了城市“摊大饼”式无序扩张所带来的诸多弊端。然而，山地城市在享受这些优越的自然山水景观的同时，不可避免地也受到其复杂的山水条件的限制，不同的城市组团自身条件的影响导致建设难度差异大、功能定位不同、经济发展水平分异、城市重要公共服务设施分布不均等问题，就会让城市组团在整体上呈现出一种非均衡的发展态势。以重庆市都市区为例，都市区“一城五片、多中心组团式”的空间结构，不同组团之间就是以“两江、四山”为主要的山体和河流进行分隔的。不同的组团既相对独立，又彼此联系。但是，各组团之间在不同的发展阶段也同样存在着发展不均衡的问题，代表老城区的渝中组团、沙坪坝组团和观音桥组团整体发展水平较高，而处在城市边缘区的中梁山组团、双碑组团，相对来说发展水平较低（汪华丽，2008）。对于那些城市区位相对偏远，自然环境和地理条件较差且经济实力落后的中小型山地城市来说，组团之间的发展不均衡现象尤为明显，老城组团极度饱和，受综合因素影响，无法跳出原有发展范围，新规划组团迟迟不能启动建设或者建设速度非常缓慢。组团式布局的发展模式对于山地城市来说非常符合城市空间、自然环境及生态保育的需求，但一定程度上会阻碍城市空间的合理拓展与增长。以重庆市忠县为例（图 2.4），县城建设在 2004 版的《重庆市忠县城市总体规划》编制以来稳步实施，但其中也经历过多次局部修改，原因是上文提到的在城市规划实施的过程中，新规划的城市组团距离老城有一定距离，无法按照规划时限建设新组团的基础设施，即使如期建设，地质条件差、建设成本过高也会极大地影响建设速度。规划实施 8 年后，原规划的 10 个城市组团仅有 4 个进入实质性的建设阶段，且均围绕老城区附近展开，距离老城区较远的组团没有一个按照建设时序启动。而且与已经建设组团的人口规模和用地规模比较，建设滞后的组团的人口规模和用地规模水平仅为前者的

20%～25%。在重庆市忠县，规划实施 8 年后，已经建设的州屏组团的用地规模和人口规模分别是规划指标的 82%和 96%，而距离老城区较远的水坪组团因为建设滞后，建设用地规模和人口规模仅仅达到规划目标的 16%和 19%。但作为县城中心城区的州屏组团的用地已经全部建成，且人口规模趋于饱和，可外围组团建设始终无法满足不断增长的土地需求和人口增长需求，建设速度缓慢，无法及时地疏解老城区人口的进一步聚集。而且组团之间不均衡的发展状况短时间无法解决，老城区的高密度发展趋势将会进一步加剧，所产生的各类城市问题也会随之加剧。

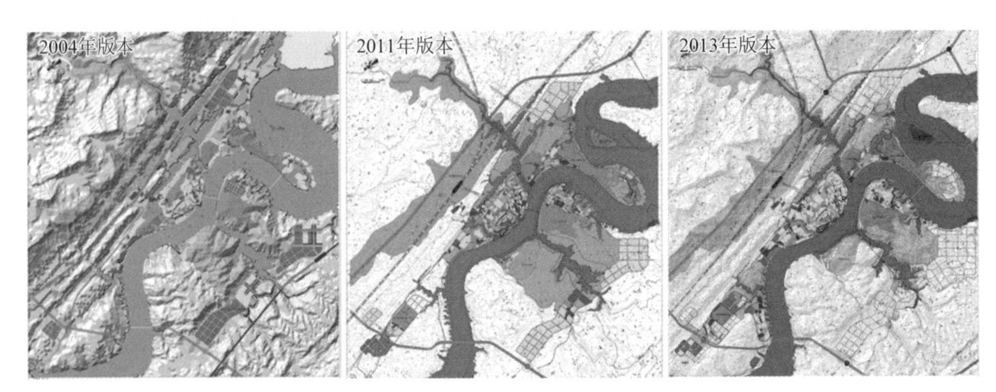

图 2.4 重庆忠县总体规划组团分析图

资料来源：重庆大学规划设计研究院有限公司. 2013. 重庆忠县总体规划.

2.3.2 城市密度分异明显，用地多样性降低

山地城市的城市建设因为经济成本的限制，开发时项目的可行性是首先考量的内容之一。山地城市复杂多变的地形导致大部分建设项目的建设难度和投资建设费用均比平原城市要高出许多。在此前提下，山地城市建设中最受关注的内容之一就是如何在紧张用地的情况下发挥出土地的最大经济效能。不考虑用地的功能，单纯地增加用地的容积率，使有限土地容纳更多的建筑规模，从三维视角考虑，建筑无限制地向高空发展是最直接提高山地城市土地经济效益的选择。在我国实际的城市建设中，山地城市受地理区位和地形条件的影响，城市建筑一般不像平原城市一样有建筑采光的要求，或者说建筑采光的要求没有平原城市严苛，在这种情况下，有限的土地由于建筑间距的缩小可以容纳更多的建筑规模以及相应的人口规模，这其实也是山地城市建筑密度和人口密度比平原城市高的原因之一。总的来说，我国大部分山地城市都存在城市空间高密度发展态势加剧且空间规模进一步拓展势头不减的特点，城市内部人口密度高和建筑密度高并存，而且由于山地城市开发新城难度较大，土地资源紧张，山地城市中心城区的高密度现象更为明显，城市密度构成随着城市空间的分异同样呈现出分异的特征。

无论山地城市还是平原城市，均是在不断地集聚发展。因为只有各种功能集聚才有城市的高效率，这也是城市与乡村的区别所在。但山地城市的组团布局或者说分散布局也是地理区位和自然环境的客观条件造成的。其实无论集中还是分散都应该保持在一定程度上，过度的集中和过度的分散都不利于城市的可持续发展。黄光宇教授在 2004 年就提出当山地城市人口规模达到或者超过 10 万时，城市空间布局就应该采用集中与分散相结合的方式。这种布局方式以及集中与分散的相互平衡是有效解决城市高密度发展带来的诸多城市问题、缓解山地城市“人-地”矛盾的基本策略。目前我国许多山地城市的空间布局其实也属于集中与分散相结合的方式，也是山地城市人口增加与用地紧张之间矛盾缓解所采取的必然措施。山地城市建设用地拓展空间有限，城市整体空间结构组团式分散布局导致城市整体人口密度不高，可建成区内可利用土地较少，城市用地条件好的地方尤其是城市中心城区就会出现“见缝插针”式的建设情况，也就使得局部人口密度非常高，甚至达到 5 万人/km^2 以上。通过对比分析部分山地城市与平原城市人口密度就可以看出，山地城市人口密度大多高于全国城市的平均水平，而且很多山地城市市区人口密度远远超过全国平均水平，也是所在市市域人口密度的两倍，这也从侧面说明了山地城市人口向中心城区高密度聚集的特征。以重庆市为例，考察其不同范围内的人口密度更容易说明问题，截至 2018 年底，市区平均人口密度为 677.72 人/km^2，城区平均人口密度为 2026.43 人/km^2（表 2.9）。无论市区人口密度还是城区人口密度与国内其他高密度城市相比无太大差别，但复杂地形导致建成区存在大量不适宜建设的用地，城市建成区面积仅为城区面积的 20.12%，城市建成区的人口密度已经高达 10073.09 人/km^2。如果将建成区内的山体、陡坡、绿地、水体去除，真实的人口密度则更高。

表 2.9　2018 年重庆市不同范围内人口密度变化分析表

范围	总面积/km^2	常住人口/万人	人口密度/(人/km^2)
市区	43263	2932	677.72
城区	7440	1507.66	2026.43
城市建成区	1496.72	1507.66	10073.09

资料来源：根据《中国城市建设统计年鉴》（2019）整理计算。

山地城市密度分异还体现在平坦的槽谷地带容积率较高，而山脉及陡坡地区的容积率较低，当然也是山地城市特殊的地形条件和山水环境造成的。仍以重庆市为例，早在 2006 年，重庆市主城区毛密度约为 0.8，而中心城区的毛密度为 0.93，这是因为约 98%的城市建筑总面积位于城市中心城区[①]。其中传统意义上的城市

① 《重庆市主城区密度分区规划》。

中心区如解放碑、观音桥、杨家坪、南坪、沙坪坝五个区域基本以高密度发展为主，沿山地区及北部新区的城市密度相对较低。但重庆主城区密度最高的渝中区解放碑地区，部分地块容积率高达 9.0 以上，基本与香港岛的建设密度相持平。重庆市在长期的城市建设和发展过程中，受区域山水格局和地形地貌以及历史沿革的影响，形成了目前主城区密度分区典型的铜锣山和中梁山内外密度分异明显的格局，以渝中半岛为代表的城市中心区呈现出中心圈层递减的分布状态。两山之间的平坦槽谷地带以高密度单元为主，两山以外及距离城市中心城区较远的区域以相对低密度分布为主。

山地城市密度分异明显的另一个原因就是在原来的城市规划中缺少对城市密度的关注，更没有从宏观角度出发去科学引导城市密度的合理分布。这往往导致山地城市中老城区的建设密度呈现出非常高的现象，而城市新区或者边缘地带由于城市土地价格的影响，出现普遍的低密度建设的情况。正是规划和实施规划的过程中缺少对密度的管控和调控，老城区内许多更新的地块由于地价出现比周边地块密度高的普遍现象，也就出现了未更新地块低密度与更新地块高密度交错共存的景象，山地城市本身用地紧张，更多高层建筑以“见缝插针”的方式进行随意布局，导致城市高密度区域和低密度地区无序地混合分布。在许多老城区，局部地块更新布局的高层建筑使得局部环境呈现高密度环境状态，与周边老建筑和开放空间形成鲜明的对比，使得周边居民的感觉密度骤然升高，从生理和心理层面直接降低了城市的空间环境品质。

在我国规划体系中，虽然有城市控制性详细规划对城市地块有明确的密度、高度、容积率及绿地率等指标的控制，但都属于微观层面，没有从城市角度出发，更没有与城市的人口分布、公共服务设施分布以及未来城市可能发展的方向相关联。不过近些年，我国很多城市开始尝试进行密度的分区研究，最早开始的有香港、上海、深圳、重庆等大城市，随后一些中小城市也根据自身情况结合城市设计开展了密度分区研究，不过很多城市仍然停留在研究层面或者规划层面，一直不能很好地实施规划，控制密度的无序发展，引导新城区密度的合理分布。目前对密度分区的研究成果，主要包括总结发达地区密度分区的经验和基于各地实践开展的开发强度分区技术方法的探索。然而许多研究成果受制于密度分区没有统一及针对各地不同的分区措施，分区相对粗略、密度分区影响因子重叠多、控制指标体系复杂、密度分区的目标不明确以及密度调控带来的各方利益纠葛等诸多问题，最终导致很多密度分区规划在实际城市建设中难以落地。同时，从全国到地方均缺少相应的规范性文件、具体措施以及违背密度分区的奖惩制度，目前大部分的密度分区成果基本属于失效状态。因此，城市的密度分异态势会进一步加强。相比平原城市，山地城市进行高密度发展，更有利于提高有限土地的利用效率，腾出更多城市空间和土地用于城市公共服务。然而，山地城市本就高密度的建设现状和特殊的地形地貌，使得山地城市从整体宏观层面进行密度分区和密度控制要比平原城市面临更为复杂的问题。再者，过去 40 多年的长期城市快速发展缺失密度控制的重要内容，使得当前我国山地城市密度控制难上加难，且效果不太理想。通过分析典型山地城市的密度控制现状发现主要存在城市建设中局部土地开发强度过高导致城市环境品质显著下降以及部分建设用地开发强度过低而增加了城市扩展速度两种情况。第一种情况主要集中在各个组团的城市中心区，以解放碑为例，该地区的平均容积率已经超过 12.0，接近香港岛的开发强度，而相应的交通道路网密度与公共服务设施配套又不能达到香港岛的水平，这与重庆市的实际情况不相符。第二种情况主要是城市周边大量的工业园区的开发强度与城市中心区相比又太低，虽然工业园区由于生产工艺不适合高密度发展，但目前工业园区普遍 1.0 左右的容积率确实较低，并且很多工业园区仍在向城市外围拓展。部分建设用地开发强度偏低的区域还存在城市副中心等新组团地区，城市新的组团建设缓慢导致短时期内无法产生集聚效应，在一定程度上存在浪费土地资源的现象。当然还有些城市的优质地带，如临山滨水的区域，本该属于城市开敞空间的分布区域，由于土地价格和资本的驱动，这些地区成为大量房地产项目的活跃地带，高密度的居住地产开发，不仅影响了城市的风貌，同时还加剧了城市密度的分异程度。

2.3.3　主导出行方式未变，城市交通拥堵加剧

影响山地城市空间布局生态效能的另一个重要因素就是城市的道路交通状况。在山地城市中，城市道路结构的主要特征是主干路里程远远大于次干路和支路。一般主干路的路网体系相对比较完善，而次干路和支路由于里程数量与主干路的差距较大，也难形成自己的体系，所以无法很有效地对主干路进行分流，也就是主干路常年承担着交通组织的主要功能，甚至是“到达性”的交通组织功能，直接影响了主干路的车流速度，使得主干路没有起到应有的通过性效能。2018 年度《重庆市主城区交通发展年度报告》显示，核心区工作日交通运行指数早晚高峰为 5.4，同比上升 0.8，进入轻度拥堵状态，干路网早晚高峰平均车速 19.9km/h，同比降低 0.9km/h，高峰时段拥堵里程达 150.6km/h，同比增长 20%。重要的主干路及商圈周边道路车速进一步降低，杨家坪商圈、解放碑商圈交通运行指数分别达到 7.0、8.1，拥堵程度恶化。主城区工作日交通运行处于缓行状态，运行车速进一步下降，交通运行指数高峰时段为 4.6，干路网早晚高峰车速为 23.1km/h，同比下降 0.2km/h，高峰拥堵里程达 259.4km/h，同比增长 17.3%。此外，内环内外联系通道压力进一步加大，工作日早晚高峰进出内环以内区域通道流量为 46.4 万 pcu（当量交通量），同比增长 6.9%。其中东西槽谷通道流量快速增长，真武山隧道往南岸方向，双碑隧道、大学城隧道、中梁山隧道（进城方向）拥堵加剧。北

部区域进出通道大多处于拥堵状态。另外，受山地城市地形高差的影响，很多城市主干路也需要顺应地形布局，也就难免产生了尽端路和断头路，这在一定程度上增加了出行距离，整个路网的连通性较平原城市要差。因此，在山地城市中一条道路拥堵时，很难通过周边的道路进行疏解。除了道路网络体系天然的弊病，山地城市中出现交通拥堵加剧的另一个原因是山地城市自身交通系统低下的交通容量与日益增长的交通总量和高强度的交通需求之间的不平衡。

此外，随着城市化进程的加快，山地城市也无一例外地在进行城市空间的向外拓展，城市规模增大，城市中不同的功能需要在不同的组团中重新布局，原有组团内的职住平衡被一次次打破，组团之间的中长距离出行增多，交通需求随着城市功能布局逐渐增长。在城市空间拓展的过程中，难免需要跨越山体与水体，有些城市由于周边用地的局限只有采取“跨越式”的发展模式。在距离中心城区比较远，但是用地条件相对更适宜近期建设的地区建设新的组团，空间格局也就逐渐由原来的单中心、带状或者放射型慢慢向组团式布局演化，当然城市的交通出行量也随着城市空间布局的演变在逐年增长，交通的压力也越来越大。以重庆市主城区为例，2018 年主城区投入使用的跨江桥梁共 29 座，在建桥梁 7 座；投入使用的穿山隧道共 16 座，在建的 3 座。与组团式的城市空间布局相适应的交通方式应该是快速、大运量的机动化方式，然而在很多山地城市中，尤其我国西南地区，目前很多中小山地城市的出行仍然以步行为主、公共交通为辅，机动化出行占比仍然很低。在机动化出行中，公共交通占比显著提高。从重庆市 2018 年机动化出行结构数据来看，小汽车方式占比 35%，轨道占比 16.3%，地面公交占比 42.1%，出租车占比 5.8%，其他方式占比 0.8%。2018 年重庆都市区的一份居民出行调查显示，对比 2002 年、2014 年的居民出行调查数据，全方式出行中，步行出行比例由 2002 年的 62.7%下降到 2018 年的 43.6%，下降了 19.1 个百分点，步行的快速下降说明了机动化出行显著提升，其中公共交通（包含公共汽车与轨道交通）出行比例明显提高，由 2002 年的 27.6%提高到 2018 年的 33.0%，总体来看小汽车出行增长幅度较大，由 2002 年的 4.7%提高到 2018 年的 19.7%；近年轨道出行增长迅猛，由 2014 年的 5.8%提高到 2018 年的 9.2%。交通出行方式不能与城市空间布局相匹配甚至长期落后于城市建设的速度必然降低城市的交通出行效率，城市的整体生态效能随之降低（表 2.10）。

表 2.10　2002 年、2014 年、2018 年全方式出行分担率对比表　（单位：%）

年份	步行	小汽车	公共汽车	轨道	出租车	其他
2002	62.7	4.7	27.6	0.0	4.4	0.6
2014	46.3	15.8	26.8	5.8	4.8	0.5
2018	43.6	19.7	23.8	9.2	3.3	0.8

注：小汽车包含未注册的营运车辆及摩托车。

总体来说，在山地城市交通出行中，中远距离出行主要依靠公共交通，短距离出行则以步行为主。实际上，完善的公共交通系统建设需要非常大的资金投入，而受制于经济发展水平，除了像重庆这种大城市以外，很多中小山地城市的轨道交通发展水平整体较低，甚至没有轨道交通，以公共汽车为主的常规地面公共交通也不尽完善，还存在公交网络不完善、站点覆盖率较低、公交线路不合理以及设施落后等诸多问题。而随着城市人口的不断增长以及人民日益增长的对美好生活的需要，山地城市地面公共交通的建设仍有很大的提升空间。从重庆市2018年数据来看，主城区共有公交站场96座，营运公交车9216辆，同比净增1283辆，增长16.2%。地面公交营运线路777条，同比净增116条，增长17.5%。《重庆市主城区综合交通规划（2010—2020）》明确提出2020年公共交通优先发展的目标为：公共交通占机动化出行比例将超过70%，轨道占机动化出行比例将达到35%。跨分区出行中公共交通比例达到70%以上。中部槽谷嘉陵江-长江截面、中梁山截面、铜锣山截面上公交出行比例达到85%以上，东部槽谷长江截面公交出行比例达到75%以上。根据2020年《重庆市中心城区交通发展年度报告》，公共交通占机动化出行比例为63.5%，轨道占机动化出行比例达到28.5%，没有达到综合交通规划中的发展目标，而且高峰小时平均拥堵里程比例由10.5%增加到15.4%。

第3章 高密度山地城市空间布局效能评价

当前山地城市空间布局综合效能低下不仅与山地城市空间布局自身特点有关，同时，高密度发展进一步加重了山地城市空间布局早已存在的问题，导致城市空间布局效能在社会、经济及生态层面表现出不同的特征。究其原因，正是城市在发展过程中与城市自身特点之间产生的矛盾和冲突，反映在社会层面是没有处理好人地关系的发展问题，反映在经济层面是城市密度的离散分布影响了城市的运行成本，而反映在生态层面是空间结构的模糊化以及土地利用多样性的降低。

本章在已有问题的基础上，建立空间布局效能评价体系。通过定性评价，对反映效能的空间布局各构成要素进行解读，厘清各要素之间的关系及其与社会效能、经济效能和生态效能之间的关系，并通过对各要素现状与规划状态的评价找出目前空间布局存在问题的缘由，为后续空间布局优化提供定性参考价值；通过定量评价，分析空间布局效能的影响因子与社会效能、经济效能及生态效能的关系，并找出反映各类效能的空间布局评价指标，借助定量评价方法综合评价现状与规划状态下的效能水平及单因子对空间布局的影响障碍度，从而通过定量数据来判断城市空间布局的综合效能水平，为空间布局优化提供定量支撑（图3.1）。

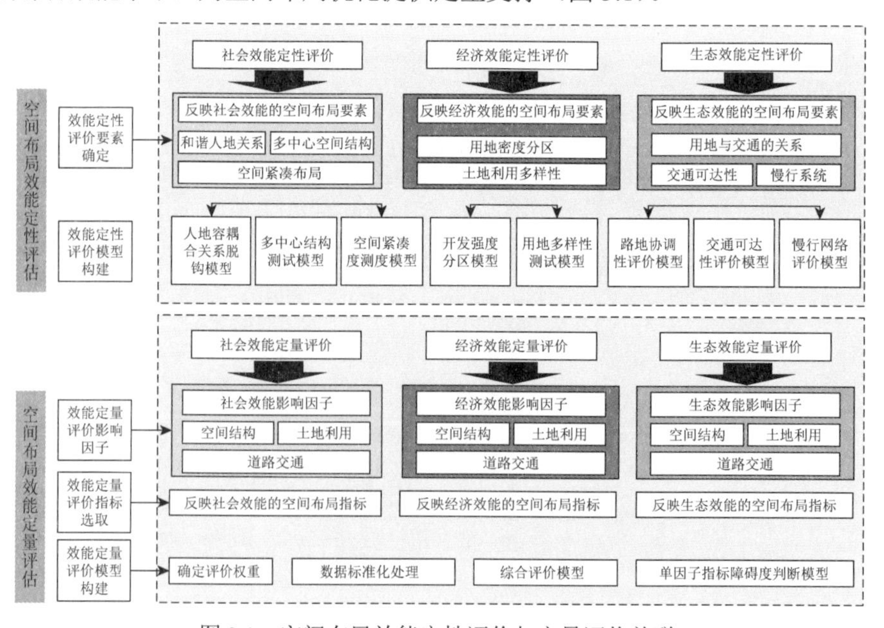

图3.1 空间布局效能定性评价与定量评价关联

没有正确的方法，就没有正确的结论；没有科学的方法，也就没有科学的结论，有效的方法是科学结论的有力保障。科学评价方法很多（表 3.1），每一种方法都有各自的操作模式或数学模型。目前主要有定性评价（或称为专家定性判断法）、定量指标评价法（也称统计数据客观评价法）、定性定量综合评价法（利用系统模型）三种类型（邱均平等，2010）。

表 3.1　科学评价的主要方法

方法分类基础	方法类别及性质	主要代表性方法
基于相关领域代表专家知识	主观评价（定性评价）	专家评议、德尔菲法调查研究、案例分析
基于一定规模的统计数据	客观评价（定量评价）	经济计量、文献计量
基于系统模型	综合评价	统计分析、层次分析智能化评价和系统工程方法

资料来源：邱均平，文庭孝等. 2010. 评价学：理论·方法·实践. 北京：科学出版社.

山地城市空间布局效能优化是一个系统工程，主要通过协调城市空间布局各要素来解决目前山地城市高密度发展下城市存在的各种问题，以提高城市的综合效能。在分析了山地城市高密度发展存在问题的前提下，评价目前山地城市空间布局的效能水平以及各类效能水平低下的原因是未来提出空间布局效能优化策略的重要环节。本书针对效能优化对象及优化内容构建空间布局定性评价模型和空间布局定量评价模型，为后续的优化方法提供理论上的支撑。

3.1　空间布局效能定性评价体系

3.1.1　效能评价要素

山地城市空间布局特征是其内涵要素特征的综合表现。根据前文对空间布局概念及内涵要素的解析，本节主要分析城市空间结构、土地利用及道路交通等内容的内涵要素来进一步构建定性评价模型（图 3.2）。

城市空间布局效能的优化取决于构成城市空间布局的空间结构模式、土地资源的配置模式、城市交通的组织方式以及城市社会环境等内容。城市空间布局效能在土地利用层面的表现主要是通过不同土地利用类型的组合和不同开发强度来体现的。所以城市土地是否能高效利用取决于土地价格高低、土地类型是否丰富及土地使用强度的高低，而土地价格在空间上的变化主要受空间距离的影响，也就是城市交通的可达性与到达的通畅度。而城市不同的空间结构直接决定了城市交通成本的高低，也就是说，城市总体运行成本会随着空间结构的不同而变化，势必也会影响城市空间效能的水平。城市交通的通行量与城市土地类型在空间上的分布有直接关系，因为土地利用布局是城市人口和就业的物质基础，由土地利

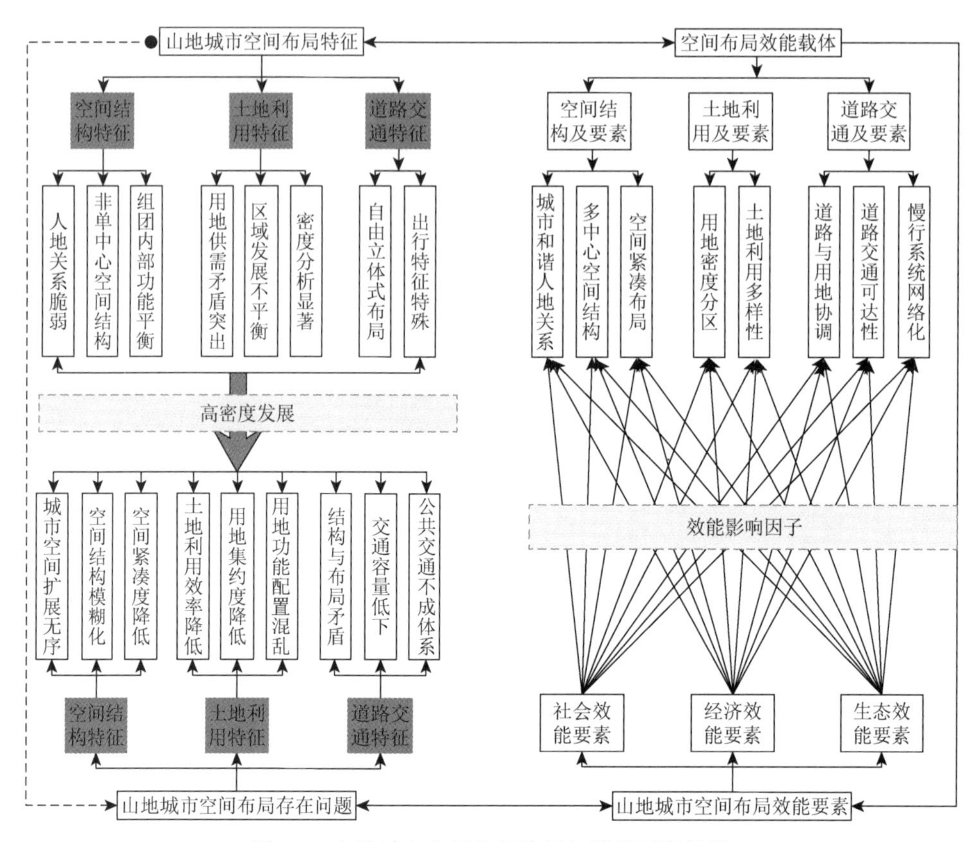

图 3.2　山地城市空间布局特征与效能要素关系

用类型的布局变化导致的长距离交通出行或者产生的交通拥堵都会影响城市空间效能的正常发挥。当然对于中小城市而言，一般是单中心的空间结构，城市中主要的商业商务、工作就业等活动基本都集中在城市的中心区，这种情况下城市所产生的交通量一般也比较小，并且对城市公共交通的组织更有利，一定程度上降低了城市小汽车的使用，至少在城市空间布局的生态效能上表现良好。对于大城市而言，只有采用多中心组团式的空间结构才能在城市大规模聚集的同时尽可能减少其带来的负面影响。一般多中心空间结构下的城市可以通过组团内功能的合理配套最大限度地在组团内解决交通出行，减少组团之间由于交通出行带来的拥堵，而且各组团之间的天然屏障像绿地、河流又可以用于城市生态建设和城市污染的防治，从另一个角度来讲其在城市生态效能方面起到积极的作用（于立，2007）。

1. 反映社会效能的空间布局要素

1）城市和谐人地关系

人地关系研究始终贯彻在地理学发展的各个阶段，是地理学研究的核心。由于人地关系研究内容相当宽泛，从广义角度上来说，人地关系研究的范畴基本包括了地理学相关研究的所有内容（李小云等，2016）。人地关系其实是一种包括了“人”和“地”两个完全不同但彼此之间又有密切关系的两个变量的动态性系统。在这个系统中，“地”主要是指人文要素和自然要素按照一定规律相互交织、紧密结合而形成整体的地理环境（向云波等，2009）。

作为承载全球主要人口聚居地的城市，其与人口的关系是人地关系中重要的组成部分，城市人口与用地的关系是否协调也是城市空间是否高效的外在表现形式。作者认为城市层面的人地关系应该包括城市人口、城市用地以及城市建筑规模三者之间的关系。城市中和谐的人地关系应该是城市人口与城市用地的和谐发展、城市人口与城市建筑规模的和谐发展以及城市用地与城市建筑的和谐发展。

2）多中心空间结构

通常所谓的中心，即要素（就业/商业/人口）密度较高的空间单元。它既可以是一个描述性和分析性的概念，又可以是一个标准性与战略性的构想。根据集聚要素类型的不同，多中心可分为功能性中心和生活性中心。功能性中心是基于城市的生产性服务业等专业化经济活动而存在的中心，一般指金融业及租赁和商务服务业；生活性中心强调的是一种生活紧凑的空间发展模式，即商业设施的经济活动，一般指零售及餐饮业服务业。

城市空间形态可以笼统概括为单中心发展与多中心发展两种状态，随着我国城市规模的不断扩展，单中心城市模式（“摊大饼”模式）存在的问题越来越显著。一般来说，单中心城市人口规模不超过500万人，该城市的整体效率还属于正态分布。博塔德通过研究发现当城市规模超过500万甚至更高的时候，多中心空间结构有助于城市的“成本-收益”达到最佳的形态（Bertaud，2003）。在我国，很多城市规模超过500万[①]以后，城市的空间结构并未发生任何改变，仍然延续着原来单中心的城市空间布局，呈现出典型的“摊大饼”式发展。这个时候城市原来单中心的空间结构早已不能服务不断扩展的发展规模，随着城市中心的过度集聚，各种城市问题逐渐暴露，城市的各类服务设施水平逐步降低，城市整体效能出现下滑。纵观全球现代城市的发展规律，传统的单中心城市在城市规模达到或者超过某一数值的时候，结构性集聚的不经济现象就逐步显现出来。这也是国内外许多大城市在城市的郊区发展城市副中心的原因，大都市区为了城市效能的整体提高逐步由单中心空间结构向多中心空间结构演变（吴一洲等，2016）。由“多中心均衡的空间系统”代替“单中心圈层蔓延”的城市空间结构

① 全国第六次人口普查（截止时间为2014年1月）结果统计中国人口超过500万的特大城市包括重庆市、上海市、北京市、成都市、天津市、广州市等88个城市。

是提升城市空间布局效能的有效手段，更是解决（特）大城市空间布局结构性问题的核心所在（付磊等，2012）。

一个发育相对成熟的、对周边地带具有影响力和集聚力的城市多中心系统（图 3.3）应该具有以下四个特征：要素的集聚度、层级性、混合度、可达性[①]。要素的集聚度指单位单元上特定行业的就业人口集聚规模；要素的层级性，是针对生产性服务业及生活性服务业就业人口强度评估集聚度的差异性，从而形成的多元层次关系；要素的混合度主要考察中心本身功能混合程度，一般等级越高的中心，混合度越高；要素的可达性指作为要素集聚核心的多中心体系与城市公共交通体系、常住人口分布等系统间的相互协调性，一般等级越高的中心具有越高的网络可达性。

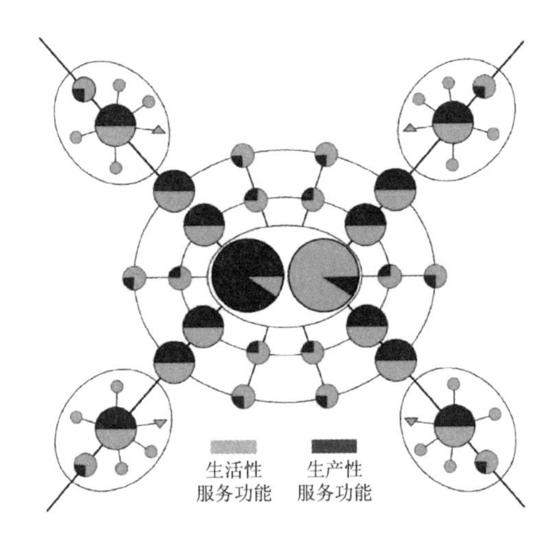

图 3.3　多中心空间结构模式图

资料来源：中国城市规划设计研究院. 2012. 城镇群空间规划与动态监测关键技术研发与集成示范项目

3）空间紧凑布局

如果说更高的城市空间效能是城市发展追求的目的，那么可持续的城市形态是这一目的的实现的重要表现。1992 年里约热内卢全球峰会出版的一系列报告使“可持续发展”逐步成为全人类的共识。城市是地球上对环境影响最大的人类住区，在城市人口快速增长的趋势下，通过规划干预实现城市地区的可持续发展已经成为人类可持续发展的关键所在。城市规划领域快速呼应了这种要求，城市可持续发展理论逐渐在城市规划中扮演了核心角色（吴志强和刘朝晖，2014）。迈克・詹姆斯在 *The Compact City A Sustainable Urban Form* 一书中就论述了紧缩城

① 城市群高密度空间效能优化关键技术研究成果报告。

市理念是否是一种可持续发展的城市形态。紧凑城市发展理念不仅是应对许多发达国家对资源的透支性消耗和利用所产生的全球性效应的策略，同时更是解决像亚洲诸多发展中国家城市用地紧张的手段。

高密度毫无疑问是紧凑城市的内涵和表现，高密度包括人口的高密度、建筑的高密度、经济的高密度、就业的高密度及城市土地的高强度开发等（丁成日，2007）。这正与本书的研究背景——城市高密度发展相契合，或者说高密度发展下空间紧凑布局是提高城市空间效能的重要途径之一。

本书将城市空间紧凑布局界定为形态紧凑和生活紧凑两个内容。形态紧凑指单位建设用地本身的形态是否紧凑以及单位建设用地之间是否紧密相连两个方面；生活紧凑指居民在一定范围内可获得较高效率的城市各类公共服务，即公共服务可获取的程度。

2. 反映经济效能的空间布局要素

1）用地密度分区

城市建设用地的密度分区理论依据最早可以追溯到农业用地区位论和新古典主义经济学中城市土地使用的空间分布理论。Alonso 通过微观经济学原理很好地解释了在预算约束的前提下，不同的土地使用者对同一区位的经济评估完全不一致，随着距离城市中心的递增逐步形成了商业、办公、居住及工业的分布模式，各类城市功能不但在二维层面呈现出一定规律的分布，在土地利用强度上同样呈现出一定的规律。城市土地的空间布局以及土地的开发强度如何确定所运用的经济学原理正是 Alonso 的竞租曲线理论。市场经济下，城市的区位与土地是最稀缺的资源，土地价格随着区位条件的变化而变化，区位条件优越，土地价格自然就高，当然相应的土地开发强度也就越高（唐子来和付磊，2003）。对城市建设用地科学地进行密度分区，合理地分配并控制城市密度是在遵循微观经济学区位理论的前提下，确保土地价值得到充分实现和城市建设用地效能最大化的关键内容。

与世界上的主要城市一样，我国目前对城市建设用地的开发强度控制主要采用容积率（FAR①）作为主要控制指标，各国对密度分区的制度又具有不同的特征。美国、日本就是通过区划条例的法定依据来控制建设用地的开发强度的，可以在综合规划、城市设计以及街区规划中应用并细化管理。新加坡通过开发指导规划来确定不同住宅发展的密度等级，《香港规划标准与准则》则是香港地区各种发展规划的政策性指导文件，同时综合考虑诸多影响密度的因素提出全港密度分区的

---

① 早期的开发强度控制以建筑高度和建筑覆盖率作为主要指标，纽约市区划条例首先提出容积率（floor area ratio，FAR）作为开发强度控制的主要指标。

一般性原则，最后与法定的《建筑物（规划）规例》共同作用形成香港发展密度控制的完整体系。我国内地则主要通过编制控制性详细规划来确定建设用地的开发强度，未编制规划地区主要依据各地区的城市规划管理技术规定来控制。我国近几十年的密度控制制度仍然停留在控制性详细规划局部区域或者地块的总量控制上，宏观层面乃至整个城市层面没有城市建设总量的控制，甚至局部地段城市密度的确定也缺少非常有力的证据，往往是从经验角度出发，于是出现了城市开发容量失控、城市基础设施与公共设施配套落后等问题，最终引发一系列城市病。2002 年深圳经济特区最早进行了宏观系统的密度分区研究，而且从城市整体层面出发编制了城市的密度分区规划，在编制规划前期进行了专项研究，在方法上主要通过理论梳理和案例分析研究，最后结合国家相关规范与实证情况综合解析了深圳经济特区现状密度分布情况以及影响密度确定的因素。研究利用地理信息系统（geographic information system，GIS）分析工具和梳理统计方法建立了密度分配模型，并从宏观、中观到微观三个层面提出密度分配和密度控制的原则和方法。以上这种定量分析、密度分配分层次的工作方法在将各种影响密度的条件整合的前提下，不仅促进了城市密度总体控制目标自上而下的层层落实与衔接，同时还是各层级、各类型规划编制过程中关于密度确定和分配的重要依据（周丽亚和邹兵，2004）。随后几年中，上海、天津、重庆、合肥、呼和浩特、珠海以及蚌埠等城市均开展了密度分布的研究与密度分区规划的编制，采用的方法基本与深圳一样，从宏观角度确定了城市的总体建设量及城市密度；在中观层面上主要利用各种影响因素建立城市密度分区模型，对城市的整体密度进行科学合理的分配；而在微观层面上主要结合城市的控制性详细规划以街区作为密度的控制单元，制定更加详细的密度细分办法。本书对城市建设用地效能水平的评估同样从宏观总量控制、中观密度分布以及微观分配优化三个方面展开。

2）土地利用多样性

简·雅各布斯在其著作《美国大城市的死与生》中指出，“多样性是城市的天性”。从世界城市的发展历史来看，一个城市的紧凑度和土地的多样性是这个城市经济社会是否可持续发展的晴雨表。在城市领域，多样性对城市的健康发展和可持续运行具有重要的作用（仇保兴，2012）。可持续发展的城市在空间上必然是高效能的，土地的混合使用是城市多样性的最基本诉求，这与雅各布斯对城市多样性的观点也相吻合。

《雅典宪章》中的“功能分区思想”在第二次世界大战后的城市建设中发挥了重要的作用。当然正如石楠所说，在功能分区的思想在实际的城市规划中被简单机械地运用或者走到另一个极端发挥到极致的情况下，将城市的功能简单分区、相加或组合，必然会出现诸如城市功能单一、机械和缺乏活力等多种问题。如果说土地的混合使用成为城市逐步关注的重点和研究方向而不是以前的功能分区思想，那么可以说 1960 年简·雅各布斯《美国大城市的死与生》的出版是一个分水岭。无论是欧洲和美国的一些地区，还是我国台湾地区和香港特别行政区等，它们在城市的实际建设中早已推行了土地的混合使用，所有这些做法都是基于城市对土地多样性天然的需求（陈敦鹏，2011）。

“生物多样性”一词至少有下面三个方面的含义，即生物学的、生态学的和生物地理学的。狭义的生物学意义上的多样性多侧重于不同等级的生命实体群在代谢、生理、形态、行为等方面表现出的差异性；生态学意义的多样性主要指群落、生态系统甚至景观在组成、结构、功能及动态等方面的差异性；而生物地理学含义主要指不同的分类群或其他组合的分布特征或差异（马克平，1993）。将生物多样性的概念套用在城市中也一样，如果把城市看成是一个有机体，那么城市社会、经济、文化等发展状态及三者之间的关联性和现实的复杂性正是城市“基因”多样性的表征，是城市多样性的根本动因，也由此决定了城市物质空间的多样性。如果说城市用地功能和类型的丰富程度是城市“物种”多样性的直接表征，那么城市空间网络的多样性就是城市“系统”多样性的重要内容之一。城市各物质要素之间的联系程度反映了城市系统的整体状况；城市空间景观格局则是城市“景观”多样性的表征（沈清基和徐溯源，2009）。综上所述，城市的多样性涉及范畴广泛，甚至比生物的多样性还复杂，毕竟城市的多样性有人的参与，有很多主观的内容。本书基于城市空间的基础——城市土地（其也是影响城市空间布局效能的关键因素），主要针对城市用地类型多样性进行探讨。通过用地分布的随机度、优势度及差异度来测度街道单元尺度上生产生活用地的混合程度以及生活服务和居住用地的混合程度。

3. 反映生态效能的空间布局要素

对于综合的城市系统，城市活动主要包括土地变量、交通变量、时间变量和个人变量，这四个部分相互作用，共同构成城市交通可达性，其相互关系如图 3.4 所示。其中，土地变量和交通变量是城市的两个基础变量，决定了城市基础格局和地点可达性。时间变量和个人变量分别指向了设施活动的约束力和个人能力的约束力，这两者在前两者的基础上决定了个人可达性。基于可达性的交通规划就是在调查分析理解时间变量和个人变量的基础上，对交通变量进行调节和优化，进一步对土地变量的改善提出意见。最后，这些规划和实施的结果又会反作用于个人变量和时间变量。更详细地阐释，协调城市的土地与交通系统的关系，本质上就是协调图中的四个基本变量。这一过程，是上层的城市规划管理者的安排与下层的广大使用者之间相互选择的结果。

从以上关系可见，城市交通量以及强度的高低受到城市用地布局和城市建设的影响。北美最早提出的以公共交通为导向的城市发展（transit-oriented development，TOD）模式在我国城市规划和城市交通领域得到了高度认可，并且人们期望未来可以利用这一模式解决目前我国的城市交通问题。实际上，纵观全球，不同地区城市的交通问题有所区别，不能用标准通用的模式去解决所有的交通问题，不同城市应该根据自身问题的特殊性采取相应的解决办法。当巴黎推行自行车租赁的时候，伦敦正在推行小汽车拥挤收费政策。根据我国实际交通情况，尤其山地城市的情况，到底是直接采用西方比较成熟的 TOD 模式，还是要针对非机动交通占比较大的情况，结合 TOD 模式发展适合我国目前城市经济发展水平下的交通模式值得思考。如果 TOD 代表以公共交通为导向的城市发展模式，那么，POD（“P”代表 people/pedestrian）则代表以人行为主导的发展模式，而 BOD（“B”代表 bicycle）可以表示为以自行车为代表的非机动车出行为主的发展模式，XOD（“X”在数学计算中常常表示未知数）可以代表综合性的城市交通出行的发展模式，COD（“C”代表 car）可以代表以小汽车出行为主的发展模式。

无论是城市建设还是城市交通发展，都应该以人的发展、生活质量的提高为目标，体现“以人为本”的原则，一个城市不仅需要提供当下人们享受的健康城市环境，同时还应该顾及后代子孙也同样可以享受健康的城市生活环境。其实交通出行就是人们每天和城市发生关系的一种行为模式，城市原本应该是居民能够便捷出行，甚至方便步行的地方，而现实生活中，很多城市的建设已经导致人们在城中步行出行越来越难。

回想 40 年前，我国城市大街小巷的主要交通工具全部是自行车，目前关于城市建设是否应该以自行车出行为导向一直存在争论，很多人认为现代城市规模大，自行车只适合小城市或者短距离的交通出行，但实际距离的远近是一个相对的概念，我国诸多大城市在上下班的高峰期，无论是地面公共交通还是小汽车，其平均速度还不及自行车。其实与公共交通大额的财政投入以及长时间的建设周期相比，以自行车为导向的非机动车对于政府的财政需求微乎其微，更多的是需要在相关政策和管理上加强。近些年随着城市信息化及网络化的发展出现的共享单车就是一个很好的案例，曾经在很短的时间，几乎在所有的城市（以平原城市为主）各色的共享单车遍布大街小巷，给市民的最后一公里出行提供方便，同样在轨道交通网络密集的巴黎，自行车租赁也受到普遍欢迎。其实西方国家很多地方都鼓励自行车出行，哥本哈根夏天的时候大约有一半的人通过骑自行车到城区内上班，丹麦同样也希望将自行车每天的平均出行距离提高到 10km 以上。其实自行车可以作为城市交通出行的辅助手段，同时，在安全、清洁的环境中骑车可以锻炼身体，减少政府的医疗负担。可见，中国城市的可持续发展，肯定离不开以自行车为主导的非机动车出行。人们说的非机动车出行不是指一个城市只有一种交通出行方式，而是强调非机动车出行对于城市综合交通出行的辅助作用，甚至可以将自行车租赁系统与轨道交通以及地面公共交通结合起来，这样不仅可以减少城市交通的拥堵程度，还有利于提升站点周边用地的价值。

为此，从城市生态效能的角度出发提出交通5D模式，即POD＞BOD＞TOD＞XOD＞COD。5D模式并不是表示最上层次的步行城市是唯一选择，而是要将城市建设与不同的出行方式很好地结合起来。

本书以5D模式为城市土地使用与交通模式的理念框架，分区域、街区、微观环境三个层次，采用模拟、实证的研究方法，将交通问题与环境、社会、空间设计结合在一起，探讨高密度地区交通模式优化的技术和策略，研究分宏观、中观和微观三个层面。

宏观层面：利用仿真模拟城市土地与交通关系的方法，构建人口活动与经济活动在空间上的分布关联性研究，以确定交通对城市空间布局的宏观影响。

中观层面：在宏观研究的基础上，主要利用实证采样的方法，以反映中观层面不同问题的特点。对于问卷结构进行一般统计分析以及建立离散选择模型，分析影响中观层面交通出行行为的主要因素。

微观层面：在宏观和中观层面的指引下，微观层面的研究主要关心步行与自行车，特别是公共自行车交通系统在详细设计层面对于人的出行习惯的影响。

3.1.2　评价模型构建

1. 社会效能定性评价模型

针对空间结构优化对象及内容，定性评估模型包括“人地容[①]”耦合关系脱钩模型、多中心结构测度模型以及空间紧凑度测度模型三个内容。针对前文确定的三个层次研究范围，不同的评价模型与研究范围形成一定的关联性（表3.2）。

表3.2　空间结构定性评价模型与研究范围关联表

评价模型	宏观层面	中观层面	微观层面
“人地容”耦合关系脱钩模型	关联	关联	—
多中心结构测度模型	关联	—	—
空间紧凑度测度模型	—	关联	关联

① “人地容”即人口、建设用地和建筑容量。

1）“人地容”耦合关系脱钩模型

“人地容”耦合模型是基于脱钩[①]理论建立的，主要是探讨城市人口、建设用地及建筑容量三者在不断变化过程中的耦合关系。在城市中，人口规模、建设用地规模和建筑规模均属于正相关关系，所以基于“脱钩”的基本思想和方法，构建三者变化关系的指数分析模型，模型表示为

$$\alpha = \mathrm{RP/LP} \tag{3.1}$$

$$\beta = \mathrm{BP/LP} \tag{3.2}$$

$$\gamma = \mathrm{RP/BP} \tag{3.3}$$

式中，α 为人口和建设用地变化系数；β 为建筑容量和建设用地变化系数；γ 为人口和建筑容量变化系数；BP 为建筑容量增长率；RP 为人口增长率；LP 为建设用地增长率。根据 BP、LP 和 RP 的变化情况分别计算 α 、β 和 γ，来确定人地容关系是耦合还是脱钩，脱钩的状态又是哪一种类型，从而根据划定的类型情况指导城市制定相应的人口、建设用地或者建筑规模控制的政策或者规划措施。以建设用地和城市人口的变化关系说明如下（图 3.4）：

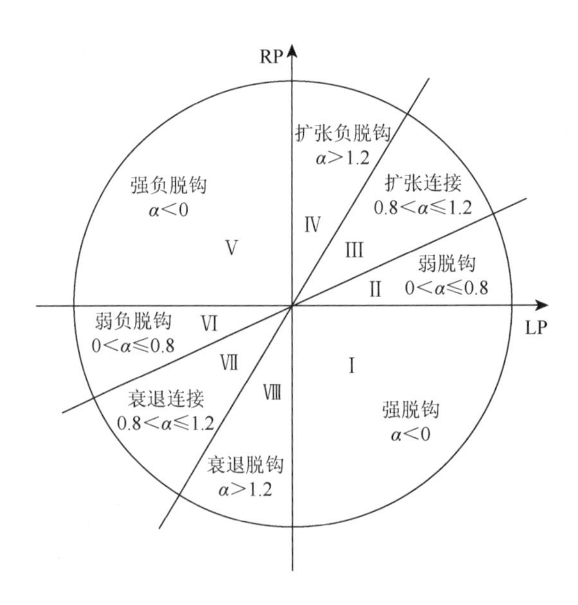

图 3.4　城乡人口与建设用地变化脱钩关系坐标图（王婧等，2014）

① “脱钩”（decoupling）一词最初源于物理领域，国内物理学界一般理解为“解耦”。早在 1966 年，国外学者就提出了关于经济发展与环境压力的“脱钩”问题，首次将“脱钩”概念引入社会经济领域。近年来，“脱钩”理论的研究进一步拓展到能源与环境、农业政策、循环经济和土地利用研究等领域。

（1）当建设用地与城市人口均为同方向变化时：

建设用地减少（LP＜0），城市人口也减少（RP＜0）时，二者的变化关系应该位于第三象限（此时 $\alpha>0$），根据 Tapio 和李坚明等关于脱钩指标评价的研究，脱钩系数 0.8 和 1.2 可以作为脱钩状态的划分依据（Tapio，2005；李坚明等，2005），此时可以分成三种情况，即 $0<\alpha\leqslant 0.8$，属于弱负脱钩，位于Ⅵ区；$0.8<\alpha\leqslant 1.2$，属于衰退连接，位于Ⅶ区；$\alpha>1.2$，属于衰退脱钩，位于Ⅷ区。

建设用地增加（LP＞0），同时城市人口也增加（RP＞0）的时候，二者的变化关系在第一象限（此时 $\alpha>0$）。此时也可以呈现出三种状态，$0<\alpha\leqslant 0.8$，属于弱脱钩，位于Ⅱ区；$0.8<\alpha\leqslant 1.2$，属于扩张连接，位于Ⅲ区；$\alpha>1.2$，属于扩张负脱钩，位于Ⅳ区。在上述六种耦合关系中，只有当 α 位于Ⅲ区和Ⅶ区以及Ⅳ区和Ⅵ区时，城市用地和城市人口的耦合关系趋于合理，其他状态下，城市用地和城市人口的变化均为不合理状态，也就是需要进行优化的状态。

（2）当城市用地与城市人口为反向变化时：

建设用地（LP＜0）减少而城市人口增加（RP＞0），二者为强负脱钩关系，指数 $\alpha<0$，位于Ⅴ区，此时只有在人均城市建设用地指标不低于国家标准的时候，建设用地属于合理状态或者称之为集约利用。

建设用地增加（LP＞0）而城市人口减少（RP＜0），二者为强脱钩关系，指数 $\alpha<0$，位于Ⅰ区，此时城市用地与城市人口二者的变化均处于不合理状态，一般城市这种情况比较少。

2）多中心结构测度模型

多中心体系识别重点关注中心的集聚度和层级性。以密度为衡量指标，分别识别商业中心以及商务中心的集聚度和等级关系。

（1）集聚度的评估方法。

中心，即高度集聚的地区，因此测度中心首先就要测度密度的空间分布。主要有以下几种方法：

百度热力图分析法，截至 2018 年 6 月，中国网民规模达到 8.02 亿人。其中，中国手机网民规模达到 7.88 亿人，在此基础上利用手机信令等大数据进行百度热力图分析具有一定的说服力，并且很多领域已经开始利用覆盖人群量大的数据进行相关的研究。传统城市中心的概念往往通过用地性质、建筑规模以及城市功能来界定，而利用大数据进行城市中心的识别主要是基于人的活动作为反映城市中心活力的概念进行的。因此，可以抛开城市用地现状、功能布局，单纯地基于人的活动来定义城市的中心或者潜在的中心，即在特定的时间段，城市中某个区域人口聚集规模达到一定程度即可识别为城市的中心节点（李娟等，2016）。

GIS 软件的核密度分析法，是一个通过离散采样点进行表面内插的过程，根据内插的原理不同也可以分为核函数密度分析和简单密度分析两种，是根据输入的要素数据集计算整个区域的数据聚集状况，从而产生一个连续的密度表面。密度分析主要基于点数据生成，一般以每个待计算格网点为中心，进行圆形区域搜寻，从而计算每个格网点的密度值。使用这种分析方法，可以利用与城市中心相关的要素，如人口分布、经济分布、就业岗位数、公共服务设施分布等内容进行单要素或者综合要素的识别。

（2）层级性的评估方法。

K 均值法也称为 *K*-means 算法，主要是通过考察不同对象之间的距离是否具有一定的相似性作为评价的主要指标，也就是说，当两个考察对象的距离越小或者说越近的时候，就认为这两个对象的相似度越大。该算法把距离相近的对象称为簇，所以簇这个单位就是最终的评价目标。目前很多大数据分析常常采用手机信令数据，在前文描述的中心识别方法识别中心的基础上，利用 *K* 均值法划分等级，一般可以设置五个等级。其中，等级 1～3 的生活中心能提供更综合的生活服务，下文统称高等级生活中心。

在层级性的评估方法中，还有一种是利用系统聚类法，在采用经济普查数据或人口普查数据直接计算得出直观密度时，可采用系统聚类的方法结合经验判断测度中心层次性。系统聚类一般分为三个步骤：第一步是根据评估目标去获得一定的评估数据或者评估的指标，并找出这些数据或者指标之间相似程度的统计量；第二步是依据统计量进行类型的划分，根据相似度的水平，分为相似度最大、相似度较大、相似度大、相似度小等类型，指导所有的统计量全部聚合完毕；第三步就是根据不同类型的聚合数据形成完整的分类谱系图或者称之为树状图。系统聚类法形成的树状图是多个层次的分类结构，最终细化到每个样本。在各层级分类中需要根据经验判断总体分类的适用性。

3）空间紧凑度测度模型

（1）形态紧凑测度方法。

Richardson 紧凑度衡量法：Richardson 紧凑度指数公式是以圆形区域作为标准度量单位，其数值为 1，其他任何形状区域的紧凑度均小于 1，即数值越小，区域离散程度越大，越不紧凑（林炳耀，1998）。Richardson 紧凑度指数为

$$\text{Richardson 紧凑度} = 2\sqrt{\pi A} / P \tag{3.4}$$

式中，A 为面积；P 为周长。该值在 0～1，越接近于 1，形态越接近圆形，也就越紧凑；越接近于 0，则形态紧凑度越低（张冷伟，2011）。

斑块密度法，可以将城市范围内较大区域中的某类城市用地作为对象进行密度分析。这里斑块一般指各类城市用地，用地的划分也可以根据分析的需要按照用地界线或者权属界线进行划分。这时斑块密度（PD）主要指城市用地斑块数与

分析范围所有用地的面积之比，表示城市用地被某种用地类型斑块或者所有的用地类型斑块分割的程度：

$$\mathrm{PD}=\frac{\sum n_j}{A} \tag{3.5}$$

式中，PD 为用地类型斑块密度；$\sum n_j$ 为分析区域内某类用地斑块类型的斑块总数目；A 为分析区域内某类用地斑块类型的总面积或总数。PD 值越大，代表区域内该类型用地的破碎化程度越高，也反映了区域内用地被边界切割的程度越高；反之，用地类型保存完好，连通性较高。

景观斑块平均形状破碎化指数法：

$$\begin{aligned}
&\mathrm{FS1}=1-1/\mathrm{MSI}\\
&\mathrm{MSI}=\sum_{i=1}^{n}\left(\frac{\mathrm{SI}_i}{n}\right)\\
&\mathrm{SI}_i=\frac{P_i}{4\sqrt{A_i}}\\
&A=\sum_{i=1}^{n}A_i
\end{aligned} \tag{3.6}$$

式中，FS1 为景观斑块平均形状破碎化指数；MSI 为斑块平均形状指数；SI_i 为景观斑块 i 的形状指数；P_i 为景观斑块 i 的周长；A_i 为景观斑块 i 的面积；A 为景观面积；n 为景观斑块数。

形态紧凑指数法：

$$\begin{aligned}
&\mathrm{MSI}=\sum_{i=1}^{n}\left(\frac{\mathrm{SI}_i}{n}\right)\\
&\mathrm{MPI}=\frac{\sum_{i=1}^{n}\left(\frac{a_i}{h_i}\right)}{n}\\
&\text{形态紧凑指标}=(1/\mathrm{MSI})'+\mathrm{MPI}'
\end{aligned} \tag{3.7}$$

式中，MSI 为斑块平均形状指数；MPI 为景观组分邻近度指数；SI_i 为景观斑块 i 的形状指数，本式中形状指数是以正方形为标准，也就是说，斑块形状是正方形，则形状指数为 1，其他所有不是正方形斑块的形状指数均大于 1；n 为景观斑块数；a_i 为街道内某斑块面积，m^2；h_i 为从某斑块到同类斑块的最近距离；$(1/\mathrm{MSI})'$、$(\mathrm{MPI})'$ 均为 MIN-MAX 标准化处理后在[0, 1]区间内的数据。

按上述第三种方法，本书引入了两个景观破碎化指标来进行形态紧凑这一维度的评估。MSI 越大，表明街道内斑块的平均形状越不规整，紧凑度越低，为负向指标；MPI 越大，表明街道内各斑块间连接度越高，紧凑度越高，为正向指标。形态紧凑指标综合了上述两个景观破碎化指数，从形状规整和邻近程度两个方面综合反映各街道内城市建设用地形态紧凑的空间特征，其计算值越大，说明该街道内城市建设用地破碎化程度越低，形态越紧凑。

（2）产出高效测度方法。

本书在产出高效这一维度上主要从人口密度和工业地均产值两个方面进行分析和评估。选用常住人口密度作为居住用地产出的代替指标，而将单位工业用地面积上的工业产值作为工业用地产出指标。其表达式如下：

断面指标：

$$人口密度（万人/km^2）= 常住人口/街道行政面积 \tag{3.8}$$

$$工业地均产值（元/m^2）= 工业总产值/工业用地面积 \tag{3.9}$$

趋势指标：

$$人口密度变化（人/m^2）= \Delta 常住人口/街道行政面积 \tag{3.10}$$

$$工业地均产值弹性系数 = 工业总产值年增长率/工业用地面积年增长率 \tag{3.11}$$

考虑到工业用地与居住用地这两种用地性质在较小单元内存在互相排斥的现象，因此产出高效这一维度的评估主要对断面两指标采取二选一的方式，即某一街道只要存在人口密度较高或工业地均产值较高，就认为该街道产出高效；趋势指标则作为参考指标用于帮助识别问题区域。

（3）生活紧凑测度方法。

生活紧凑的测度主要考察合理尺度内充足的公共设施配给情况，公共设施配给分别从人口需求和用地需求两个角度出发，采用人均公共服务设施用地面积和公共服务设施用地与居住用地面积的比值两种计算方式，试图探究更好地衡量公共服务设施配置水平的方法。其计算公式如下：

$$人均公共服务设施用地面积 = 公共服务设施用地面积/常住人口 \tag{3.12}$$

$$用地比值 = 公共服务设施用地面积/居住用地面积 \tag{3.13}$$

经计算并按分位数方式分类显示后，发现两种计算方式结论近似，表明该指标较稳定，有一定的代表性和准确度。根据相关事实与实际经验，最终选择使用人均公共服务设施用地面积作为生活紧凑这一维度的考察指标。

2. 经济效能定性评价模型

建设用地评估模型的建立基于上文确定的建设用地效能载体要素，主要包括开发强度分区模型和用地多样性测度模型。针对前文确定的三个层次研究范围，不同的评价模型与研究范围形成一定的关联性（表 3.3）。

表 3.3　土地利用定性评价模型与研究范围关联表

评价模型	宏观层面	中观层面	微观层面
开发强度分区模型	关联	关联	—
用地多样性测度模型	关联	关联	关联

1）开发强度分区模型

城市密度是城市建设中对城市总建设量进行控制的关键内容之一，目前我国对密度的控制要依据控制性详细规划中地块的容积率来确定，但在实际的规划中容积率的确定带有很强的主观性，甚至有些地方为了方便土地的出让进行了城市所有规划用地的控制性详细规划编制，造成规划编制和审批随意性较大，在后期建设中易导致城市开发密度失控和城市环境品质下降，而且城市用地一旦建设就不可逆，即使出让未建设用地也很难进行容积率的重新调控。土地开发强度研究从宏观、中观、微观三个层面进行（图 3.5）。宏观层面基于土地资源的供求关系、借鉴相关城市的成功经验、遵循可持续发展的基本原则，明确开发强度控制的价值取向，在综合协调的基础上确定整个市域和各类次区域的开发强度控制的总体策略。中观层面在开发强度控制的总体策略指导下，以轨道交通条件为核心，确定中心城、郊区城镇的开发强度分区体系，制定相应的开发强度区间指标。微观层面在开发强度分区体系的基础上，建立针对具体地块开发强度指标的修正参数体系，讨论这些修正参数对地块开发强度的可能影响，这样的开发强度分区模型可以为未来确定地块容积率提供指导依据。

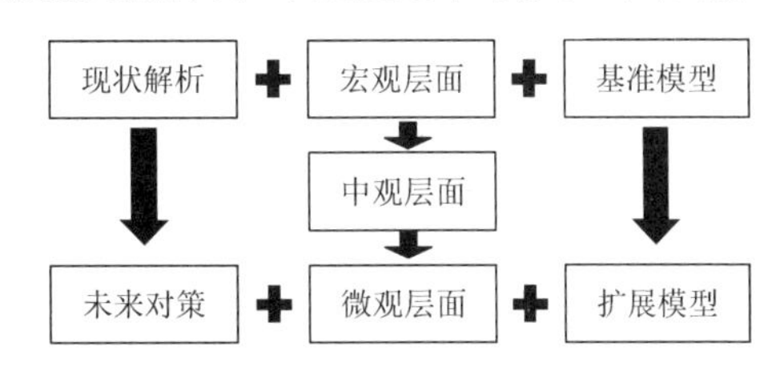

图 3.5　密度分区工作框架图

（1）影响密度的要素与变量。

在建立密度分区模型之前，首先，需要对城市的现状密度分布进行分析，并探寻分布的成因及现状特征的演化规律，为找出影响密度分布的要素提供基础。其次，在找到相关影响密度分布的因素后，进行不同影响要素的重要程度及因果关系的关联分析。最后，借鉴已有的城市空间布局相关理论对前文的关联内容进行校核。根据分析，影响密度分布的基础要素为服务条件、交通条件以及环境条件三个内容，也是一般性全局式的影响因素；不同的城市还需要其他修正要素的参与以及从城市美学和城市生态安全的角度出发进行修正；而对城市局部地区也可以通过特殊的影响因素形成扩展要素（表 3.4）。

表 3.4 密度影响要素及表征变量

要素类型	影响要素	规划解读	可采用的规划表征变量
基础要素（一般和全局的影响因素）	服务条件	反映服务能力、聚集经济程度、土地收益性，一般越靠近中心密度越高	与服务中心的距离
	交通条件	反映地区的可达性、居住密度、就业密度，一般交通条件越好密度越高	与城市干道、轨道线的距离，公交线路密度。微观层面的地块相邻道路的数量
	环境条件	公园绿地、公共空间、自然景观等环境条件可调节生态，影响土地价值，一般环境条件越好，密度越高	与公园绿地、公共空间、自然景观的距离
修正要素（特殊和局部的影响因素）	生态要求	特殊生态地区为保护生态功能，对城市开发提出要求，一般为限制性要求	生态控制范围内的用途限制、密度限制、高度限制等具体要求
	安全要求	特殊地区或设施由于安全原因，影响城市开发，如受地质、地形条件影响的特殊地区，机场、电力、垃圾处理、核设施等特殊设施，一般为限制性要求	安全防护控制范围内的用途限制、密度限制、高度限制等具体要求
	美学要求	为达到塑造城市景观的要求，从美学角度对城市的建设形态可提出具体的指引性或限制性要求	城市设计提出的有关节点、轮廓线、走廊、带、高度分区等美学指引与控制要求
扩展要素（个别的影响因素）		其他对密度产生影响的特别情况，如城市规划对个别土地用途的特殊考虑	根据实际情况整理具体要求

（2）构建分层次的密度分配模型。

在确定影响密度的基础要素、修正要素及扩展要素的前提下，分别建立密度分配的基础模型、修正模型以及扩展模型，构成完整的密度分配模型。基础模型是城市密度空间分布受基础影响因素影响的模型，在具体分析中通过提取基础影响因素表征变量的量化指标后，根据影响的程度分别对其进行影响权重的赋值，最后进行叠加分析与归纳分析，形成各个城市空间单元的基础要素影响值。

修正模型和扩展模型则将有关要素的要求，落实于相应的空间单元进行量化，与基础模型叠加，起到补充和局部修正的作用，使密度模型更为具体和细化。运用密度模型可以得知给定区域内各空间单元受有关因素影响的综合情况，并以数值来反映，进行密度的测算、分配、比较和评价，为规划编制和审批提供了理性的技术手段。

其实，即使利用上文所述的密度分配模型来确定城市不同用地容积率的方法，在实际的规划和应用中也可能会受到人们所选取的影响要素的表征变量不能完全反映要素的影响①，因此不能做到得出的结果就一定是客观理性的，在实际操作中

① 以交通条件为例。交通条件包括轨道和道路构成的线状要素，以及各类交通站点构成的点状要素，而不同类型、级别的交通资源其作用的特征和强度也不相同，根据可获取的数据资源情况，在进行中观层面密度分析时，选取公交站点、轨道和干道网密度代表交通因素进行影响分析。

应对已经获得的数据和规划目标进行平衡。当然，不同地区获取的数据不尽相同，在某些地区获取的数据具有一定的局限性。

2）用地多样性测度模型

用地多样性不仅表现为不同用地类型的分布，同时公共服务设施的获取程度也是城市用地多样性的表征之一。

（1）生产生活用地混合度评估：采用多样性指数对两种类型的用地进行测度。

香农-维纳多样性指数（Shannon-Wiener's diversity index）的大小取决于斑块类型丰富度和斑块类型在区域内的分布均匀度两方面。区域内某一类型的用地斑块面积比例越大，这种类型用地的多样性指数越高，那么，该区域内景观结构组成的复杂性越强。也就是说，多样性指数可以反映城市内部空间的多样性以及城市功能的混合程度。

$$H = -\sum_{i=1}^{n}(P_i \times \ln P_i) \tag{3.14}$$

式中，H 为多样性指数；i 为空间类型数；n 为用地类型数；P_i 为第 i 种用地类型的比值。当 S 为所有用地类型地块的总面积，S_i 为第 i 种用地类型的地块面积时，$P_i = S_i/S$。多样性指数 H 值越大，用地类型多样性越高。利用 ArcGIS 中的 Patch Analyst 模块可以直接进行相关景观格局指数的分析。

（2）生活服务和居住用地混合度评估：基于各研究单元内人口需求和公共设施数量，测度公共设施供需匹配的情况，对公共服务可获取程度进行评价，同时结合人均公共服务设施用地面积、公共服务设施用地占居住用地面积比值等指标综合评估，该方法也是利用 ArcGIS 软件的空间分析功能进行相关的分析。

第一步：利用城市规划中的用地分布图提取城市中的所有公共设施用地，并将用地数据转化为 ArcGIS 软件中分析的点数据，同时点数据需要携带公共设施用地的面积属性。采用 ArcGIS 空间分析中的核密度分析工具将城市人口规模和公共服务设施地块面积作为加权变量，以公共服务设施的服务半径为搜索半径得到所有点要素的密度分布，生成以人口密度栅格为需求栅格和以设施密度栅格为供给栅格的基础数据。为了后面的分析方便，输出结果统一为栅格文件格式，并统一像元的大小。

第二步：利用 ArcGIS 空间分析中的重分类工具对需求密度栅格和供给密度栅格重新分类赋值。可以根据需求以自然间断点分级法将两个密度栅格分为不同的等级，秉持分值大代表密度大的原则分别赋予相应的分值，从而获得单项评价栅格数据。

第三步：在以上两步数据准备好的前提下，利用 ArcGIS 空间分析中的栅格计算器工具进行重分类，供给密度栅格数据和需求密度栅格数据进行相减，从而得到供需匹配程度的栅格数据。此时，重新计算后的新栅格值应该在$-x$～x，由此可以判断值越接近 0，说明供给与需求匹配程度越好；当属性值趋近于$-x$时，说明公共服务设施供大于求，设施配置充裕，当然也可能存在公共服务设施利用率较低的情况；反之，属性值趋近于 x，则说明公共服务设施供不应求，缺少相应的公共服务设施（图 3.6）。

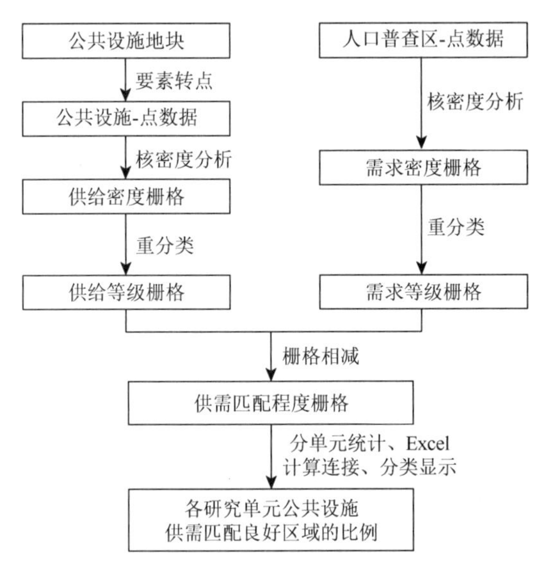

图 3.6　公共服务可获取程度评价框架

第四步：在以上分析数据基础上，利用 ArcGIS 空间分析中的重分类工具对匹配栅格数据进行重新分类、赋值，再利用 ArcGIS 空间分析中的分区统计工具对匹配良好的区域比例进行统计，从而可以得出哪个区域的匹配程度较高，哪个区域的匹配程度较低。最后可以利用统计结果对公共服务设施的布置进行规划干预。

3. 生态效能定性评价模型

正如前文确定的交通模式效能空间载体要素一样，定性评价也从宏观、中观及微观三个层面对路地协调性、交通可达性、慢行网络性的评价模型与研究范围建立一定的关联性（表 3.5）。

表 3.5　道路交通定性评价模型与研究范围关联表

评价模型	宏观层面	中观层面	微观层面
路地协调性评价模型	关联	—	—
交通可达性评价模型	关联	关联	—
慢行网络性评价模型	—	关联	关联

1）路地协调性评价模型

路地协调性评价模型是揭示交通需求与土地利用二者关系的主要方式之一。一般包括交通规划模型、土地利用模型以及交通需求与土地利用一体化模型。交通规划模型和土地利用模型的研究始于20世纪50年代，在60年代和70年代期间得到广泛应用和拓展，是目前大多数使用的交通需求与土地利用一体化模型的主要理论基础之一，分别以土地利用规划和交通规划为目标，将交通需求和土地利用作为模型的变量，建立相应的模型。

（1）交通规划模型。

该类模型主要侧重对城市的交通需求进行预测，一般将土地利用作为影响城市交通需求空间分布的重要影响因素。认为交通量的产生和交通对人们出行的吸引是由不同的土地利用类型所决定的，而交通出行起止点的分布又直接与土地的区位相关。目前在交通规划中使用较多的交通起止点四阶段模型就是通过城市居民出行的区位、活动来进行交通需求的预测，从而找出交通出行与城市土地利用之间的关系的。

（2）土地利用模型。

该类模型主要侧重于对城市土地拓展预测，一般将城市交通需求作为重要的影响因素之一。认为城市的道路交通对城市土地利用的形态、类别、开发强度以及潜力有直接或者间接的影响。这在现实的规划和工程实践中也得到了很好的验证。

（3）交通需求与土地利用一体化模型。

该模型是以劳瑞（Lowry）模型为代表的一系列模型，基本也是将交通需求、交通设施引起的居住变化以及就业人口的空间布局作为变量来分析交通需求与土地利用之间的关系，只是不同的模型采用的变量不同而已。

2）交通可达性评价模型

对交通出行影响比较大的一类模型是交通可达性评价模型。复杂的交通出行以及城市本身就是一个系统工程，导致至今学者们在可达性的精确定义上仍然难以达成一致意见。不过所有学者普遍认为交通可达性主要指的还是个体在城市空间中移动的轨迹或者能力。狭义上来说，城市交通可达性一般指城市居民采用一种或者几种交通出行方式在城市的道路交通系统中从出发地到达目的地的便捷程度（李平华和陆玉麒，2005），当然所有人都希望这个可达性越高越好。所以交通可达性这个概念不仅在城市交通规划的编制中发挥作用，甚至在诸多的交通政策制定中也发挥着积极的作用，可以说交通可达性是土地利用与交通系统相互作用的关键因素（陆化普等，2009）。

可达性从字面意思可以理解为人们出行难易程度的度量，而实质上，其还与城市土地用途、交通系统分布、时空因素以及个体的特性有一定的关系。目前在学术界交通可达性模型主要包括空间阻隔模型、累积机会模型、效用模型和潜能模型等。

（1）空间阻隔模型。

空间阻隔模型是 1971 年由 Ingram 首先提出的，可达性是通过城市交通节点空间阻隔的难易程度来表示的，而难易程度又需要通过交通中的相关变量决定，如公共节点的距离、时间、费用等。在城市路网格局的研究中，基础的可达性指标一般指出行的空间距离；而时间距离往往在城市的应急响应服务设施评价中用得较多，如城市消防的到达时间；费用距离则主要在城市的物流配送中得以应用，如现在与居民密切相关的快递及外卖配送等。因为空间阻隔模型主要反映的是影响交通出行的部分因素对可达性的影响，应用有一定的局限性。模型一般以下式表达：

$$\mathrm{CA}_i = \frac{1}{n}\sum_{\substack{j=1 \\ j\neq i}}^{n} t_{ij} \tag{3.15}$$

式中，n 为交通节点总数；t_{ij} 为从 i 节点到 j 节点的出行时间；CA_i 为 i 节点的可达性。

（2）累积机会模型。

累积机会模型也称为等值线模型，是 Wachs 和 Kumagai 于 1973 年提出的，指的是交通出行者通过某种交通工具出行，在一定的空间、时间或出行范围内能够得到某种机会的模型，包括上班、购物、就医、娱乐、上学等，机会越多就说明可达性越强。该类模型也可以根据不同的机会数值、出行成本数值进行出行等值线的绘制，这也就是为什么累积机会模型也被称为等值线模型。这种模型在土地利用变化、交通设施分布变化的研究中应用比较多，例如，可以通过服务设施被居民获得的机会形成不同的服务半径，从而评价服务设施分布的合理性、等时性、等距性等内容。当然也可以为了知道一定区域公共服务设施是否配置充足，分析区域内居民在正常的出行时间内能到达公共服务设施机会的数量。模型一般以下式表达：

$$\mathrm{CA}_i = \sum_{j} O_{jt} \tag{3.16}$$

式中，CA_i 为 i 交通区域的可达性；O_{jt} 为交通区域 j 中的机会数，其中交通区域 j 与交通区域 i 的距离（可以是距离、时间、费用等）小于 t 的交通区域，t 为阈值，阈值为预先确定。

（3）效用模型。

效用模型是 Ben-Akiva 和 Lerman 于 1979 年提出的，该模型专注出行个人的主观效用，认为由出行者发生的一系列活动内容形成出行活动链，而且出行者一定会选择总体效用最大的出行链。也就是说，出行链越大，出行的可达性也越大。该模型不太能反映土地利用供给的情况，而且在收集大量出行者选择效用的数据时相对较难。模型一般表达如下：

$$\mathrm{CA}_n = \ln \sum_{j \in D} \exp V_{jn} \tag{3.17}$$

式中，CA_n 为基于出行者主观效用的可达性指标；V_{jn} 为出行个体 n 选择 j 的效用。

（4）潜能模型。

该模型是 Hansen 于 1959 年最早提出的，也称之为重力模型，主要是因为模型借用了万有引力的原理来解释城市空间之间的相关关系，也是目前可达性模型中最常用的一种。模型将城市空间抽取为点数据，根据不同空间点彼此的吸引力差异，把城市的经济社会与交通出行一并纳入分析模型，主要反映了城市不同空间点之间的吸引作用以及联系的交通网络特性。模型一般表达如下：

$$P_i = \sum_{j=1}^{n} \frac{M_j}{C_{ij}^{\alpha}} \tag{3.18}$$

式中，M_j 为经济区域 j 的质量（可以是人口规模、GDP 或者就业岗位）；C_{ij} 为空间点 i 到空间点 j 的交通成本；α 为 i 与 j 之间的系数；P_i 为空间点 i 的经济水平。

基于数据的可获取性及本书研究的侧重点是交通模式效能，本书利用潜能模型进行城市整体可达性的评估与分析。

3）慢行网络性评价模型

城市道路资源和公共交通资源的有限性要求更有目的性地引导城市建设和公交发展。布局合理、结构完善，与常规公共交通系统相协调的站点地区步行网络是进一步扩大公交服务范围、提升常规公交吸引力、提高公交客流量供给的重要条件。

在公交优先的思想背景下，需要进一步探讨公共交通与步行交通之间的关系，从出行行为的角度，研究空间结构对出行意愿的影响。

（1）步行网络结构评价分析的方法构建。

首先，研究确定了常规公交站点周边地区步行网络的构建方法。步行网络结构与城市道路既有联系又有区别，本书将主干道两侧相对独立的人行道抽象为两条步行道；生活性次干道、城市支路和街区内部道路一般路幅宽度在 30m 以下，路幅中无物理隔离，行人可以在路段任意一点实现穿越，因此将其抽象为一条步行道。另外，干道上的横向过街设施，也抽象为一条步行道。

其次，研究从步行过程的生理和心理出发，提出侧重公交导向的步行网络不仅应注重步行网络的直接性和连通性，还需要考虑网络的连续性和舒适性。

在此基础上，研究采用因子与指标相结合的分析方法，从公交导向性的目标出发，确定了步行网络的布局结构指标和拓扑结构指标。其中，步行网络布局结构指标包括网络密度、节点密度、节点间距、曲线度；步行网络拓扑结构指标包括连接度、平均深度和整合度。研究还说明了步行网络心理影响因子对指标的修正和补充。

（2）不同城市空间肌理下的步行网络结构特征与绕路系数分析。

本书选取重庆市都市区三种类型空间肌理的、常规公交站点周边300m和500m范围内的城市地区作为研究对象，三种类型分别为传统街坊式站点地区、单位邻里式站点地区和大型社区式站点地区。

首先，分析站点周边地区的基本空间特征，包括街区尺度、街区数量、城市道路网结构、社区道路网、过街设施数量和分布、步行道宽度、街道界面等。

然后，引入绕路系数（PRD）作为衡量步行实际距离和理论最短距离比值的关键性指标。在此基础上，利用ArcGIS网络分析方法和Depth Map空间句法分析，结果显示，与PRD指数有显著相关关系的指标有节点密度、节点间距、连接度、总平均深度、站点所在轴线平均深度以及全局整合度。

（3）步行者对不同步行网络结构的心理负荷影响度分析。

出行者实际的步行时间与步行体验有关。传统街坊式站点地区的步行网络较为均匀，出行者对步行时间段的感知没有太大的区别；大型社区式站点地区与单位邻里式站点地区相较而言，步行环境更加舒适，并且实际的步行时间也更长，因此可以容忍的时间更长。

（4）心理因素的影响。

在心理感知要素偏好选择的调查研究中，主要从路径宽度、路径形态、过街设施、街道界面四个方面展开，主要研究结论如下：舒适安全的路径宽度是影响步行连续性的重要因素；在布局结构指标与PRD相关性分析中，整体网络的曲线性与步行距离并没有太大的关系；过街设施的数量和布局会影响出行者的步行绕路距离；调查问卷中所提到的街道界面问题与步行网络的连接度相关。

3.2 空间布局效能定量评价体系

3.2.1 效能影响因子

通过城市效率和城市效益的综述研究不难发现，二者共同之处主要表现为通过对单要素或多要素的分析来影响城市的发展，抑或通过分析城市要素与城市效益之间的关系来提出提高城市效益的手段。而城市空间效益一般包含社会、经济及生态三个方面，本书借鉴效率与效益的研究对象和城市效益的影响要素确定了山地城市空间布局效能要素包括社会效能、经济效能及生态效能。

山地城市空间布局效能的载体正是空间布局所包含的物质空间要素，即城市空间结构、土地利用以及道路交通。效能载体也是山地城市物质空间在城市形态上的外在表现，在衡量山地城市空间布局效能时，可以借用可持续城市化的五维模型，城市空间经济、生态和社会协调发展时，认为城市空间布局达到最佳状态，也是可持续发展的状态。

1. 社会效能影响因子

山地城市空间布局的社会效能直接体现了城市居民对城市发展中城市空间的直观感受，不仅在城市空间结构、土地利用和道路交通组织等对社会需求上有一定的表现，更多地体现在居民生活需求和对城市发展的满意度。这种城市居民对社会的满意度在一定程度上对城市的整体发展方向也有影响。虽然山地城市空间布局社会效能的影响因子不易选择而且较难量化分析，但考虑到评价体系构建的可定量和易获取原则，本书从空间结构、土地利用及道路交通三个层面（图 3.7）分别选取城市总体情况、城市结构因子、城市土地因子、公共服务设施完善度、城市道路因子、轨道交通因子以及公共交通因子 7 个关键要素作为城市空间布局社会效能的影响因子（表 3.6）。

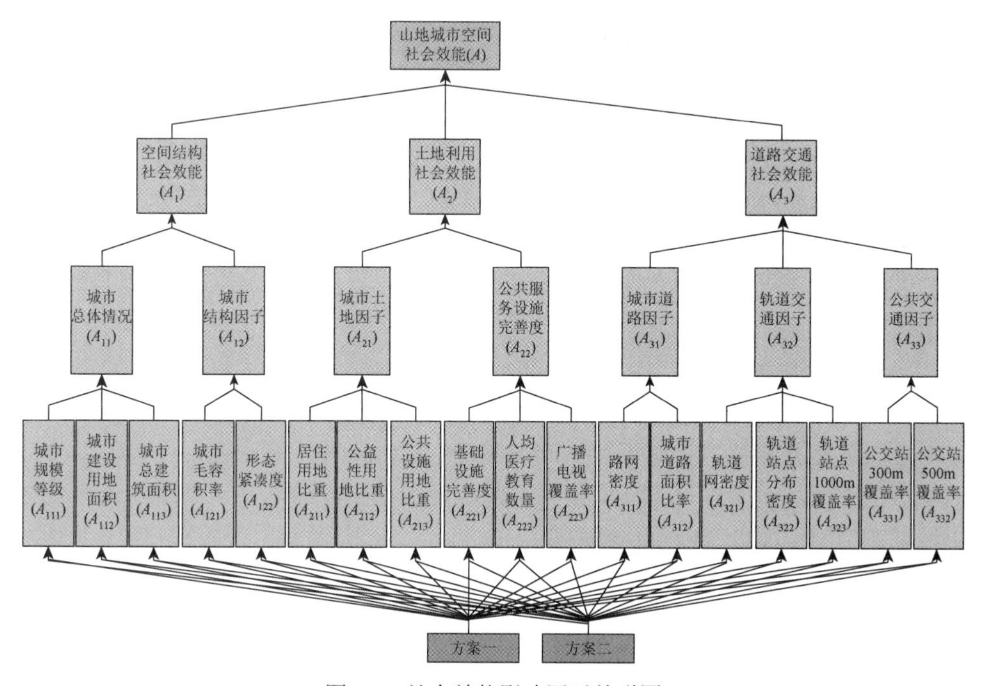

图 3.7　社会效能影响因子关联图

表 3.6　山地城市空间社会效能影响因子

层面	影响因子	释义
空间结构	城市总体情况	是指城市建成区面积和总建筑面积，是城市空间社会效能的整体体现，表示出了城市空间对城市服务功能的承载与容纳水平，是城市空间对社会需求的呼应
	城市结构因子	是指城市毛容积率和城市紧凑度，能够从侧面反映出城市空间结构社会效能的水平，也是影响城市社会发展水平高低的重要因素
土地利用	城市土地因子	主要指城市建设用地规模以及居住用地和公益用地的分配比例。作为承载城市人口的城市用地与人口规模的匹配，尤其公益用地的占地比例是影响城市土地利用社会效能的重要因子
	公共服务设施完善度	从设施配套的角度出发，探讨城市空间分布对其社会效益的影响
道路交通	城市道路因子	在城市社会效能层面的影响主要包括城市道路网整体密度以及道路面积占城市建设用地面积的比率
	轨道交通因子	包括轨道网密度、轨道站点的分布密度以及轨道站点 1000m 半径的辐射程度
	公共交通因子	主要指城市公交站点 300m 和 500m 半径的辐射程度

2. 经济效能影响因子

城市的经济效能更多是通过城市土地的产出来衡量的，而土地的投入产出比也是最直观反映一个城市经济情况的指标。但从城市整体经济效能层面来考量，城市的经济效能不仅是土地经济价值的研究，更需要从城市空间结构、土地利用以及道路交通等多方面来综合地研究城市空间布局的经济效能。根据山地城市高密度发展的实际情况以及评价指标获取的难易程度，除了地区生产总值和产业结构等经济指标外，用地集约度、建筑集约度、交通运输能力和交通集约度也是体现城市空间布局经济效能的重要指标（图 3.8）。

山地城市空间经济效能指山地城市空间可能生产的城市产品和为人民提供服务价值的程度，重点体现在获取高额的土地产出、提供满足大众消费的城市空间产品。

与平原城市不同的是，山地城市在空间更多地体现在城市范围内的城市建筑和环境组成的三维实体空间、二维的城市土地以及立体的交通网络空间，也形成了用地、道路及建筑三者互相穿插的各类特色空间。所以高密度发展背景下的山地城市空间经济效能评价应该围绕特色的山地城市空间建立评价体系，尤其要对山地城市空间资源的三维利用特别关注，重点突出山地特色，故评价指标主要选取地区生产总值、产业结构来反映城市空间结构层面的经济效能水平；选取用地集约度、建筑集约度作为土地利用层面的经济效能评价的影响因子；选取交通运输能力、交通集约度作为城市道路交通层面的经济效能评价的影响因子（表 3.7）。

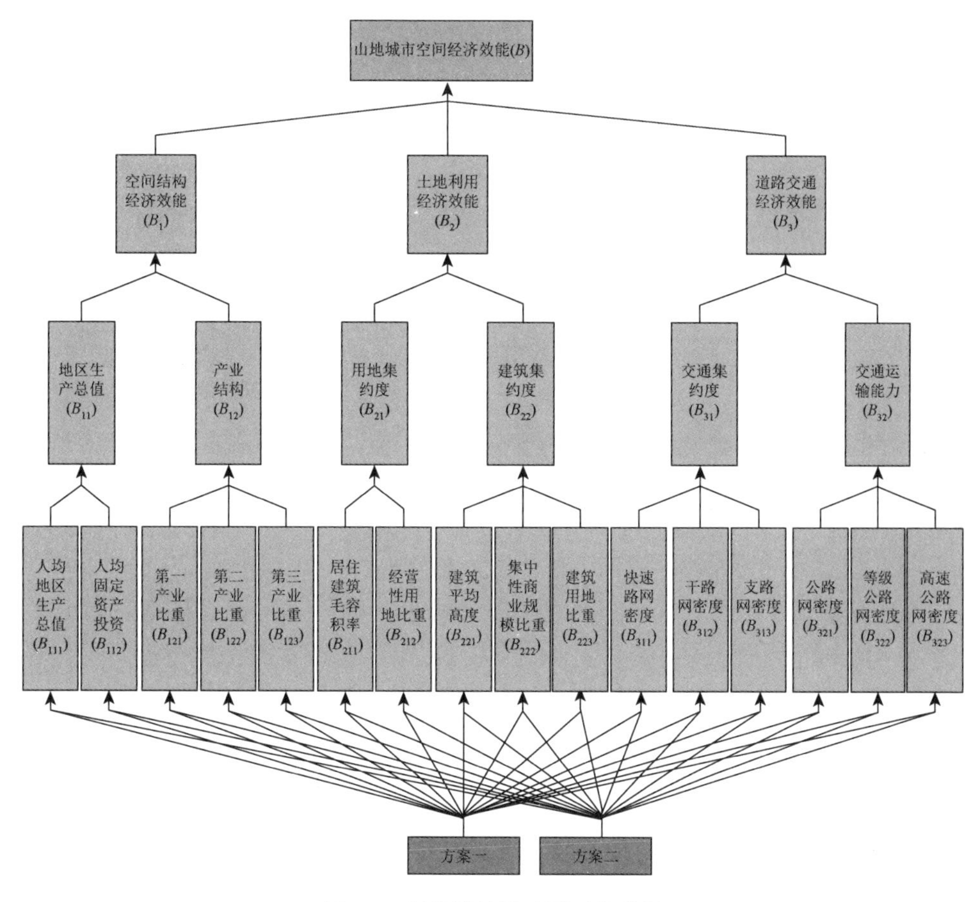

图 3.8　经济效能影响因子关联图

表 3.7　山地城市空间经济效能影响因子

层面	影响因子	释义
空间结构	地区生产总值	是城市空间经济效能的最直接表征，是城市空间生产的产品总和
	产业结构	反映城市经济各生产部门的联系，是城市空间生产能力的主要影响因子，更是城市空间经济效能评价的重要指标
土地利用	用地集约度	主要表达的是对土地的开发建设强度，是影响其城市土地开发所获得经济价值高低的直接因素，是判定城市土地利用经济效能的主要影响因子，也是判定城市是否高密度的必要条件之一
	建筑集约度	是对山地城市空间三维利用情况的侧面反映，能够直观地显示出城市建设中额外获得的可利用空间面积，是对城市空间规模的总体性描述
道路交通	交通运输能力	城市空间生产结果在城市道路交通方面的体现
	交通集约度	是城市建设中的交通支撑状态，是山地城市高密度发展必不可少的前提条件，也是影响其经济价值的重要因子之一

3. 生态效能影响因子

对城市空间布局生态效能的重视体现了公众对人居环境质量的追求。土地是生态环境的基础，也是生态环境的构成部分，更是生态环境的主要载体。城市空间生产的方式和可持续发展的程度与生态环境的质量有着密切的关系。如果城市空间与生态环境协调和谐，则更能体现出城市空间的经济效能和社会效能，减少土地资源的破坏和浪费，构建和谐发展社会。在城市空间效能评价中，生态效能指标有着重要的作用，同时，合理的城市空间结构也可以促进城市生态效能的提升（图 3.9）。

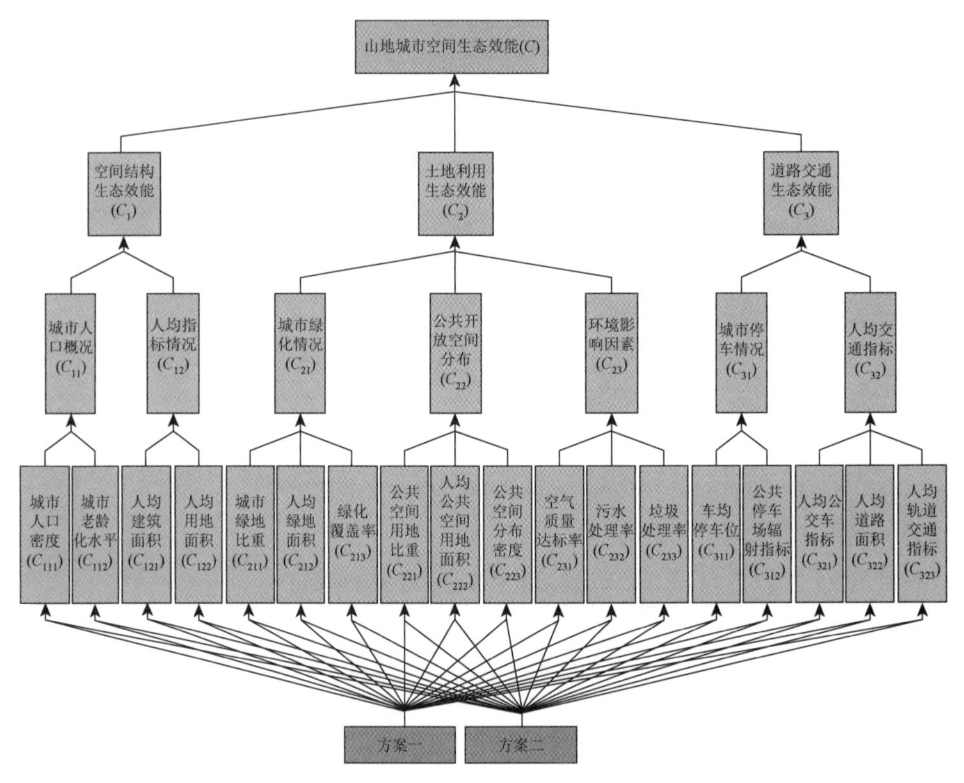

图 3.9　生态效能影响因子关联图

纵观全球，关于城市生态环境的量化研究目前还存在一些未克服的困难，当然建立生态环境资源与经济资源共同的度量标准也有很长的路要走。这些客观的原因也影响了对城市空间生态效能的准确评价。本书考虑到山地城市丰富的自然资源和特殊的山水环境，将生态效能作为评价城市空间效能的重要指标，选取城市人口概况、人均指标情况作为反映生态效能的城市空间结构影响因子；选取城市绿化情况、公共开放空间分布、环境影响因素作为反映生态效能的城市土地利用影响因子；选取城市停车情况、人均交通指标作为反映生态效能的城市道路交通影响因子（表 3.8）。

表 3.8　山地城市空间布局生态效能影响因子

层面	影响因子	释义
空间结构	城市人口概况	城市人口密度和城市老龄化水平是衡量城市是否高密度发展、发展后力是否充足的主要指标，对于高密度发展的山地城市，人口密度则是衡量城市空间生态效能的最直接因子
	人均指标情况	如果城市用地面积与建筑面积是城市空间社会效能的影响因子，那么人均用地面积与人均建筑面积则是城市空间生态效能的影响因子
土地利用	城市绿化情况	能够表现出山地城市在土地开发中的绿化水平，是城市土地利用生态效益的直观体现
	公共开放空间分布	针对高密度环境所带来的低开放空间率的问题，从与高度密集建设相反的一面来评价土地利用所带来的生态效益和空间质量
	环境影响因素	表征了城市高密度发展对生态环境造成的影响，是城市土地利用对生态破坏的程度，是判断城市可持续与否和土地利用生态效益的关键要素
道路交通	城市停车情况	需要从车均停车位以及社会停车场的辐射水平来考察
	人均交通指标	指人均道路面积、人均轨道交通长度以及人均公交车水平等

3.2.2　评价指标选取

1. 反映社会效能的空间布局指标

山地城市空间结构的社会效能评价是对其自然属性的整体性描述与衡量。山地城市空间自然属性主要包括城市空间总体概况、城市空间结构、社会服务功能、公共设施完善度、道路总体情况、轨道交通指标、公共交通指标。

1）城市空间总体概况

（1）城市规模等级。

城市规模等级不同，城市空间总体情况往往也不同，城市规模等级的大小受城市所处的地理区位和自然条件影响，自然条件好，城市的区位往往对城市发展更有利，城市空间也更容易规模生产和经营，也会布局更多的大型公共服务设施和市政设施，更容易形成大型的商业中心并且吸引更多的人口聚集和资本的聚集。从这个意义上说，城市空间的发展潜力与城市规模的大小成正比。城市规模越大越有利于其城市空间效能的提高，当然超大规模的城市也会带来一定的负面影响，影响城市的整体运行效能。

《国务院关于调整城市规模划分标准的通知》明确提出以城区常住人口为统计口径，将城市划分为五类七档。分别为小城市、中等城市、大城市、特大城市、超大城市五类，其中小城市和大城市又细分为Ⅰ型小城市、Ⅱ型小城市和Ⅰ型大城市、Ⅱ型大城市，共计七类。本书为了后期评价方便，统一进行数据的量化处理，以数字1～5分别代替五类不同等级的城市规模，数字越大，则城市规模越大，其城市空间潜力也就越大（表3.9）。

表 3.9　中国城市规模划分标准（2014 年）

项目	超大城市	特大城市	大城市		中等城市	小城市	
			Ⅰ型	Ⅱ型		Ⅰ型	Ⅱ型
常住人口/人	＞1000万	500万～1000万	300万～500万	100万～300万	50万～100万	20万～50万	＜20万
数据量化	5	4	2.5	3	2	1.5	1

资料来源：《国务院关于调整城市规模划分标准的通知》。

（2）城市建成区面积（我国657个城市指标作为参考来划分类别）。

理论上城市建成区面积与城市规模一般呈线性相关，城市规模大，则城市建成区面积大，反之，建成区面积小。与城市规模一样，建成区面积大的城市，更有利于开展城市空间生产和经营，同时也会形成功能配套齐全的城市组团，并且有利于为完善基础设施配套提供用地支撑，当然对资本和人流也具有更强的吸引力。因此，理论上城市空间的发展潜力与城市建成区面积大小成正比，也就是说，建成区面积越大，城市发展潜力越大，越有利于其城市空间效能的提高，当然建成区面积一味地拓展变大，不考虑用地的集约发展及与城市建筑规模的匹配会导致城市资源的浪费以及城市空间生产的资本投入加大，从而影响城市空间社会效能的提高。

我国对城市建设用地面积的控制主要与城市人口相关联，《城市用地分类与规划建设用地标准》（GB 50137—2011）规定，根据现状人均建设用地指标、城市所在的气候区以及规划人口规模来确定人均城市建设用地指标（表3.10）。其中，“新建城市（镇）的规划人均城市建设用地面积指标应在（85.1～105.0）m^2/人内确定；首都的规划人均城市建设用地面积指标应在（105.1～115.0）m^2/人内确定；边远地区、少数民族地区城市（镇），以及部分山地城市（镇）、人口较少的工矿业城市（镇）、风景旅游城市（镇）等，不符合表4.2.1规定时，应专门论证确定规划人均城市建设用地面积指标，且上限不得大于150.0m^2/人”。

表 3.10　位于Ⅲ、Ⅳ、Ⅴ气候区的现有城市规划人均城市建设用地指标（单位：m^2/人）

现状人均城市建设用地指标	允许采用的规划人均城市建设用地指标	允许调整幅度		
		规划人口规模≤20.0 万人	规划人口规模 20 万～50.0 万人	规划人口规模>50 万人
≤65.0	65.0～85.0	>0.0	>0.0	>0.0
65.1～75.0	65.0～95.0	+0.1～+20.0	+0.1～+20.0	+0.1～+20.0
75.1～85.0	75.0～100.0	−5.0～+20.0	−5.0～+20.0	−5.0～+15.0
85.1～95.0	80.0～105.0	−10.0～+15.0	−10.0～+15.0	−10.0～+10.0
95.1～105.0	85.0～105.0	−15.0～+10.0	−15.0～+10.0	−15.0～+5.0
105.1～115.0	90.0～110.0	−20.0～−0.1	−20.0～−0.1	−25.0～−5.0
>115.0	≤110.0	<0.0	<0.0	<0.0

资料来源：根据《城市用地分类与规划建设用地标准》(GB 50137—2011）整理绘制。

该标准的规定要求一定程度上考虑我国城市用地的稀缺性以及不同气候地区和不同规模城市的实际情况，城市建成区或城市建设用地的规模与城市人口规模匹配程度越接近，某种程度上可以说城市用地集约利用程度越高。

（3）城市总建筑面积。

城市建筑面积与城市建成区面积相关性不大，受城市人口的影响也不同，不同城市受用地条件及经济发展水平的影响房地产市场变动较大，从而导致人均居住建筑面积的变化也较大。1998 年我国住房制度改革后，由房地产主导的我国城市住房结构发生翻天覆地的变化，城市建筑面积也呈现数量级增长，1981～2018 年，城市人口由 0.93 亿增加到 5.12 亿，增加了 4.5 倍。房屋建筑面积由 14.4 亿 m^2 增加到 591.4 亿 m^2，增加了 40.07 倍。2007 年出台的《宜居城市科学评价标准》中人均住房建筑面积标准值为 $26m^2$。根据 1981～2018 年我国城市房屋建筑面积与住宅建筑面积统计计算，住宅建筑面积占城市总建筑面积约 50%，按照此标准，人均城市建筑面积为 50～$60m^2$。城市总建筑面积越接近此标准，城市空间社会效能越容易达到最优状态。

2）城市空间结构

（1）城市毛容积率。

城市毛容积率是城市总建筑面积与城市建成区面积的比值。现行规划编制体系，尤其在城市的总体规划中，首先关注的是城市的功能结构和用地布局，规划的着力点是城市的二维空间。详细规划中的控制性详细规划对三维空间的关注仍然不够而且非常局限，规划编制及管理成本的影响，控制性详细规划的编制也仅仅对规划范围内的用地进行容积率、建筑密度、绿地率等指标的确定，而且确定过程中尤其是新建设区域，完全靠规划师的经验结合城市的规模大小进行，非常主观。由于缺乏城市总体层面的环境承载评价与建设容量预测，仅仅依靠详细规划，城市的建设往往会失控或者形成无序的状态（钱紫华和何波，2011）。高密度城市往往伴随着高人口密度与高建筑密度（城市毛容积率），对于城市毛容积率可以从宏观层面对城市总建筑规模进行控制，自上而下对城市建设容量的分布进行有序分配，从而在城市建设的宏观、中观乃至微观层面实现城市建设密度的优化。

通过我国36个大城市[①]数据来分析38年城市平均毛容积率的变化，发现代表我国城市化发展的主要大城市，1986～2018年城市平均毛容积率在0.4～0.5，可见城市毛容积率0.5是城市在城市物质建造环境上是否为高密度的分界线。以此可以推断城市毛容积率趋近于0.5，更容易提高城市空间的社会效能。

（2）城市形态紧凑度。

城市形态紧凑度是衡量城市空间结构的重要指标，紧凑度不仅可以对城市建成区用地的紧凑性和饱和性进行测量，还可以对城市的盲目蔓延起到警示作用，从而可以集约利用城市用地（方创琳等，2008）。城市的紧凑度不仅仅是二维层面，从三维视角来看，城市紧凑度也是城市空间填充程度的衡量指标。在城市空间中，城市的产业、人口、交通、设施以及资金等有形的城市物质内容在城市空间中的填充度越大，城市紧凑度也就越高。城市的物质空间基本都遵循形态依赖原理，且“趋圆性”越高则城市紧凑度越高。其实从城市空间运行效率看，城市紧凑度越高，无论是城市运输成本还是时间成本都可以达到越低，从而劳动地域分工越合理，越能达到更高的城市经济效能以及社会效能（顾朝林等，2000）。

本书采取Richardson紧凑度来衡量城市外部形态，Richardson紧凑度指数公式见式（3.4）。

3）社会服务功能

（1）城市建设用地利用率。

城市各类建设用地的比例以及城市建设用地的混合程度是反映城市土地利用社会效能的主要指标。《城市用地分类与规划建设用地标准》对城市中的居住用地、公共管理与公共服务设施用地、工业用地、道路与交通设施用地和绿地与广场用地五大类主要用地规划占城市建设用地的比例进行了规定，如表3.11所示。

表3.11　规划城市建设用地结构

用地名称	占城市建设用地比例/%
居住用地	25.0～40.0
公共管理与公共服务设施用地	5.0～8.0

① 含31个省会城市和大连、青岛、深圳、宁波、厦门5个单列市。

续表

用地名称	占城市建设用地比例/%
工业用地	15.0～30.0
道路与交通设施用地	10.0～25.0
绿地与广场用地	10.0～15.0

资料来源：《城市用地分类与规划建设用地标准》（GB 50137—2011）。

（2）公益性用地比重。

本书中所讲的公益性用地主要包括为市民提供公共服务和承担集体福利的用地，此类用地性质一般属于国有或者集体土地，承担城市中各类公益活动、社会服务功能。根据城市规划，此类用地需要达到一定的指标才能满足城市居民公共服务的需求，所以用地面积比重大小也可以反映城市社会公共服务水平的高低。城市用地分类中的区域公用设施用地、公共管理与公共服务用地、道路与交通设施用地、绿地与广场用地以及特殊用地都属于公益性用地范畴。当然公益性用地比重就是以上用地总和与城市用地面积的比值。

（3）居住用地比重。

本书中所讲的居住用地即《城市用地分类与规划建设用地标准》中的居住用地。居住用地比重主要指居住用地面积占城市总建设用地面积的比例，最新版的《城市用地分类与规划建设用地标准》给出了明确的范围值。对城市而言，居民是城市的主体，相应比例的居住用地分配是城市居住环境的重要保障。在一定时期，部分城市每年居住用地的供给一度是城市经济增长的风向标，对高密度山地城市来讲，由于土地资源本身紧缺以及生态脆弱等，居住用地比重相对来讲较国家规范要低一些，但合理的居住用地比重是山地城市发展过程中不至于密度太高的重要手段，当然对山地城市而言，在居住用地比重提高难的情况下，可以采取适当提高土地容积率的方法。

4）公共和市政基础设施完善度

山地城市空间公共设施的完善度主要指城市中为居民提供公共服务和为社会提供生产保障的物质基础内容以及居民因生活所需能享受到的城市公共建筑或环境，这些内容也是保证城市经济社会正常运转的一般物质条件。目前的城市基础设施可以分为公共服务设施和城市市政基础设施。本书根据评价体系的需求主要选择公共设施完善度、市政基础设施完善度以及公共设施覆盖率三个指标表征山地城市公共设施的完善度。

（1）公共设施完善度。

公共设施完善度主要指能够为城市居民提供公共服务产品的所有公共属性设施满足国家相关技术规定的程度，主要包括教育、医疗卫生、文化娱乐、交通、体育、社会福利与保障、行政管理与社区服务、邮政电信和商业金融服务等。公共设施完善度是衡量城市居民对所处生活环境满意度的重要指标，一定程度上也代表了一个国家和地区的文明程度。与国家相关技术管理规定相比，完善的公共设施不仅要求各类公共设施种类齐全，同时这些服务设施的服务能力必须能满足城市居民的实际需求。本书中的公共设施主要指文化、教育、体育、医疗和社会福利设施等。

（2）市政基础设施完善度。

本书中所讲的基础设施主要包括道路交通和市政设施两项内容。基础设施完善度就是这两项内容的建设满足城市社会活动、经济发展需求的程度。完善度可以体现各类设施是否配置齐全、是否满足国家规范、是否可以正常运行。

（3）公共设施覆盖率。

如果说公共设施完善度解决的是公共设施有没有的问题，那么公共设施覆盖率解决的就是满足所有空间需求的问题。公共设施覆盖率的高低不仅可以看出各类公共设施服务范围是否合理，同时它还是体现城市居民享用城市设施是否均等的重要指标。通过公共设施的覆盖率可以基本了解城市居民享受公共服务设施的基本情况。本书公共设施覆盖率是指城市中各类公共设施分别按照各自的服务半径在空间上投影而形成的覆盖面积之和占总用地面积的比值的平均值。

5）道路总体情况

（1）路网密度。

路网密度指道路长度与建成区面积的比值。根据近几年我国城市道路总里程数和总面积的统计，可以看出道路的增长速度非常快，同时城市建成区面积的增长速度也不慢，部分地区甚至超过了道路的增长速度，所以与前十几年对比来看，道路的密度没有实质性的改变（王志高，2014）。与许多国外城市相比，中国城市的路网密度处在偏低的水平。路网密度过低的负面影响是显而易见的，首先是对行人和自行车出行者的影响，他们需要绕行更长的距离。其次，低密度的路网直接使得公交路线集中在为数不多的街道上，即使在线路重复系数很高的情况下，公共交通的覆盖率也较难达到理想的程度。

根据路网密度的概念可知一个城市或者区域的道路网络的空间总长度占城市或者区域面积的比值是路网密度的评价内涵。比值的高低也体现了城市道路在城市空间布局中的空间分布状态，也就是道路网的分布密度。如果一个城市的路网密度高，那么可以直观地说明这个城市中交通出行的距离成本和时间成本都比较低。当然一味地提高路网密度势必会出现更多的道路交织的情况，在一定的交通通行规则下也会影响交通出行的实际成本，所以说路网密度不是越高越好，对于交通需求较高的地区需要高密度的路网来满足居民的出行需求。所以，理论上应该有一个最佳的路网密度，也就是道路网络的容量与城市道路交通的服务均达到最佳的水平，这个是最经济的。当然也可以通过城市内实施单向交通无管制的交通模式来解决道路交叉口多带来交通成本增加的问题。该模式的优势是高密度的道路网和较长的直行路段。因此，高密度路网结构主要是对城市交通的空间形态的评价指标。

（2）城市道路面积率。

城市道路面积率是指道路的用地面积占城市建设用地面积的比例。虽然我国城市道路面积率历年在增长，但与国际上一些城市比较，我国城市的道路面积率并不高，准确地说是公共道路面积率不高。中国普遍存在大街区开发模式下，两种属性的道路存在的现象，一种是大街区外的对所有公众开放的道路，系公共道路；另一种是街区内部仅供街区内的居民和访客使用的私属道路，系街区内部道路。现行政府拥有城市建设用地所有权并有偿转让给开发企业的制度以及企业追逐利益最大化的诉求，往往导致公共道路面积率难以提高（沙超奇，2013）。正是以上现状，导致我国大多数城市出现交通拥堵以及停车难的现象，这也在一定程度上推动了自上而下的制度改变。《中共中央 国务院关于进一步加强城市规划建设管理工作的若干意见》中指出新建住宅要推广街区制，原则上不再建设封闭住宅小区。已建成的住宅小区和单位大院要逐步打开，实现内部道路公共化，解决交通路网布局问题，促进土地节约利用。树立“窄马路、密路网”的城市道路布局理念，建设快速路、主次干路和支路级配合理的道路网系统。

6）轨道交通指标

（1）城市轨道交通里程。

城市轨道交通从广义的角度来说主要是指以轨道运输方式为主、具有中等以上运输量、主要服务公共客运的一种起到骨架性作用的城市立体交通系统。根据我国目前的城市化发展水平，参照国际大城市的发展轨迹可知，解决我国交通问题的唯一途径就是建成以轨道交通为骨干、配合常规地面公共交通的综合公共交通体系，也只有这样才能在高密度的大城市中为城市居民提供安全、快速、舒适的交通出行环境（沙超奇，2013）。由此可见，对每个城市而言，城市轨道交通里程是衡量一个城市轨道交通发展水平的重要指标。根据统计，2018 年末，包括上海、北京、广州、南京、重庆、武汉等 32 个城市开通的 155 条城市轨道交通运营线路里程统计已经达到 5139.69km，车站数已经达到 3245 个（表 3.12）。

表 3.12　中国部分城市轨道交通运营线路总里程及车站统计表

序号	城市	运营线路条数/条	总里程/km	车站/个
1	上海	16	679.40	400
2	北京	21	617.67	376
3	广州	14	451.64	240

续表

序号	城市	运营线路条数/条	总里程/km	车站/个
4	南京	10	376.95	176
5	重庆	9	321.99	185
6	武汉	10	321.39	206
7	深圳	8	286.44	199
8	成都	6	224.42	171
9	天津	6	221.80	159
10	青岛	4	173.38	83
11	大连	4	160.25	78
12	郑州	4	136.51	65
13	西安	4	124.10	95
14	苏州	4	120.24	97
15	杭州	3	117.36	84
16	长春	5	99.00	93
17	昆明	3	88.79	59
18	宁波	2	74.52	51
19	沈阳	2	65.16	48
20	无锡	2	55.72	46
21	合肥	2	52.38	47
22	南宁	2	52.30	43
23	长沙	2	50.60	43
24	南昌	2	48.43	41
25	东莞	1	37.79	15
26	贵阳	1	35.11	24
27	厦门	1	30.30	24
28	石家庄	2	30.27	26
29	福州	1	24.89	21
30	哈尔滨	2	22.65	23
31	佛山	1	21.46	15
32	乌鲁木齐	1	16.78	12
合计	32 座	155	5139.69	3245

轨道交通在城市空间社会效能方面的作用主要表现为可以改善轨道交通沿线物业的可达性、影响轨道沿线的用地性质及轨道站点周边用地的开发强度，轨道交通大运量的特点可以为沿线土地带来大量人流，不仅有利于以公共交通为导向（transit-oriented development，TOD）的开发模式的发展，同时还可以促进区域经济的发展。

（2）轨道站点覆盖率。

上文已经论述了城市TOD模式开发对于高密度城市的重要性，而城市轨道站点的分布与覆盖率直接影响到TOD模式的城市开发。在目前国内外采用TOD模式开发的城市中，一般均是沿地铁、轻轨等轨道交通及巴士干线的公共交通线路，围绕各类公共交通的站点，以城市居民步行5～10min的路程（300～500m）为半径集中建设商业、商务、文化教育以及居住等综合功能的城市综合体。尤其在以轨道交通为主的大城市，随着轨道交通网络的覆盖，围绕轨道交通站点的综合体越来越多，这些综合体成为城市组团甚至城市社区紧凑发展的主要模式。可以预见在未来中国的城市建设中，TOD模式会被广泛运用，毕竟这种模式是国际上具有代表性的城市社区开发模式，当然也是新城市主义最具代表性的模式之一。

轨道交通站点覆盖率的提高对于分担城市交通出行具有积极作用，根据重庆市2018年交通出行统计，都市区居民全方式出行结构中，地面公共交通占比42.1%，轨道交通占比16.3%。轨道交通占比从2014年的10.8%增加到2018年的16.3%，地面公共交通占比从49.9%减少到42.1%。轨道交通不仅承担一部分的交通出行，同时可以保证出行的效率。

7）公共交通指标

（1）公交车保有量。

公交车保有量一般用万人拥有公交车数量来衡量，是城市公共交通水平的主要衡量指标。城市交通的重要组成部分就是城市公共交通。城市交通是否通畅，城市公共交通系统是否可以全面覆盖城市功能区与城市拥有的公交车辆以及公共交通的实际运力规模有密切的关系。从公共交通企业的角度来看，一定规模的公交车保有量是公交系统整体效能及企业经济效益的重要保障，如果公交保有量不够、运力不足，会直接导致线路的供给不能满足城市居民的出行需求，公共交通的整体服务水平也就随之下降；当然如果运力过剩，则线路的供给大于需求，也使得城市公共交通的资源利用率低下，过多的公交车保有量就会增加车辆的能耗及维护成本，直接影响企业的成本与收益比（胡列格等，2013）。也就是说，一个城市要根据其规模配置相应规模的公交车保有量。国家规定中小城市每万人拥有7标台，住房和城乡建设部建议特大城市的标准是每万人11标台。国家规定全国文明城市A类测评标准万人拥有公交车12标台。其实也有国内学者对我国部分中小城市进行过研究，主要通过公共交通在城市全方式交通中的分担率进行类比，普遍来讲，中小城市公交车的分担率在25%左右。在此基础上，根据分担率与交通工具保有量的人均指标模型预测，中小城市公交车万人拥有标台数保持在12～13标台较好，这也与国家的相关技术规定相吻合（胡列格等，2013）。

（2）公交覆盖率。

公交覆盖率是公交服务区面积覆盖率的简化表达。一般来讲，是指某城市区域内，一定半径范围全部公交站点所覆盖区域占城市区域总面积的百分比。影响公交覆盖率大小的因素包括城市用地面积、公交站点规模和分布以及公共交通站点的服务半径等。某实验室以城市建成区面积、500m 半径服务范围作为指标依据，以全国 319 个主要城市共计 867263 个公交站点为基础点数据进行分析，发现城市人口规模越大，行政等级越高，国民经济发展水平越高，其拥有的公交站点总数就越多。例如，我国的一线城市，如北京、上海、广州等地，城市的公交站点规模与其他城市相比明显要高得多。其实公交站点越多，其覆盖率就越大，公交站点的服务范围越大，叠加的效应越容易增加公交站点服务的潜在人口数量，也可说是公共交通服务较好。

2. 反映经济效能的空间布局指标

1）地区生产总值

（1）人均地区生产总值。

国内生产总值（GDP）是指一个国家（国界范围内）所有常驻单位在一定时期内生产的所有最终产品和劳务的市场价值。GDP 是衡量一个国家或地区总体经济状况的核心指标。城市空间生产经济效能的最直接体现就是城市 GDP 的高低。

（2）人均固定资产投资。

固定资产投资是以货币表现的建造和购置固定资产活动的工作量，它是反映固定资产投资规模、速度、比例关系和使用方向的综合性指标。人均固定资产投资在一定程度上反映了城市空间生产的投入状况，与城市空间生产结果即 GDP 一同反映了城市空间经济效能的状态。

2）产业结构

产业结构是指各产业之间按照一定的经济技术联系所构成的各种比例关系，其作为经济发展水平的集中体现，是经济持续增长的基本动力，高效的城市产业结构是城市经济社会全面发展的必备条件（邱灵和方创琳，2010），合理的产业结构更是城市空间良好经济效能的体现。

3）用地集约度

（1）居住建筑毛容积率。

居住建筑毛容积率指的是一定范围的居住用地所容纳的所有建筑规模与居住用地面积的比值。居住建筑毛容积率直接反映的就是该地块在城市建设过程中所发挥的城市经济效益。一定的区位，地价是恒定的，所以毛容积率越高，产生的经济价值越大。毛容积率不仅是评价土地利用强度的指标，在我国现行的规范下，毛容积率越高，一般建筑高度也越高，所以毛容积率也从侧面反映了城市土地三维开发中形成的空间形态特征。高密度紧凑发展的特征之一就是城市建设用地的高毛容积率开发，随之土地集约利用的程度较高，毛容积率会相对较高。同时，较高的毛容积率也可以提高土地的利用率，充分发挥土地资源的使用价值，提高土地开发的经济效能。

（2）经营性用地比重。

经营性用地与公益性用地有共同的属性，也有其自身的特点。二者虽然用地性质不一样，但都是各种社会关系在土地上的投影，是一种相互独立并依存的关系，二者最大的区别是经营性用地更多地追逐土地价值的最大化，公益性用地则追求公共服务的最大化。山地城市与平原城市在经营性用地的性质和种类方面一样，主要包括商业、商务、娱乐康体、公共设施营业网点用地以及其他服务设施用地等。与平原城市不一样的地方，山地城市的用地相对混合程度更高。在城市中能产生经济效益的用地主要就是经营性用地。本书选取最新《城市用地分类与规划建设用地标准》（GB50137—2011）中的商业服务业设施用地（用地代码B）作为本书评价的城市经营性用地。城市经营性用地面积与城市总用地面积的比值就是经营性用地比重，反映的是城市土地产生经济价值的重要载体，也是城市服务功能集约程度的集中体现。

4）建筑集约度

（1）建筑平均高度。

建筑平均高度一般通过一定范围内的总建筑面积与建筑基底面积的比值来表征，该指标反映的是一定范围内城市建筑高度的平均水平。利用建筑高度的平均水平值来衡量城市不同区域城市建筑的空间形态，可以从宏观角度把握城市的三维建设情况，尤其对于山地城市而言，由于地形起伏的变化，建筑的海拔不能代表该地区的实际建设情况，只有绝对的建筑高度即平均建筑高度才能反映出实际的建设情况。

（2）集中性商业规模比重。

城市公共职能最集中的地方应该是城市商业用地范围内所形成的各类城市商业商务、娱乐等活动区域。其不仅是城市中最具有活力的地方，同时还是反映城市功能性和景观性的聚集地。集中性商业规模比重一方面反映的是商业用地在城市用地中的集聚度，另一方面则反映的是规模性的商业区占商业用地的比重。这两方面内容综合体现了商业建筑在其用地范围内集聚规模的总体特征。本书效能评价通过片区经营类建筑总面积与片区总建筑面积之比来计算。

（3）建筑用地比重。

建筑用地比重其实就是人们常说的建筑密度，指一定用地范围内，建筑基底面积与总建筑面积的比值，比值越大，说明建筑的集约利用程度越高。从城市功能服务的角度来看，实际的建筑基底面积才是城市中建筑实体的主要载体。建筑基底面积的多少直接影响城市的生产和生活水平的高低，因为城市建筑不能无限制地向上发展。当然仅仅是建筑基底面积仍不能提供良好的城市服务，需要诸如道路、绿化和其他配套设施用地共同支撑。对于山地城市来说，其最重要的特征就是高密度的城市建筑的聚集，山地城市的建筑基底面积占比一般比平原城市更高，这不仅是山地城市聚集效应的体现，更是山地城市用地紧张的特殊性，为了更高效集约地利用有限的土地资源，宁可牺牲部分采光、通风或者其他公共开敞空间。所以说建筑用地比重是反映山地城市空间布局的重要指标。

5）交通集约度

交通集约度主要通过城市道路通达度来衡量，也是城市道路交通可达性的直观反映。一般采用道路面积和城市道路直行段的数量两个指标来衡量。道路的弯曲程度直接影响道路交通的可达性，对于山地城市而言，道路的直行段数量比平原城市少得多，所以直行路段数量是衡量山地城市交通集约度的重要指标。城市中交通十分通畅不仅仅靠道路的里程和密度，道路的面积也是城市整体路网在城市中运营所需要的规模指标，两个城市在相同的情况下，如果道路面积越高则说明城市功能发挥所需要的道路面积越大，也就是说，道路的实际运载能力反而越低。如果将上面两个指标综合考虑，二者的比值可以反映一定的路网面积比例，直行段数量的多少反映的是城市路网结构的高效性。本书中道路通达度模型如下：

$$K = \sum_{i=1}^{n} m_i / A = M/A \tag{3.19}$$

式中，M 为区域内的路网总段数；A 为区域内的道路总面积；m_i 为第 i 节点的直行路段数量；K 为区域内路网通达度指数。

3. 反映生态效能的空间布局指标

1）城市人口概况

（1）城市人口密度。

合理的城市人口密度关系着城市经济与社会等各方面的发展。城市人口密度受到城市人口规模和城市建成区面积的影响，高效能的城市空间必然拥有最优的城市人口密度。从最优城市人口密度的观点来看，在城市化过程中，无论是人口的城市化还是土地的城市化都应该加强对城市人口密度是否合理的监测，而且二者应该协调达到最优组合。城市化发展主要表现为城市规模的扩展和城市人口的增长，在城市拓展过程中，随着建成区面积的增加，应该参照城市最优人口密度的标准动态调控城市的人口规模，也就是说，要考虑城市建成区的拓展是否有相应的人口入住或者就业。如果不能协同发展，那么“鬼城”和“空城”就会出现，城市扩展的用地利用率降低，当然城市的效能随之降低。但是，当城市人口规模持续增长时，人们也必须提供合理的城市用地，否则城市人口密度过高，超过最优的城市人口密度，必然会带来更为严重的城市病（苏红键和魏后凯，2013）。

那么，到底最优的城市人口密度是多少呢？有学者曾利用我国 657 个城市

2011 年的城区总人口和建成区面积数据分析了我国城市在节地潜力方面的情况。全国 4.36 万 km^2 的建成区居住的实际人口为 4.09 亿人，此时的城市人口密度约为 0.94 万人/km^2，这明显低于目前我国相关规范规定的每平方千米 1 万人的指标，当然这与我国地广有关，部分偏远地区人口密度非常低也在一定程度上拉低了全国的平均水平。如果按 1.30 万人/km^2 的密度标准测算，人口规模可达 5.67 亿人，按此密度则节地 1.21 万 km^2，节地潜力巨大。由此看来，人口密度对于提高城市土地的集约利用非常有帮助，也可以通过城市棕地的再开发进一步挖掘城市存量的潜力。

（2）城市老龄化水平。

目前，我国已经进入人口老龄化社会，加上我国全面实施一对夫妇可生育三个子女政策的出台，这必然对城市空间提出新的要求以解决人口结构变化带来的城市问题，它包括城市养老、幼儿教育以及对社会劳动力的影响。

2）人均指标情况

（1）人均建筑面积。

我国人均建筑面积的不断增加是城市居住环境改善的直接表征。1978 年，我国城镇新建住宅面积 0.38 亿 m^2，城市人均居住面积只有 3.6m^2。1990～2007 年，我国城镇新建住宅面积从 1.73 亿 m^2 增加到 6.88 亿 m^2，相应地城市人均居住面积也从 6.7m^2 增加到 16.79m^2。与 30 年前相比，城市住宅建筑面积按照每年平均 2100 多万平方米的速度增长，人均居住建筑面积也翻了几番，这极大地改善了城市居民的居住环境质量。中国社会科学院财经战略研究院发布的《中国经济体制改革报告 2013》预计 2020 年中国城市人均住宅建筑面积将达到 35m^2，实现“一户一房”，实际目前早已突破了人均 35m^2 的住宅建筑面积指标，部分城市早已一户多房。

（2）人均用地面积。

人均用地面积的增大直接导致城市用地规模的增加，受各种因素影响我国大部分城市由于快速发展，出现了长期“摊大饼”的模式，同时因为部分城市建设大广场、宽马路等形象工程的影响，城市用地出现铺张浪费的现象，而且由于城市管理问题也出现了城市土地闲置严重的情况。根据近期我国城市建设统计年鉴的统计，城镇居民人均城市建设用地指标早已超过了之前国家关于城市各类用地与人口规模的指标规定，甚至超过了很多发达经济国家的人均城市用地水平。其实早在 2014 年，国土资源部就明确提出对于人口规模超过 500 万人的特大城市在中心城区除了生活及公共基础设施用地外，不再另行安排建设用地指标，并且提出全国城市的人均建设用地指标必须控制在 100m^2 以下。随着最新的国土空间规划，在评价城市自身环境承载力的基础上以及全国自上而下指标分配的前提下，人均用地指标一定会越来越合理。当然这也需要依靠全国各地严格执行划定的城市开发边界、永久基本农田和生态保护红线。随着全国一张图的实施与监控，城市建设用地规模也将受到严格的控制。

3）城市绿化情况

城市绿化情况对于城市生态效能的体现也至关重要，对山地城市而言，城市中的山体、水体不仅是组团隔离的天然屏障，更是城市公共开敞空间以及重要的生态载体。本书主要选取城市绿地比重、人均绿地面积以及绿化覆盖率三项指标来表述。

（1）城市绿地比重。

本书中的城市绿地主要指城市用地分类中的绿化用地，包括单独占地的公园绿地和生产防护绿地，所以城市绿地比重就是以上两类用地面积总和与城市用地总面积的比值。国家相关规范对绿地比重有一定的要求，而且在诸多城市的评价中，绿地指标属于重要的评价内容，一定的绿化用地不仅是保证居住环境的重要内容，同时还是反映城市生态环境质量的一项重要指标。

（2）人均绿地面积。

人均绿地面积指城市绿地面积总和与城市人口总和的比值，表达的是城市居民获得的绿地面积指标，可能有很多绿地，如大的山体公园、水体等与居民的日常生活关联不大，其也是反映一个城市居民整体生活质量的重要指标。

（3）绿化覆盖率。

在平原城市，绿化覆盖率一般与城市绿地率相吻合，对山地城市而言，由于用地紧张，城市的绿化形式也呈现出立体多维的特征，所以选择绿化覆盖率对衡量山地城市的生态效能水平具有更现实的意义。绿化覆盖率指城市中所有的绿化投影面积与城市总用地面积之比。绿化覆盖率一般比城市绿地面积占比要高，是评价城市绿化情况的重要指标。

4）公共开放空间分布

城市绿地仅反映城市居民获得的绿地水平，在实际生活中，与居民日常生活相关的还有广场、公园、文化场所、体育场所等内容，所以对于土地资源比较紧缺的山地城市来说，控制一定的开敞空间对于城市的可持续发展非常重要。所以本书选择了公共开敞空间用地比重、人均公共开敞空间用地面积以及公共开敞空间覆盖率三项指标来反映山地城市空间布局中公共开放空间的建设和使用情况。

（1）公共开敞空间用地比重。

城市公共空间不仅可以提高城市居民生活空间的舒适度，还有助于改善城市形象，同时也是居民外出休闲活动的重要载体。灾情发生时，这些公共空间基本都是城市的应急避难场所，从这个层面来讲，所有的城市公共空间用地是城市空间布局生态效能最重要的衡量指标。不同的规范对于城市公共开放空间的定义和分类标准有不同的解释，根据本书对空间布局效能评价的需求主要选取城市公园（G1）、广场用地（G3）、文化设施用地（A2）和体育用地（A4）等其独立占地的四项内容[①]。

---

① 参考青岛市城市规划设计研究院.城市公共开放空间规划指标和体系探索。

因此，公共开放空间用地比例为以上四类用地面积之和与总用地面积的比值。

（2）人均公共开敞空间用地面积。

人均公共空间用地面积是指城市公共开敞空间总用地面积与城市总人口的比值，表述的是单位个人所拥有的公共开敞空间水平。

（3）公共开敞空间覆盖率。

公共开敞空间覆盖率通常也称为公共开敞空间分布密度，根据最新的《城市居住区规划设计标准》（GB50180—2018）中各级生活圈的概念以及居民出行的舒适程度，一般有 5min 生活圈、10min 生活圈以及 15min 生活圈三个层级。依据城市居民步行 5min 的舒适路程和步行 15min 的最大路程，基本平均出行距离为 100～1200m，因此本书选择 500m 作为居民步行可达的独立占地公共开放空间的合理服务半径。公共空间分布密度就是以所有城市公共开敞空间为圆心、以 500m 为半径的服务范围所覆盖的所有用地面积与城市总用地面积的比值。

5）环境影响因素

除了上文所述的公共开敞空间、人均建设用地以及人口规模等指标外，对高密度发展背景下的城市空间布局生态效能有影响的还包括城市空间质量、水环境质量和垃圾处理情况等内容，因此本书根据这三个环境影响因素选择可量化的空气质量达标率、城市污水集中处理率和生活垃圾无害化处理率来共同反映城市空间布局对生态环境的影响。

（1）空气质量达标率。

空气质量达标率指的是一定时间内空气质量指数（air quality index，AQI）达到优良标准的天数所占的比例。空气质量指数属于无量纲指数，共分为优、良、轻度污染、中度污染、重度污染和严重污染六个级别。

（2）城市污水集中处理率。

国家对城市生活污水集中处理率有明确的定义，指的是城市建成区排放的污水经过二级或二级以上的污水处理厂处理后达到排放标准排放的总量占总生活污水量的比值，如果按国家环保模范城市考核要求，该值要求大于 70%。

（3）生活垃圾无害化处理率。

与城市污水处理率一样，垃圾处理率也有明确的规定，指的是日常生活或者为日常生活提供服务的活动所产生的固体废弃物以及法律法规所规定的视为生活垃圾的固体废物无害化处理的总量占城市生活垃圾总量的比值，一般要求生活垃圾的无害化处理率高于 85%，很多城市达到 100%。

3.2.3　评价体系构建

根据前文对高密度发展下山地城市空间布局效能定量评价目标内涵的理解，

山地城市高密度发展下城市空间布局效能定量评价指标体系的结构形式包括目标、准则、因子和指标四个层级。

第一层级是目标层，即提出高密度发展下山地城市空间布局效能评价的等级；第二层级是准则层，即明确城市空间布局最高效能就是城市社会效能、经济效能和生态效能的协调发展，是对目标层的解读；第三层级是因子层，即各因子的具体评价指标，是对准则层的进一步分解；第四层级是指标层，即将评价各因子的指标进行终极量化，形成可用于评价的无量纲数据。综上所述，评价指标体系如表 3.13 所示。

表 3.13　高密度发展下山地城市空间效能评价指标体系

目标层	准则层	因子层		指标层
高密度发展下山地城市空间布局效能	山地城市空间社会效能（A）	空间结构社会效能（A_1）	城市总体情况（A_{11}）	城市规模等级（A_{111}）
				城市建设用地面积（A_{112}）
				城市总建筑面积（A_{113}）
			城市结构因子（A_{12}）	城市毛容积率（A_{121}）
				形态紧凑度（A_{122}）
		土地利用社会效能（A_2）	城市土地因子（A_{21}）	居住用地比重（A_{211}）
				公益性用地比重（A_{212}）
				公共设施用地比重（A_{213}）
			公共服务设施完善度（A_{22}）	基础设施完善度（A_{221}）
				人均医疗教育数量（A_{222}）
				广播电视覆盖率（A_{223}）
		道路交通社会效能（A_3）	城市道路因子（A_{31}）	路网密度（A_{311}）
				城市道路面积比率（A_{312}）
			轨道交通因子（A_{32}）	轨道网密度（A_{321}）
				轨道站点分布密度（A_{322}）
				轨道站点 1000m 覆盖率（A_{323}）
			公共交通因子（A_{33}）	公交站 300m 覆盖率（A_{331}）
				公交站 500m 覆盖率（A_{332}）
	山地城市空间经济效能（B）	空间结构经济效能（B_1）	地区生产总值（B_{11}）	人均地区生产总值（B_{111}）
				人均固定资产投资（B_{112}）
			产业结构（B_{12}）	第一产业比重（B_{121}）
				第二产业比重（B_{122}）
				第三产业比重（B_{123}）
		土地利用经济效能（B_2）	用地集约度（B_{21}）	居住建筑毛容积率（B_{211}）
				经营性用地比重（B_{212}）

续表

目标层	准则层	因子层		指标层
高密度发展下山地城市空间布局效能	山地城市空间经济效能（B）	土地利用经济效能（B_2）	建筑集约度（B_{22}）	建筑平均高度（B_{221}）
				集中性商业规模比重（B_{222}）
				建筑用地比重（B_{223}）
		道路交通经济效能（B_3）	交通集约度（B_{31}）	快速路网密度（B_{311}）
				干路网密度（B_{312}）
				支路网密度（B_{313}）
			交通运输能力（B_{32}）	公路网密度（B_{321}）
				等级公路网密度（B_{322}）
				高速公路网密度（B_{323}）
	山地城市空间生态效能（C）	空间结构生态效能（C_1）	城市人口概况（C_{11}）	城市人口密度（C_{111}）
				城市老龄化水平（C_{112}）
			人均指标情况（C_{12}）	人均建筑面积（C_{121}）
				人均用地面积（C_{122}）
		土地利用生态效能（C_2）	城市绿化情况（C_{21}）	城市绿地比重（C_{211}）
				人均绿地面积（C_{212}）
				绿化覆盖率（C_{213}）
			公共开放空间分布（C_{22}）	公共空间用地比重（C_{221}）
				人均公共空间用地面积（C_{222}）
				公共空间分布密度（C_{223}）
			环境影响因素（C_{23}）	空气质量达标率（C_{231}）
				污水处理率（C_{232}）
				垃圾处理率（C_{233}）
		道路交通生态效能（C_3）	城市停车情况（C_{31}）	车均停车位（C_{311}）
				公共停车场辐射指标（C_{312}）
			人均交通指标（C_{32}）	人均公交车指标（C_{321}）
				人均道路面积（C_{322}）
				人均轨道交通指标（C_{323}）

目标层指的是山地城市空间布局效能总目标，也就是评价的效能等级，直接反映的是高密度发展背景下由山地城市空间布局的目标、内容、程度等不同属性特征的指标按隶属关系和层次关系组成的有序集合。

准则层指的是在城市可持续发展的前提下，按照山地城市空间布局社会、经济和生态三大效能实现最大化的目标对目标层的进一步分解，因此包括空间结构社会效能（A_1）、土地利用社会效能（A_2）、道路交通社会效能（A_3）、空间结构经济效能（B_1）、土地利用经济效能（B_2）、道路交通经济效能（B_3）、空间结构生态效能（C_1）、土地利用生态效能（C_2）、道路交通生态效能（C_3）九大准则。

因子层是对准则层的细分。城市总体情况（A_{11}）、城市结构因子（A_{12}）用以表征空间结构社会效能（A_1）准则；城市土地因子（A_{21}）和公共服务设施完善度（A_{22}）用以表征土地利用社会效能（A_2）准则；城市道路因子（A_{31}）、轨道交通因子（A_{32}）和公共交通因子（A_{33}）三大因子用以表征道路交通社会效能（A_3）准则；地区生产总值（B_{11}）、产业结构（B_{12}）两大因子用以表征空间结构经济效能（B_1）准则；用地集约度（B_{21}）、建筑集约度（B_{22}）两大因子用以表征土地利用经济效能（B_2）准则；交通集约度（B_{31}）、交通运输能力（B_{32}）两大因子用以表征道路交通经济效能（B_3）准则；城市人口概况（C_{11}）、人均指标情况（C_{12}）两大因子用以表征空间结构生态效能（C_1）准则；城市绿化情况（C_{21}）、公共开放空间分布（C_{22}）、环境影响因素（C_{23}）三大因子用以表征土地利用生态效能（C_2）准则；城市停车情况（C_{31}）、人均交通指标（C_{32}）两大因子用以表征道路交通生态效能（C_3）准则。因子层中各因子最终由指标层的指标来度量。

指标层是整个评价指标体系中的终极量化层，均由可以采用数字量化的各分项指标构成。具体指标体系构成如表 3.13 所示。

本书确定的定量评价方法适用于不同的研究范围，但不同的研究范围包含的指标体系有所区别，也就是说，根据前文确定的三个层次研究范围，定量评价指标体系与研究范围具有一定的关联性（表 3.14）。在后期的实际案例评价中可以根据研究范围进行评价指标体系的甄选。

表 3.14　定量评价指标体系与研究范围关联表

评价指标体系	宏观层面	中观层面	微观层面
城市规模等级（A_{111}）	关联	关联	—
城市建设用地面积（A_{112}）	关联	—	—
城市总建筑面积（A_{113}）	关联	—	—
城市毛容积率（A_{121}）	关联	关联	—
形态紧凑度（A_{122}）	关联	—	—
居住用地比重（A_{211}）	关联	关联	—
公益性用地比重（A_{212}）	关联	关联	—
公共设施用地比重（A_{213}）	关联	关联	—

续表

评价指标体系	宏观层面	中观层面	微观层面
基础设施完善度（A_{221}）	关联	关联	—
人均医疗教育数量（A_{222}）	关联	—	—
广播电视覆盖率（A_{223}）	关联	—	—
路网密度（A_{311}）	关联	—	—
城市道路面积比率（A_{312}）	关联	—	—
轨道网密度（A_{321}）	关联	—	—
轨道站点分布密度（A_{322}）	关联	—	—
轨道站点 1000m 覆盖率（A_{323}）	关联	—	—
公交站 300m 覆盖率（A_{331}）	关联	—	—
公交站 500m 覆盖率（A_{332}）	关联	—	—
人均地区生产总值（B_{111}）	关联	—	—
人均固定资产投资（B_{112}）	关联	—	—
第一产业比重（B_{121}）	关联	—	—
第二产业比重（B_{122}）	关联	—	—
第三产业比重（B_{123}）	关联	—	—
居住建筑毛容积率（B_{211}）	关联	—	—
经营性用地比重（B_{212}）	关联	关联	—
建筑平均高度（B_{221}）	关联	关联	—
集中性商业规模比重（B_{222}）	关联	关联	—
建筑用地比重（B_{223}）	关联	关联	—
快速路网密度（B_{311}）	关联	—	—
干路网密度（B_{312}）	关联	关联	—
支路网密度（B_{313}）	关联	—	—
公路网密度（B_{321}）	关联	—	—
等级公路网密度（B_{322}）	关联	—	—
高速公路网密度（B_{323}）	关联	—	—
城市人口密度（C_{111}）	关联	关联	—
城市老龄化水平（C_{112}）	关联	—	—
人均建筑面积（C_{121}）	关联	关联	—
人均用地面积（C_{122}）	关联	—	—
城市绿地比重（C_{211}）	关联	关联	—
人均绿地面积（C_{212}）	关联	关联	—

续表

评价指标体系	宏观层面	中观层面	微观层面
绿化覆盖率（C_{213}）	关联	关联	—
公共空间用地比重（C_{221}）	关联	关联	—
人均公共空间用地面积（C_{222}）	关联	关联	—
公共空间分布密度（C_{223}）	关联	关联	—
空气质量达标率（C_{231}）	关联	关联	—
污水处理率（C_{232}）	关联	关联	—
垃圾处理率（C_{233}）	关联	关联	—
车均停车位（C_{311}）	关联	—	—
公共停车场辐射指标（C_{312}）	关联	—	—
人均公交车指标（C_{321}）	关联	—	—
人均道路面积（C_{322}）	关联	关联	—
人均轨道交通指标（C_{323}）	关联	—	—

综合考虑本书评价对象，即城市物质空间的多维特性、评价内容的多层次性，采用层次分析法进行评价分析，对高密度发展下的山地城市空间效能进行多因素的综合评价。根据对山地城市空间布局效能评价目标内涵的理解，利用上文建立的四级评价体系分别对各个层级进行评价分析。

在前文基础上构建高密度发展下山地城市空间效能评价指标总体框架，其分别由社会效能、经济效能和生态效能三项效能层面组成，进一步分解为要素层，并赋予权重。这样将整个山地城市空间效能指标体系细分为 52 项具体指标。52 项评价指标相应的权重直接影响最终评价结果的准确性和科学性。本书采用层次分析法对各评价指标进行两两对比逐层确定不同评价指标的相对重要性，最后采用专家群打分法确定各评价指标的最终权重（图 3.10）。

3.2.4　评价模型构建

评价模型的构建由评价指标权重的确定、数据标准化处理方法、综合评价模型及单因子指标障碍度判断模型四个部分组成。

1. 评价指标权重的确定

评价指标权重的确定主要包括构造判断矩阵、求得特征向量值、计算一致性指标（CI）和一致性比值（CR）以及最后的各层指标的组合权重计算和一致性检验五个阶段。

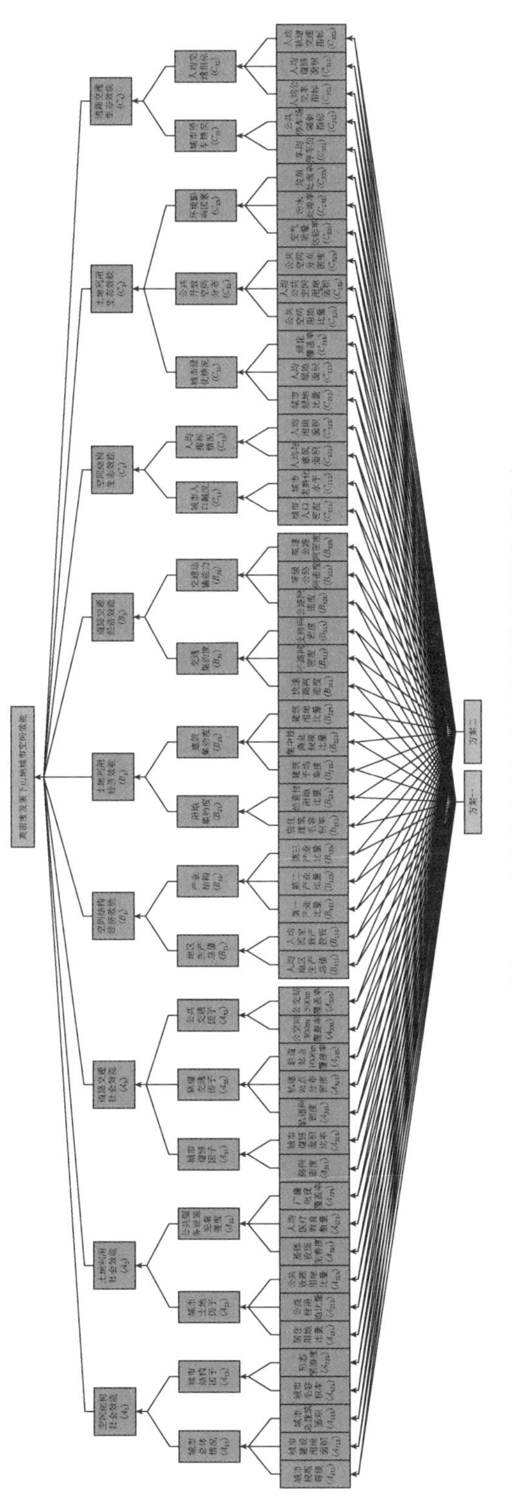

图 3.10　山地城市空间布局效能影响因子权重分布

第一是判断矩阵的构建，一般表示为 $C = | X_{21} X_{22} \cdots X_{2j} |$，其中，$X_{ij}$ 表示因素 X_i 对 X_j 的相对重要性的数值（$i = 1, 2, \cdots, n$；$j = 1, 2, \cdots, n$）（表 3.15）。

表 3.15　判断矩阵标度定义

X_{ij} 的取值	定义
1	因素 X_i 与 X_j 一样重要
2	因素 X_i 比 X_j 稍微重要
3	因素 X_i 比 X_j 较强重要
4	因素 X_i 比 X_j 强烈重要
5	因素 X_i 比 X_j 绝对重要
$X_{ji} = 1/X_{ij}$	当比较 X_j 与 X_i 时

第二是采用和根法求得特征向量 ***W***，向量 ***W*** 的分量 W_i 即为层次单排序，计算过程为：

计算判断矩阵每一行的乘积，即 $M_i = \prod C_{ij}$ （$i = 1, 2, \cdots, n$）；

计算 M_i 的 n 次方根 $\overline{W_i}$，即 $\overline{W_i} = \sqrt[n]{M_i}$ ；

将方向量根归一化，得权重向量，计算公式如下：

$$W_{i=} \frac{\overline{W_i}}{\sum_{i=1}^{n} \overline{W_i}} \tag{3.20}$$

计算最大特征根 $\lambda_{\max}$，计算公式如下：

$$\lambda_{\max} = \sum_{i=0}^{n} \frac{(\mathrm{CW})_i}{nW_i} \tag{3.21}$$

式中，$(\mathrm{CW})_i$ 为 CW 的第 i 个元素。

第三是计算一致性指标（CI）和一致性比值（CR），判断矩阵各元素的赋值是由决策者根据各因素的相互重要性设定的，具有很大的主观性，构造的 n 阶判断矩阵的最大特征值 $\lambda_{\max}$ 不一定等于 n，为限制这种误差，取 $\lambda_{\max}$ 与 n 的相对误差作为判断矩阵的一致性指标：

$$\mathrm{CI} = \frac{\lambda_{\max} - n}{n - 1} \quad (n \text{ 为判断矩阵阶数})$$

$$\mathrm{CR} = \frac{\mathrm{CI}}{\mathrm{RI}} \tag{3.22}$$

式中，RI 为对于不同判断矩阵的平均随机一致性指标（表 3.16）。

表 3.16　平均随机一致性指标 RI

阶数	1	2	3	4	5	6	7	8
RI	0	0.001	0.58	0.89	1.12	1.24	1.32	1.41

当判断矩阵满足 CR＜0.1 时，认为判断矩阵具有满意的一致性，否则需要调整判断矩阵。

第四是对各层指标的组合权重计算和一致性检验，多层次排序是根据各层次的单排序进行加权综合，以计算同一层指标对上一层的重要性（权重），这项工作可一层层向上进行，直至最上一层（总目标层）。当满足 CR = CI/RI＜0.1 时，即认为层次总排序达到了满意的一致性，否则，必须对判断矩阵进行调整。

当前述的一致性指标都达到标准时，则认为分层权重值的确定是有效的。计算的最终结果是求取指标体系最末层各具体指标相对于第一层（总目标）的权重值。设第二层相对于第一层、第三层相对于第二层、第四层相对于第三层的权重值分别为 $d_i(i=1, 2, 3)$、$e_j(j=1, 2, \cdots, 9)$、$f_k(k=1, \cdots, 27)$，记第四层指标相对于总目标的组合权重值为 W_h，则 $W_h=\prod d_i \cdot e_j \cdot f_k$。

本书中因子层对准则层的层次总排序、指标层对因子层的层次总排序及各指标最终的权重值见表 3.17。

表 3.17　高密度发展下山地城市空间评价指标权重值

目标层	准则层	因子层（d_i）	分层权重（e_j）	因子层	分层权重（f_k）	指标层	分层权重（W_h）
高密度发展下山地城市空间布局效能	山地城市空间社会效能（A）	A_1	0.0803	城市总体情况（A_{11}）	0.0134	城市规模等级（A_{111}）	0.0066
						城市建设用地面积（A_{112}）	0.0026
						城市总建筑面积（A_{113}）	0.0042
				城市结构因子（A_{12}）	0.0669	城市毛容积率（A_{121}）	0.0502
						形态紧凑度（A_{122}）	0.0167
		A_2	0.0497	城市土地因子（A_{21}）	0.0124	居住用地比重（A_{211}）	0.0019
						公益性用地比重（A_{212}）	0.0074
						公共设施用地比重（A_{213}）	0.0031
				公服设施完善度（A_{22}）	0.0373	基础设施完善度（A_{221}）	0.0242
						人均医疗教育数量（A_{222}）	0.0104
						广播电视覆盖率（A_{223}）	0.0027
		A_3	0.1666	城市道路因子（A_{31}）	0.0587	路网密度（A_{311}）	0.0196
						城市道路面积比率（A_{312}）	0.0391
				轨道交通因子（A_{32}）	0.0148	轨道网密度（A_{321}）	0.0023
						轨道站点分布密度（A_{322}）	0.0037
						轨道站点 1000m 覆盖率（A_{323}）	0.0088
				公共交通因子（A_{33}）	0.0931	公交站 300m 覆盖率（A_{331}）	0.0233
						公交站 500m 覆盖率（A_{332}）	0.0698

续表

目标层	准则层	因子层（d_i）	分层权重（e_j）	因子层	分层权重（f_k）	指标层	分层权重（W_h）
高密度发展下山地城市空间布局效能	山地城市空间经济效能（B）	B_1	0.0431	地区生产总值（B_{11}）	0.0108	人均地区生产总值（B_{111}）	0.0081
						人均固定资产投资（B_{112}）	0.0027
				产业结构（B_{12}）	0.0323	第一产业比重（B_{121}）	0.0021
						第二产业比重（B_{122}）	0.0048
						第三产业比重（B_{123}）	0.0254
		B_2	0.3465	用地集约度（B_{21}）	0.0866	居住建筑毛容积率（B_{211}）	0.0722
						经营性用地比重（B_{212}）	0.0144
				建筑集约度（B_{22}）	0.2599	建筑平均高度（B_{221}）	0.1114
						集中性商业规模比重（B_{222}）	0.0371
						建筑用地比重（B_{223}）	0.1114
		B_3	0.0221	交通集约度（B_{31}）	0.0184	快速路网密度（B_{311}）	0.0014
						干路网密度（B_{312}）	0.0117
						支路网密度（B_{313}）	0.0053
				交通运输能力（B_{32}）	0.0037	公路网密度（B_{321}）	0.0004
						等级公路网密度（B_{322}）	0.0003
						高速公路网密度（B_{323}）	0.0030
	山地城市空间生态效能（C）	C_1	0.0746	城市人口概况（C_{11}）	0.0149	城市人口密度（C_{111}）	0.0112
						城市老龄化水平（C_{112}）	0.0037
				人均指标情况（C_{12}）	0.0597	人均建筑面积（C_{121}）	0.0149
						人均用地面积（C_{122}）	0.0448
		C_2	0.0874	城市绿化情况（C_{21}）	0.0137	城市绿地比重（C_{211}）	0.0027
						人均绿地面积（C_{212}）	0.0094
						绿化覆盖率（C_{213}）	0.0016
				公共开放空间分布（C_{22}）	0.0218	公共空间用地比重（C_{221}）	0.0030
						人均公共空间用地面积（C_{222}）	0.0115
						公共空间分布密度（C_{223}）	0.0073
				环境影响因素（C_{23}）	0.0519	空气质量达标率（C_{231}）	0.0102
						污水处理率（C_{232}）	0.0256
						垃圾处理率（C_{233}）	0.0161
		C_3	0.1297	城市停车情况（C_{31}）	0.0969	车均停车位（C_{311}）	0.0727
						公共停车场辐射指标（C_{312}）	0.0242
				人均交通指标（C_{32}）	0.0328	人均公交车指标（C_{321}）	0.0192
						人均道路面积（C_{322}）	0.0051
						人均轨道交通指标（C_{323}）	0.0085

2. 数据标准化处理方法

评价数据进行标准化的处理，需要在一定的取值依据前提下，收集所有的评价指标。因为各项评价指标的单位标准和计算方法不同，因此在进行综合评价时应先对各项指标进行数据标准化处理，计算出每一个评价指标的评价分值。本书中的所有指标大致可分为两种不同极性：一种是对城市空间布局效能起正作用的指标，如容积率，称为正向指标；另一种是适度性指标，不宜过大，也不宜过小，如居住用地比重。对这两种不同极性的指标，分别按以下公式进行赋值：

当x为正向指标时，

$$a_i=(x_i/t_i)\times 100 \qquad x_i<t_i$$

$$a_i=100 \qquad x_i\geqslant t_i$$

当x为适度性指标时，　(3.23)

$$a_i=(t_i/x_i)\times 100 \qquad x_i>t_i$$

$$a_i=(x_i/t_i)\times 100 \qquad x_i<t_i$$

$$a_i=100 \qquad x_i=t_i$$

式中，a_i为某一指标的标准值；x_i和t_i分别为该指标的实测值和参照值。该方法通过线性变换把各指标统一到了0～100，便于进行综合评价。

评价标准值的确定主要依据国家标准及全国36个大城市加权平均值，采用国家及地方相关标准、相似地区指标、理想值及专家评议等方法来确定其各项评价因子的目标值。最终从山地城市空间布局社会效能、经济效能和生态效能三个方面进行取值（表3.21）。

1）社会效能评价标准值的选取

城市规模等级（A_{111}）。根据目前的城市规模等级划分标准，结合我国城市规模的实际情况，该指标的标准值取最大，即5.0。

城市建设用地面积（A_{112}）。根据我国31个省会城市及5个计划单列市共计36个城市建成区面积加权平均得出，2018年约为500km^2。

城市总建筑面积（A_{113}）。根据我国31个省会城市及5个计划单列市共计36个城市建成区总建筑面积加权平均得出，2018年约为21608万m^2。

城市毛容积率（A_{121}）。根据我国31个省会城市及5个计划单列市共计36个城市建成区平均毛容积率加权平均得出，2018年约为0.5。

形态紧凑度（A_{122}）。本书采取Richardson紧凑度来衡量城市外部形态，Richardson紧凑度指数公式是以圆形区域作为标准度量单位，其数值为1，其他任何形状的区域其紧凑度均小于1，即数值越小，区域离散程度越大，越不紧凑。

居住用地比重（A_{211}）。根据最新版的《城市用地分类与规划建设用地标准》，城市中居住用地比重为 25%～40%，由于本书主要针对山地城市进行评价，且在高密度发展背景下，故指标的标准值取下限 25%。

公益性用地比重（A_{212}）。根据最新版的《城市用地分类与规划建设用地标准》，城市中公共管理与公共服务设施用地占城市建设用地比例为 5.0%～8.0%，道路与交通设施占城市建设用地比例为 10.0%～25.0%，绿地与广场用地占城市建设用地比例为 10%～15.0%，考虑到公用设施用地一般占城市建设用地比例较低，本书将公益性用地比重的标准值综合确定为 50%。

公共设施用地比重（A_{213}）。按照 25%计算。

基础设施完善度（A_{221}）、广播电视覆盖率（A_{223}）两项指标均采用理想值 100%作为其标准值。

人均医疗教育数量（A_{222}）。规划中小学及医院卫生院数量按照人均医疗教育数量反推计算，其中，人均医疗教育数量按照《重庆市城乡公共服务设施规划标准》计算约为 1.5 个。

路网密度（A_{311}）标准值选取 5.5km/km^2（表 3.18）。

表 3.18　道路网指标推荐值

城市类型	道路网密度/(km/km^2)	干路密度/(km/km^2)	道路面积率/%	道路平均间距/m
小城市	6.1～7.2	2.5～3.0	17～20	280～330
中等城市	5.9～6.9	2.4～2.8	17～20	290～340
大城市	5.1～6.7	2.1～2.7	15～19	300～390
特大城市	4.8～6.3	2.0～2.4	14～19	320～415
综合	4.8～7.2	2.0～3.0	14～20	280～415

资料来源：石飞. 2006. 城市道路等级级配及布局方法研究.东南大学博士学位论文.

城市道路面积比率（A_{312}）。按照 20%计算。

轨道网密度（A_{321}）。按照城市快速路路网密度计算，为 0.4～0.5，考虑山地城市用地复杂性，本书取值 0.4km/km^2。

轨道站点分布密度（A_{322}）。按照 1000m 半径覆盖 100%反推计算，约为 0.3 个/km^2。

轨道站点 1000m 覆盖率（A_{323}）。按照理想值 100%计算。

公交站 300m 覆盖率（A_{331}）。标准值按照 50%计算。

公交站 500m 覆盖率（A_{332}）。标准值按照 100%计算①。

2）经济效能评价标准值的选取

人均地区生产总值（B_{111}）。根据我国 31 个省会城市及 5 个单列市统计平均加权得出为 88538 元，取整数为 9 万元。

① 李苗裔，龙瀛. 2015. 中国主要城市公交站点服务范围及其空间特征评价. 城市规划学刊，(6)：33-40.

人均固定资产投资（B_{112}）。根据我国 31 个省会城市及 5 个单列市统计平均加权得出为 5200 元，取整数为 5000 元。

城市发展进程由美国地理学家诺瑟姆最早提出，依据此理论，城市经济的发展阶段与产业结构特征也相对应。一般在后工业化阶段第一产业比重小于 10%、第二产业比重小于 20%、第三产业比重大于 70%。考虑我国山地城市的综合情况，该指标标准值适宜按照工业化阶段成熟期计算，即第一产业比重（B_{121}）20%、第二产业比重（B_{122}）50%、第三产业比重（B_{123}）30%（表 3.19）。

表 3.19　城市经济发展阶段及其产业结构　（单位：%）

特征		前工业化	工业化			后工业化
			前期	成熟期	后期	
各产业从业人数占比	第一产业	＜70	50	20	10	＜10
	第二产业	＜20	40	50	20	＜20
	第三产业	＜10	10	30	70	＞70
非农人口/总人口		＜20	30	50	70	＞70

资料来源：鄂冰，袁丽静. 2012. 中心城市产业结构优化与升级理论研究. 城市发展研究，19（4）：60-64.

居住建筑毛容积率（B_{211}）参照重庆新建住宅普遍容积率为 3.0。

部分经济效能指标主要采取与高密度发展相似，且城市效能比较高的香港为参照，并且筛选其中较高的数值作为本书的评价标准值。建筑用地比重（B_{223}）为 50%、集中性商业规模比重（B_{222}）50%、经营性用地比重（B_{212}）为 40%、建筑平均高度（B_{221}）为 10 层。

根据国际上代表城市道路网使用经验统计，快速路为 0.4～0.5km/km^2，主干路为 0.8～1.2km/km^2、次干路为 1.2～1.4km/km^2、干路为 2.0～2.6km/km^2、支路为 3～4km/km^2；道路网密度快速路、主干路、次干路、支路路网密度比为（0.1～0.4）：1：（1.0～1.4）：（2.7～3.5）。

根据以上内容分析本书，考虑山地城市及高密度的特点，适当提高标准，快速路网密度（B_{311}）标准值选取 1km/km^2；干路网密度（B_{312}）选取 3km/km^2；支路网密度（B_{313}）选取 4km/km^2。

公路网密度（B_{321}）按照 500km/万 km^2 计算。

等级公路网密度（B_{322}）按照 400km/万 km^2 计算。

高速公路网密度（B_{323}）。选取与重庆高密度及山地相关的城市，即香港、上海、北京三个城市的高速公路网密度分别为 1409km/万 km^2、1312km/万 km^2、598km/万 km^2，取平均值为 1106km/万 km^2。

3）生态效能评价标准值的选取

城市人口密度（C_{111}）。按照 10000 人/km^2 计算。

城市老龄化水平（C_{112}）。城市老龄化水平规划指标按照国际标准值执行，标准值为 10%。

人均建筑面积（C_{121}）标准值的选择主要参照中国社会科学院关于我国城市人均住宅建筑面积 2020 年预计达到 35m^2 以及国际上高收入水平国家人均住宅建筑面积超过 45m^2 两个指标，结合山地城市用地紧张的实际情况取下限即 35m^2，实际目前我国很多大城市的人均住宅建筑面积已经超过该指标。

人均用地面积（C_{122}）。标准按照《城市用地分类与规划建设用地标准》，现状人均建设用地面积超过 115m^2，同样考虑山地城市用地紧张的情况，规划标准值适当下调，取值为 110m^2。

城市绿地比重（C_{211}）。根据《城市用地分类与规划建设用地标准》，城市中绿地与广场用地占城市建设用地的比例为 10.0%～15.0%。考虑广场用地一般在山地城市中较低以及山地城市多山的实际情况，该指标的标准值按照上限取值即 15%。

人均绿地面积（C_{212}）。《城市用地分类与规划建设用地标准》中也说明参照《国家园林城市标准》中人均绿地面积最低值为 6.0～8.0m^2，而《国家生态园林城市标准》提出的人居公共绿地指标是 12m^2，综合考虑全国情况取值为 10.0m^2。

绿化覆盖率（C_{213}）。虽然个别城市的绿化覆盖率比较高，如广西河池甚至已高达 82.32%，但纵观国内外许多生态园林城市，绿化覆盖率一般在 50%左右，故该指标标准值取值 50%。

公共空间用地比重（C_{221}）。考虑公共空间包含的内容，首先参考《城市用地分类与规划建设用地标准》，城市中绿地与广场用地占城市建设用地的比例为 10.0%～15.0%；其次《城市公共设施规划规范》明确规定大城市中的体育和文化娱乐设施占城市建设用地的 1.5%～2.4%。因此，该指标标准值取值为上限，即 17.5%。

人均公共空间用地面积（C_{222}）。该指标国家没有明文规定，故在参考青岛市城市规划设计研究院的规划实践的前提下，参照人均绿地面积的取值，该指标标准值取值为 8.5m^2。

公共空间分布密度（C_{223}）、空气质量达标率（C_{231}）、污水处理率（C_{232}）和垃圾处理率（C_{233}）四项指标标准值取值均为 100%。

车均停车位（C_{311}）。公共停车位数量按照国际标准每车 1.2 个计算。

公共停车场辐射指标（C_{312}）。按照 10 个/km^2 计算。

人均公交车指标（C_{321}）。按照 15 辆/万人计算。

人均道路面积（C_{322}）。该指标也只有在《城市规划定额指标暂行规定》中提出 11～14m^2 的远期目标值，实际上很多发达国家的人均道路面积已经超过 20m^2。

我国的城市道路系统虽然逐年在完善，但对于山地城市来说，用地紧张，受地形地貌影响，道路网络连通性较差，人口密度相对又高，人均道路面积指标提高的速度一直不理想，故该指标标准值取值为 $14m^2$。

人均轨道交通指标（C_{323}）。主要参照国际上地铁轨道网络比较发达的四个城市，即东京、伦敦、巴黎、纽约每万人线网长度分别为 1.82km、1.48km、0.92km、0.73km，平均达到 1.23km，我国目前城市轨道交通建设相对完善的城市有北京、上海、广州，每万人线网长度分别为 0.36km、0.33km、0.56km。本书考虑山地城市实际情况，该指标标准值取值 1.0km/万人（表 3.20）。

表 3.20　国内主要大城市轨道交通统计一览表（2017 年）

城市	合计轨道长度/km	已建轨道长度/km	在建轨道长度/km	人口规模/万人	人均轨道长度/(km/万人)
北京	670.29	527.00	143.29	1859.00	0.36
上海	806.99	548.18	258.81	2425.00	0.33
广州	615.47	239.26	376.21	1104.09	0.56

山地城市空间布局评价指标标准值见表 3.21。

表 3.21　山地城市空间布局评价指标标准值一览表

指标	标准值	单位	极性	指标含义
城市规模等级（A_{111}）	5	–	+	建成区常住人口规模
城市建设用地面积（A_{112}）	500	km^2	+/–	各类建设用地面积之和
城市总建筑面积（A_{113}）	21608	万 m^2	+/–	城市各类建筑面积之和
城市毛容积率（A_{121}）	0.5	—	+/–	总建筑面积/总用地面积
形态紧凑度（A_{122}）	1	—	+	形态紧凑度 $= 2\sqrt{\pi A} / P$
居住用地比重（A_{211}）	25	%	+/–	居住用地面积/总用地面积
公益性用地比重（A_{212}）	50	%	+	公益性用地面积/总用地面积
公共设施用地比重（A_{213}）	25	%	+/–	公共设施用地面积/总用地面积
基础设施完善度（A_{221}）	100	%	+	城市基础设施的完善情况
人均医疗教育数量（A_{222}）	1.5	个	+	医疗教育数量/总人口
广播电视覆盖率（A_{223}）	100	%	+	广播电视覆盖情况
路网密度（A_{311}）	5.5	km/km^2	+	道路总长度/总用地面积
城市道路面积比率（A_{312}）	20	%	+	道路面积/总用地面积
轨道网密度（A_{321}）	0.4	km/km^2	+	轨道线网长度/总用地面积
轨道站点分布密度（A_{322}）	0.3	个/km^2	+	轨道站点数量/总用地面积

续表

指标	标准值	单位	极性	指标含义
轨道站点 1000m 覆盖率（A_{323}）	100	%	+	轨道站点半径 1000m 覆盖范围
公交站 300m 覆盖率（A_{331}）	50	%	+	公交站点半径 300m 覆盖范围
公交站 500m 覆盖率（A_{332}）	100	%	+	公交站点半径 500m 覆盖范围
人均地区生产总值（B_{111}）	9	万元	+	人均地区生产总值
人均固定资产投资（B_{112}）	5000	元	+	人均市政公用设施固定资产投资
第一产业比重（B_{121}）	20	%	+/–	第一产业从业人数/总人口
第二产业比重（B_{122}）	50	%	+/–	第二产业从业人数/总人口
第三产业比重（B_{123}）	40	%	+	第三产业从业人数/总人口
居住建筑毛容积率（B_{211}）	3.0	—	+/–	居住建筑面积/建筑基底面积
经营性用地比重（B_{212}）	40	%	+/–	经营性用地总面积/总用地面积
建筑平均高度（B_{221}）	10	层	+/–	总建筑面积/建筑占地面积
集中性商业规模比重（B_{222}）	50	%	+	商业用地面积/总用地面积
建筑用地比重（B_{223}）	50	%	+/–	建筑用地面积/总用地面积
快速路网密度（B_{311}）	1	km/km^2	+	快速路网长度/总用地面积
干路网密度（B_{312}）	3	km/km^2	+	干路网长度/总用地面积
支路网密度（B_{313}）	4	km/km^2	+	支路网长度/总用地面积
公路网密度（B_{321}）	500	km/万 km^2	+	公路网长度/总用地面积
等级公路网密度（B_{322}）	400	km/万 km^2	+	等级公路网长度/总用地面积
高速公路网密度（B_{323}）	1100	km/万 km^2	+	高速公路网长度/总用地面积
城市人口密度（C_{111}）	10000	人/km^2	+/–	城市总人口/总用地面积
城市老龄化水平（C_{112}）	10	%	+/–	60 岁以上人口规模/总人口
人均建筑面积（C_{121}）	35	m^2	+	住宅建筑面积/总人口
人均用地面积（C_{122}）	110	m^2	+	总用地面积/总人口
城市绿地比重（C_{211}）	15	%	+	绿地面积/总用地面积
人均绿地面积（C_{212}）	10	m^2	+	绿地面积/总人口
绿化覆盖率（C_{213}）	50	%	+	植物的投影面积/总用地面积
公共空间用地比重（C_{221}）	17.5	%	+	公共空间用地面积/总用地面积
人均公共空间用地面积（C_{222}）	8.5	m^2	+	公共空间用地面积/总人口
公共空间分布密度（C_{223}）	100	%	+	公共空间覆盖面积/总用地面积
空气质量达标率（C_{231}）	100	%	+	空气质量达标天数/总天数
污水处理率（C_{232}）	100	%	+	集中处理污水量/总污水量

续表

指标	标准值	单位	极性	指标含义
垃圾处理率（C_{233}）	100	%	+	无害化处理垃圾量/总垃圾量
车均停车位（C_{311}）	1.2	个	+	公共停车位/机动车保有量
公共停车场辐射指标（C_{312}）	10	个/km^2	+	公共停车场
人均公交车指标（C_{321}）	15	辆/万人	+	公交车保有量/总人口
人均道路面积（C_{322}）	14	m^2	+	道路用地面积/总人口
人均轨道交通指标（C_{323}）	1.0	km/万人	+	轨道线网长度/总人口

3. 综合评价模型

在上文 52 项评价指标的基础上根据下文评价模型进行综合评价，从而判断高密度发展下山地城市空间布局效能的综合水平，即下式中 S 的数值大小(表 3.22)：

$$S=\sum_{i=1}^{n}S_iW_i \tag{3.24}$$

式中，S_i 为指标 i 数据标准化之后的评价指标值；W_i 为如前所述指标 i 相对于总目标的组合权重值。

表 3.22　城市空间布局效能水平等级标准

等级标准	第一级	第二级	第三级	第四级	第五级
S 数值	$S<20$	$20<S<40$	$40<S<60$	$60<S<80$	$80<S<100$
效能水平	低水平	较低水平	中等水平	较高水平	高水平

4. 单因子指标障碍度判断模型

获得城市空间布局的综合效能水平只能了解城市空间不均的运行状态，而不能确定导致效能水平高低的具体影响因素是什么，所以需要对单因子指标的障碍度进行评价，这里引入指标偏离度、因子贡献度和指标障碍度三个单项指标进行进一步评价，以便寻找一定时期内影响城市空间效能的障碍因素，从而有针对性地对城市空间布局进行完善。

1）指标偏离度 P_i

指标偏离度指影响空间效能的单项因素指标与目标之间的差距，其计算如下式所示：

$$P_i=100-a_i \tag{3.25}$$

式中，a_i为单项因素评价指标值。

2）因子贡献度 R_i

因子贡献度 R_i 是单项因素对总体目标的影响程度，即前述的单个评价指标对总体目标的相对权重，即 $R_i = W_i$。

3）指标障碍度 A_i

A_i 是单项因素对城市空间效能水平的影响值，它是障碍诊断的目标和结果，计算如下式所示：

$$A_i = P_i \cdot R_i / \sum_{i=1}^{n} (P_i \cdot R_i) \times 100\% \tag{3.26}$$

对 A_i 进行大小排序可以确定城市空间效能障碍因素的主次关系和各障碍因素对土地利用效能的影响程度。

第 4 章　高密度山地城市空间布局效能协调理论框架

在充分了解高密度发展背景下山地城市空间布局存在问题的基础上，建立了针对空间布局效能水平的定性评价和定量评价模型，不仅可以了解城市空间布局综合的效能等级水平，也可以了解影响空间布局效能水平高低的单因子。这个时候就可以根据山地城市空间布局各要素协调发展的综合目标来建立以问题和以目标为导向的效能协调理论框架。山地城市空间布局效能协调发展具有多目标、多层次的特征。本书在分析与协调理论相关的系统论、协同论和控制论三大理论基础上，结合山地城市空间布局协调发展中集约化与生态化的内涵提出高密度山地城市空间布局效能协调的概念、相关方法、目标及效能协调方法，共同形成效能综合协调的理论框架，指导山地城市的空间布局优化。

4.1　国内外研究综述

本书基于效能评价基础研究高密度山地城市空间布局优化，主要是对高密度发展城市的相关研究，既有空间布局理论及优化方法的认识，又有城市效能评价方法的总结。为此，本节将分别就行业学科中上述三大领域既有的研究情况进行综合梳理与评述。

4.1.1　高密度发展研究

高密度发展曾经只能和香港、东京、纽约或者荷兰等少数高密度的城市与国家联系起来（图 4.1）。高密度的城市生活曾经也离人们很遥远。但 20 世纪以来，

(a)　　　　(b)

图 4.1　“建筑密度”（a）和“100×100”（b）作品

资料来源：德国摄影师 Michael Wolf

随着全球化及信息化的来临，很多新兴经济体国家现代化进程加快。而城市化与人口的日益膨胀正是城市空间诉求不断增大的主要动力，高密度发展已然成为全球性的发展趋势（表 4.1）。

表 4.1 国外城市高密度发展相关研究

国家	代表人物	代表著作或观点	主要内容
法国	勒·柯布西耶	《光辉城市》	提高城市密度是解决工业革命时代的城市问题的途径
荷兰	P.Haupt 和 M.Berghauser Pont；Rude Uytenhaak；MVRDV；雷姆·库哈斯	*Spacemate：the Spatial Logic of Urban Density* *Cities Full of Space，Qualities of Density* *MVRDV：KM3：Excursions on Capacities* *Delirious New York* *S，M，L，XL*	建立一个集城市密度、居住环境、建筑类型和城市化程度于一体的链接 引入了建筑立面指标（facade index）概念； “拥挤文化”阐释了城市高密度环境以及其中各建筑的多样性价值和活力
英国	迈克·詹克斯	《紧缩城市——一种可持续发展的城市形态？》	提供了有关高密度的城市生活的益处和害处的最新思考
美国	简·雅各布斯	《美国大城市的死与生》	主张高密度造就了城市的多样性
日本	海道清信	《紧凑型城市的规划与设计》	将欧盟、美国、日本最新关于紧凑型城市的规划与设计进行了对比

1. 国外高密度发展研究

国外对城市高密度发展的研究持续时间比较长，但目前仍没有形成关于城市高密度的理论体系。关于城市密度的研究最早起步于英国的花园城市运动和早期的现代主义思潮，工业革命后，西方城市空间布局急剧拓展，短时期内，过多的人口集聚在城市中，使得原本就狭小的城市居住空间变得肮脏、混乱甚至非常拥挤，由此也产生了早期的低密度分散的城市发展理念。后期，随着城市化和工业化的进一步发展，城市病逐步成为城市居民的“噩梦”，关于城市密度的研究逐渐增多，直到城市可持续发展成为全球发展的主导思想，城市高密度发展又重新回到学者的研究范畴。虽然欧美等西方发达国家人口密度相对中国等亚洲国家要低得多，但对于高密度的研究，最具代表的应该是建筑学界柯布西耶的《光辉城市》，柯布西耶可以说是当时主张城市集中发展的先驱，他认为城市只有高密度发展才能解决当时的城市问题，而不是进行分散发展，虽然勒·柯布西耶《光辉城市》中的许多理想早已成为当今现代城市的范本，集中城市的思想并非出自可持续发展的目的，但是有趣的是居然与可持续发展的城市形态要求不谋而合（董春方，2012）。美国城市规划学家简·雅各布斯也是一位主张城市应该高密度发展的社会学家，她认为正如她所居住的纽约一样，城市最珍贵的价值就是密集的城市形态。她认为城市高密度发展才能使空间具有多样性。无独有偶，荷兰建筑师雷姆·库哈斯提出的“拥挤文化”也说明了城市高密度发展的价值。纽约城市的高密度发展使得城市更具有多样性，城市生活更丰富（图4.2）。处于曼哈顿似的高密度城市环境中的高层建筑混杂密集、聚集的现象，正是“拥挤文化”的最好诠释，但是“拥挤文化”并不仅仅指高层高密度城市形态的物质表现，更多地包含了由拥挤的物质环境所容纳的多样性和丰富性的内容（雅各布斯，2005）。

图4.2 癫狂的纽约——到达Coney岛的城市密度

资料来源：雷姆·库哈斯. 2015. 癫狂的纽约. 北京：生活·读书·新知三联书店.

荷兰代尔夫特理工大学的Pont和Haupt（2004）研究认为，可以通过空间质和量来评价空间的使用，并建立一个集城市密度、居住环境、建筑类型和城市化程度的链接，并提出了“空间伴侣”的概念和方法（图4.3），这一成果为密度的研究提供了理性直观的分析、判断和评价工具。

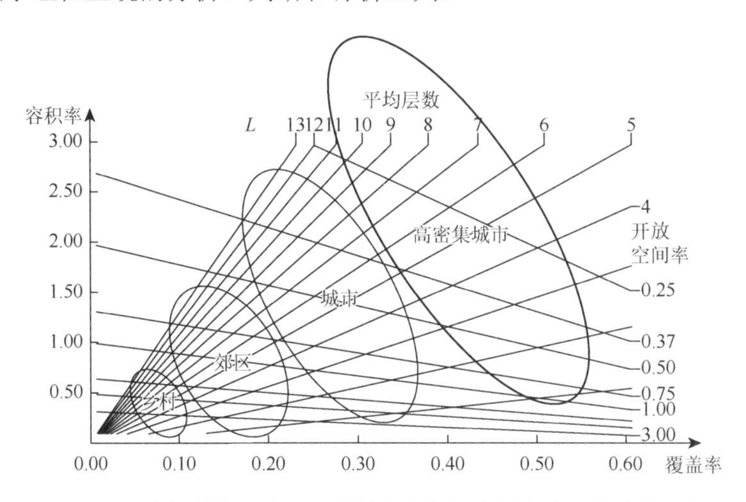

图4.3 “空间伴侣”中不同建筑密度指标范围所表示的城市形态

资料来源：Pont M B，Haupt P. 2004. Spacemate：The Spatial Logic of Urban Density. Delft：Delft University Press

2008 年，荷兰代尔夫特理工大学 Uytenhaak 教授研究城市布局中城市用地的密度分布的规律和特点，利用丰富的实际设计与案例研究，论述了居住建筑的理想平面布局和剖面设计。此外，Uytenhaak（2008）还在现有的有关建筑密度的四项量度方法上引入了建筑立面指标概念。

如果说代尔夫特理工大学的密度研究是以建筑学者的身份更多地从建筑理论方面而展开的研究，那么荷兰建筑师小组 MVRDV 是以建筑师的角色，依据理论的探索支持他们的建筑创作和实践，产生了很多较有影响力的作品。MVRDV 通过研究于 2005 年出版了 *MVRDV*：*KM3*：*Excursions on Capacities*（《MVRDV：KM3：容量中的旅行》），通过研究不同城市的扩展情况，发现城市规模的不断扩大主要表现在城市用地面积的二维扩展与城市三维空间的增长，而且由于城市用地的紧缺，越来越多的城市选择了高空发展的这个方向。他们通过研究提出一个大胆的构想，通过一个 $5km^2$ 的立方体空间来容纳 100 万人口，不仅满足 100 万人口的生活和工作，同时还可以维持城市的正常运转以及生态平衡。虽然这样的构想属于理想化的实验，但是这对于解决今天中国城市人口的持续膨胀与紧张用地之间的矛盾是一种新的尝试与探索。

另外，荷兰建筑师雷姆·库哈斯同样也专注于城市高密度的研究，并努力尝试“实验性”的建筑设计，他的论著 *S*，*M*，*L*，*XL* 和 *Delirious New York* 提出了“拥挤文化”的概念，并总结了城市在高密度发展情况下的空间特征和建筑类型，“拥挤文化”充分说明了高密度环境对于城市的价值和意义，正是高密度环境造就了城市建筑的多样性和活力，也正是高密度城市环境给予了繁荣的城市景象和有生命力的建筑。

与荷兰一样有土地稀缺危机感的应该是日本，海道清信（2011）对欧盟、美国及日本关于紧凑型城市的规划与设计的最新动向与事例进行了总结与归纳，首先围绕“什么是紧凑城市”这一主题，进行基本思想的规划与整理；重点对紧凑城市正常的出台及相关法律的制定进行了归纳。其所著的《紧凑型城市的规划与设计》第一部分近代城市空间发展，对作为城市形象的紧凑型城市作了研究和探讨，并从城市设计的观点出发，对其基本原则进行了总结和归纳。第二部分就建设“日本式紧凑型城市”进行了研究与探讨，并特别针对中心区活性化和市内居住的理想状态进行了论述。虽然该书以紧凑城市为研究对象，但紧凑城市作为与高密度城市紧密相关的概念同样对我国的高密度城市发展有积极的借鉴意义。

其实早在提出高密度发展给城市带来的诸多问题如何解决之前，英国学者迈克·詹克斯就通过专著《紧缩城市——一种可持续发展的城市形态？》提出了“紧缩城市”的重要概念。随后，各国学者在此概念上不断演绎发展，并使其成为有关城市密度研究的主流思想之一（叶锺楠，2008）。

2. 国内高密度发展研究

高密度发展的理论研究虽然目前在我国处于刚刚起步阶段，但是城市的高密度发展已经处于加速阶段，城市高密度发展的实践也在悄然进行，城市高密度发展带来的城市、社会、经济问题正逐步凸显，目前迫切需要相应的理论和政策予以指导（表 4.2）。

表 4.2　国内城市高密度发展相关研究

研究方向	代表人物	研究内容	主要观点
城市形态	费移山和王建国	高密度城市形态与城市交通的研究	高密度城市中的交通已经成为亟须研究的重要课题
城市绿地	刘滨谊等；魏清泉和韩延星；林展鹏	高密度中心区街道绿地景观规划设计中的影响和要求；绿地规划的现有模式分析；分析国际上欧美及日本等高密度城市的防灾绿地公园规划	提出了系统化、风格化、精细化、主体化设计高密度中心区街道绿地；“立体开发”模式是高密度城市绿地规划的一般性模式，地下空间可能是扩大绿地用地的主要途径；城市绿地是高密度城市综合防灾体系的重要组成部分
土地利用与交通	毛蒋兴等	引入定量分析技术对高密度开发城市交通系统与土地利用互动影响机制及理论开展了研究	提出适合于中国高密度城市可持续的交通发展模式
城市住区	王波；陈仪	高密度住区分布的普遍规律；高密度住区发展历程及住区规划中存在的问题分析	完善的配套服务设施、市政设施与 TOD 模式，景观导向型，大型商业与大型公共设施的影响及“学区房”模式；提出了大城市高密度住区发展的策略
城市环境	袁超	高密度城市内，微观气候环境下热岛效应与城市形态的关系	城市土地开发强度一定的情况下，天空视域因子的提高可以通过建筑密度与建筑高度的变化来实现，从而进一步缓解高密度城市中的热岛效应
建筑学	董春方	以紧缩城市及城市高密度环境为预设，分析一些基于高密度条件的实体建筑	通过对建筑实体空间、建筑功能以及建筑物之间的空间关系等内容的研究，提出具体的建筑方法和策略来应对城市高密度发展
城市设计	吴恩融	《高密度城市设计——实现社会与环境的可持续发展》	对高密度城市、高密度城市的可持续性、城市气候和宜居性、高密度城市居民的“热舒适”问题、高密度城市的消防问题、高密度城市的热岛效应问题、如何评估高密度城市的环境等问题系统地进行了阐述
其他	潘国城；张为平	阐述了“高密度”的含义；以城市研究文本的形式对高密度状态下香港都市状况进行了详细的解读	指出密度的相对性和比较性特征；提出“亚洲式拥挤文化”的概念

就中国城市和西方城市在城市密度方面的对比而言，中国城市显著高于西方

城市，甚至超过紧凑城市理念中所倡导的密度范畴。从这点上来看，中国大部分城市被动地成为“紧凑城市”的时期比西方要更早。随着中国经济的高速发展，城镇化进程进一步加快，中国主要大城市、地级城市甚至县级城市在高密度发展中如何让城市有序发展？持续高密度发展又给中国城市带来哪些问题？中国城市高密度发展、运行的经验和教训是否在“紧凑城市”理论实践方面具有指导意义？同时，“紧凑城市”理论在中国城市已然高密度发展的情况下能为人们带来怎样的指导意义？这些都是中国学者需要进一步深入研究的内容。

改革开放以来，国家新型城镇化道路给城市高密度发展带来新的机遇与挑战，《国家新型城镇化规划（2014—2020 年）》指出未来 10 年甚至更长时间重点发展我国中小城市，按照目前我国城镇化发展速度，在可预见的未来，中小城市可能是今天的大城市，为避免目前高密度城市出现的种种问题，人们可以未雨绸缪，找出适合新型城镇化中小城市高密度发展之路。挑战在于现有的大城市及城市群，在发展中如何优化城市形态。为保证我国城市的可持续发展、发展模式科学合理，在生态文明发展时代，城市建设中要体现绿色、低碳、集约等要求，因此，“高密度发展、城市土地功能混合使用和公共交通导向”型的集约紧凑型开发模式成为我国城市的主导发展模式。

通过检索国际国内相关文献发现，关于城市高密度发展的研究文献相对较少，虽然与高密度紧密相连的“紧缩城市”理论中涉及部分城市高密度发展的内容，但城市高密度发展仍然是一个新的领域。目前关于城市高密度的研究更多地集中在城市高密度环境下的住区、城市防灾、城市绿地系统以及城市土地利用与交通的关系研究上。

在城市形态方面，东南大学费移山和王建国通过高密度城市形态与城市交通的研究指出随着中国城市化进程的加快，高密度城市中的交通已经成为亟须研究的重要课题。香港作为典型的高密度城市，正是高效率的公共交通体系与城市形态之间不断的相互影响最终使香港的高密度城市形态从自发走向自觉，为全球许多有着相似情况的城市提供了成功的经验（费移山和王建国，2004）。关于城市形态研究的文献相对较多，且较成体系，但关于高密度城市形态的研究相对缺乏，且缺少系统性的研究。

在城市绿地系统方面有学者论述了高密度中心区街道绿地景观规划设计中的影响和要求以及景观现状的基本问题，并提出了系统化、风格化、精细化、主体化的设计手法（刘滨谊等，2002）。魏清泉和韩延星（2004）以广州为例，通过分析西方国家的城市绿地规划理论以及中国城市绿地规划主流模式的演变与创新，对广州城市绿地规划的现有模式进行分析后提出高密度城市绿地规划实践中的现有若干模式、存在问题；基于高密度城市绿地规划的困境，建议将“立体开发”模式作为高密度城市绿地规划的一般性理论模式，并提出大力开发地下空间可能是高密度城市降低建筑密度、扩大绿地用地的主要途径。林展鹏（2008）以香港作为研究对象来分析城市防灾的经验和教训，在分析国际上欧美及日本等高密度城市的防灾绿地公园规划之后，对避灾疏散及防灾公园的基本概念、绿地公园避难对于防灾的重要性以及防灾公园规划应考虑的基本条件进行了探讨，并以香港中部分公园为研究对象在防灾公园绿地规划中对公园出入口及周边形态、避难区域的防灾种植、应急直升机场地、相邻道路的防灾设计提出了具体的规划方法。

在土地利用与交通方面，毛蒋兴等（2004）以广州市为例，在传统分析的基础上，运用 3S（GIS、GNSS、RS）技术进行定量分析和空间分析，研究了城市高密度发展背景下，城市土地利用与道路交通系统相互影响的机制。通过对土地利用及道路交通系统的特征及演化规律的研究，并结合广州市的实证研究找寻了城市土地利用对交通需求的影响机制。同时结合广州市的高密度城市建设，提出了适合我国城市高密度发展的交通模式。

居住用地不仅要容纳不断增长的城市居民，同时还是城市物质形态最主要的组成部分。随着城市化进一步发展，高密度城市形态形成的过程正是高密度居住形态形成的过程。在城市住区高密度研究方面主要有对分布规律、发展历程及存在问题的研究。王波（2007）在对城市住区密度分布影响因素的研究中找出了高密度住区分布的普遍规律：第一是有完善的周边配套服务设施，第二是有密集的市政基础设施及交通设施，第三是景观导向型，第四是大型商业与大型公共设施的影响，第五是各地普遍出现的“学区房”模式。陈仪（2007）通过分析高密度住区发展历程及住区规划中存在的问题提出了高密度住区出现的必然性，在此基础上对高密度住区出现的可行性进一步分析，并依次从总体规划层面的高密度住区规划、技术规范层面的高密度住区规划进行了初步探讨，最后提出了大城市高密度住区发展的策略。

关于城市高密度的研究，除了对城市用地、住区、交通等城市物质形态的研究外，还有对城市高密度发展背景下城市气候的变化研究。以地理信息系统为平台，通过一系列的空间分析揭示天空视域因子受城市形态的影响机制，并提出在城市土地开发强度一定的情况下，天空视域因子的提高可以通过建筑密度与建筑高度的变化来实现，从而进一步缓解高密度城市中热岛效应（袁超，2010）。董春方（2010）以紧缩城市及城市高密度环境为预设，通过分析一些基于高密度条件的实体建筑，从建筑学的视角出发，通过对建筑实体空间、建筑功能以及建筑物之间的空间关系等内容的研究，提出具体的建筑方法和策略来应对城市高密度发展（图 4.4）。中国香港城市高密度发展的特殊性，使得它成为高密度发展导致城市问题突出的地区之一，这是香港的土地政策和高密度的城市形态所引起的。潘国城也明确地提出高密度概念及相关理论，其以香港为研究背景，通过城市用地、建筑规模以及城市空间中人口聚集的程度给出了“高密度”的定义，并提出高密度不是绝对的概念，而具有相对性特征。身为规划师的潘国城更多的是从城市规划的观念以及人口的密度两方面探讨城市的高密度发展。

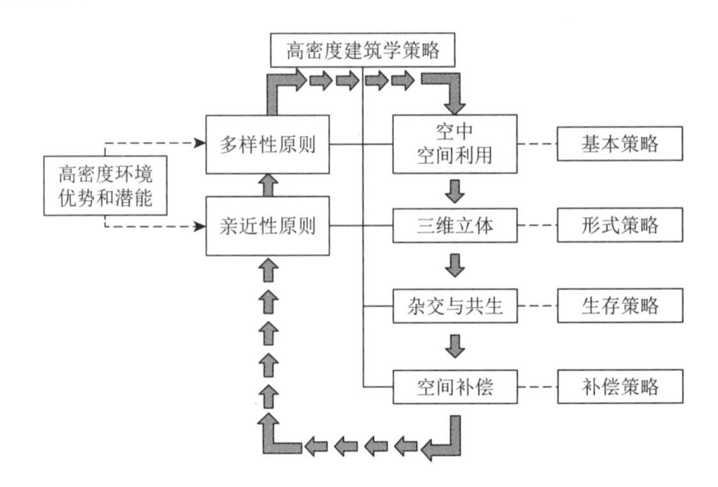

图 4.4　高密度建筑学策略关系图

资料来源：董春方. 2010.城市高密度环境下的建筑学思考. 建筑学报，（4）：20-23

香港张为平（2009）在《隐形逻辑》一书中以城市研究文本的形式对高密度状态下的香港都市状况进行了详细的解读，书中针对香港的高密度城市，通过分析高密度城市中建筑的平面标识、楼梯标识及品牌标识的特殊现象发现香港高密度生存的途径是杂交与共生，通过香港的垂直都市主义、暧昧不明的公共空间、非正式空间、效率最大化以及边界状态等一系列要素提出“亚洲式拥挤文化”的概念（图 4.5）。与平原城市不同，香港的高密度发展更是高密度山地城市的典型代表，对用地紧张的山地城市更具有借鉴价值。

香港中文大学吴恩融（2014）同样以香港为研究对象，从城市可持续发展的角度出发研究城市高密度发展，通过论文集的形式对高密度发展在城市社会、经济和环境方面产生的问题进行了全面研究。研究对象是高密度城市的设计，而研究的重点集中在高密度城市的社会和环境问题上。论著由理解高密度城市、气候和高密度城市设计、高密度城市设计的环境问题、高密度空间和生活四部分组成。四部分主要对高密度城市、高密度城市的可持续性、城市气候和宜居性、高密度城市居民的“热舒适”问题、高密度城市的消防问题、高密度城市的热岛效应问题、如何评估高密度城市的环境等问题系统地进行了阐述。

城市高密度的研究已经渗透到城市的每一个要素中，城市的高密度发展影响到城市的方方面面，但目前仅仅针对一线城市及香港地区的研究比较多，总体缺少宏观性和整体性的研究，对我国城市的高密度化程度的认识仍然不足，随着我国新型城镇化的进一步发展深化，住房制度的改革，高密度的城市发展会带来更深远的影响。“十二五”国家科技支撑计划项目“城镇群高密度空间效能优化关键技术研究”首次从国家层面出发，重点对长三角、成渝地区及京津冀地区的城市高密度发展展开研究，对高密度城市的空间布局、空间环境和空间绿地的三个层面进行研究，重点对高密度城市的布局效能优化、环境效能优化及绿地生态效能优化技术进行了全面的研究。

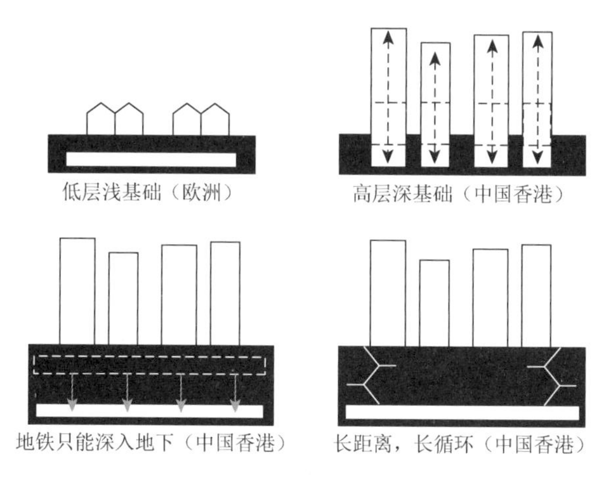

图 4.5　效率最大化、地铁系统图

资料来源：张为平. 2009. 隐形逻辑：香港，亚洲式拥挤文化的典型. 南京：东南大学出版社.

目前关于城市高密度的研究理论无论从不同视角出发，还是从城市不同功能系统出发，大部分是对高密度城市环境下出现的问题的一种思考或者应对方法的提出，而没有提出高密度发展本身存在的问题，更没有对高密度发展进行评价，同时部分管理机构或者政府针对高密度现象的出现以及城市高密度开发带来的问题，在技术上提出了一些应对的措施。最近几年出现了城市形态强度分区、密度分区规划的概念，各地针对城市用地紧张的问题出台了各种针对城市用地密度的规范与条例。这些新型规划类型的出现主要是由于现行规划体系在确定城市地块密度的时候，往往存在技术依据不充分、控制性详细规划局部编制以及局部实施导致的城市密度整体失控现象，很多地区出现了规划不能控制城市的建设与发展，甚至不断地引发更多城市问题出现的现象。

深圳、天津、重庆等城市针对以上问题，成为最早编制密度分区规划的城市，规划编制从宏观、中观和微观的层面展开。规划编制首先在宏观层面通过城市发展需求及资源环境预测城市的密度总量，并根据城市的发展诉求设定总体控制目标；中观层面通过影响密度分布的各种要素及变量的权重，初步构建城市密度的分配模型，最后综合其他影响因素对模型进行修正，使其成为符合各个城市自身的密度模型，并指导城市用地的开发与建设；微观层面主要对街坊至地块容积率的分配提出合理实用的原则，包括基准容积率概念及区内平衡原则、交通条件因素影响的处理、地块规模因素影响的处理等（周丽亚和邹兵，2004）。

实际城市规划管理主要针对城市用地容积率这一主要指标，而目前针对高密度城市研究的种种理论更多关心出现的城市问题或者社会问题。这些理论往往对指导实际的城市建设有心无力，将理论研究转化为解决城市问题的工具，更具有现实意义。各个城市的密度分区仍然是从城市现状出发，针对局部城市或城市局部地区进行研究，我们国家由于地域面积大，城市发展不均衡，沿海地区与内陆地区的密度相差较大，某一城市的密度分区规划只能解决当地问题。随着城市的不断发展，密度分区规划的时效性也在发生变化，这种规划不具备推广性与普适性，不能长时间地指导我们国家的密度控制，更不能对我国出现的高密度化发展进行有效的引导与控制。

研究发现，我国城市高密度发展具有缺少整体性、宏观性的研究，理论研究与实践脱节；理论研究趋向于国际化、多样化及综合化；实践过程和发展路径呈现出局部性、跳跃性及复杂性的特点。

4.1.2　城市空间布局研究

人类学、社会学、地理学等学科一直是城市空间布局研究的重要课题，城市空间的理论体系庞大，成果众多，分类方法也很多。国外学者从不同角度研究了城市空间，具有代表性的是区位论、新古典主义学派及芝加哥学派等。国内学者根据各种理论流派对城市空间分析方法的不同以及对城市空间解析理念的差异把城市空间理论分为分析理论与解析理论两种（黄亚平，2002）。

纵观目前国内外的研究理论，结合本书的研究对象——空间布局包含的空间要素，即城市空间结构、土地利用及道路交通三个内容，基本可以从城市空间结构理论研究、城市土地利用理论研究及城市道路交通与土地利用关系理论研究三个方面展开。

1. 城市空间结构理论研究

城市空间结构理论研究随着城市的形成开始从未停止，随着人们对城市的认识水平逐步提高，研究的深度和广度也逐步提高，同时在不同时期形成了特有的脉络和特征（表 4.3）。

表 4.3　国外城市空间结构理论研究进展

阶段	代表人物	代表城市或著作	主要内容
第一阶段（工业革命以前）	希波丹姆； 维特鲁威； 吉迪・肖伯纳	《米利都城》（*Miletus*）； 《建筑十书》； 《前工业城市：过去和现在》（1960 年）	在共同的以自然经济为主的社会经济发展阶段中形成，因而其空间结构也具有一定程度的统一性，都具有基本相同的结构特征

续表

阶段	代表人物	代表城市或著作	主要内容
第二阶段（20世纪初）	霍华德、戛涅、索里亚·伊·马塔、盖迪斯、沙里宁、雷蒙恩温、勒·柯布西耶	“田园城市”“工业城市”“带型城市”“堪培拉方案”“大赫尔辛基方案”“卫星城市”“光辉城市”	由传统的形态偏好开始转向对城市功能空间的研究
第三阶段（20世纪60～90年代）	西特、凯文·林奇、雅各布斯、亚历山大、杜克塞迪斯、麦克哈格、罗尔、列波帕特	城市空间的视觉艺术、城市形象五要素、城市交织功能、半网络城市、动态城市、自然生态城市、拼贴城市、多元文化城市	强调文化价值以及人类体验
第四阶段（20世纪90年代后）	走向信息化和网络化，社会学、经济学、文化学等多学科的综合研究		

工业化以前人们对城市空间结构的研究主要是揭示城市表面形态，研究重点往往从经济、技术、文化等不同角度论述空间结构的演进机制，例如，依托君权思想强调王府为核心的规整化空间结构。公元前5世纪出现的中国北京、西安以及希波丹姆棋盘式路网骨架的空间结构都反映了当时人们对城市空间结构的理想化追求。总的来说，前工业城市空间结构主要有以下几个特点：区位的选择一般对农业生产和城市防御有利；城市有城墙，宗教往往主导城市空间布局；大的家族对城市社会组织有大的影响；城市有广场和宗教建筑，统治阶级围绕宗教建筑布局，城市平民在城市边缘甚至城墙外居住；城市的物质主要来源于统治区的农民。

工业化促使城市从分散向集中发展，同时带来经济结构复杂、阶级冲突等问题，由此产生的“新协和村”、“法朗吉”、巴黎改建计划、旧金山、芝加哥等城市的空间发展和治理规划都是当时人们对城市空间结构的积极探索，以解决出现的城市环境恶化问题。

到20世纪初，对城市空间结构的研究逐步从形态研究转向了城市功能研究，出现了霍华德的“田园城市”、戛涅的“工业城市”、马塔的“带型城市”等相关理论。在此相关理论的基础上，有部分理论付诸实践，英国的“卫星城市”、苏联的斯大林格勒方案、堪培拉田园城市方案以及工业城方案都是典型的代表。随后，勒·柯布西耶在1922年出版了《明日的城市》，提出“光辉城市”模式主要是为了控制不断蔓延的城市规模以及日益松散的城市布局，“光辉城市”模式主要是指城市建设采用高层低密度的建设方式，高层建筑容纳城市人口的集中分布，城市空间中布局大规模的绿地留作城市公共开敞空间。到20世纪中叶，城市空间结构研究更注重城市的文化内涵，强调人类体验与人类情感。早在1889年建筑师西特就提出了城市空间的视觉艺术原则。凯文·林奇在其基础上提出了著名的城市形态五要素。随后雅各布斯、亚历山大、杜克塞迪斯、麦克哈格、罗尔以及列波帕特等分别提出了城市交织功能、半网络城市、动态城市、自然生态城市、拼贴城市以及多元文化城市等（吴启焰和朱喜钢，2001）。20 世纪末，关于城市空间结构的研究逐步走向信息化和网络化。城市空间结构的研究在社会学、经济学、文化学等多学科的综合研究中逐步多了起来。

国内从 20 世纪 80 年代逐步开始对城市空间结构进行研究，整个 80 年代主要是对国外地理学理论的引入、介绍与研究，当时不仅仅是城市规划领域涉及城市空间结构研究，还包括地理学以及建筑学领域，主要的成果是针对城市空间演变的研究（表 4.4），代表作有《中国都城发展史》《中国古代都城规划的发展阶段性——为中国考古学会第五次年会而作》《中国运河城市发展史》《中国城市建设史》（董鉴泓，1982）。在此基础上，城市空间结构的研究逐渐起步，并且逐步拓展到城市商业空间结构、城市社会空间结构、城市形态和城市空间扩展等内容上，代表作《中国城市形态：结构、特征及其演变》《中国城市：模式与演进》系统地研究了我国城市空间结构的演化机制问题（武进，1990；胡俊，1994），与此相关的还包括《城市结构的活性》《历史文化各领域的规划结构》《中国城市边缘区空间结构特征及发展——以南京等城市为例》《城市问题与城市结构》《城市空间结构的扩散演变：理论与实证》等。2000 年后，由于我国城市化的发展，城市自身问题逐步凸显，对城市空间结构的研究与当时的城市热点——城市社会空间相关，例如，《中国沿海城镇密集地区人口与经济集聚与扩散的机制及调控对策研究》主要是对我国沿海地区的实证研究，《城市空间发展论》（段进，1999）以及《城镇群体空间组合》都是关于城市空间结构研究的力作。后来关于城市居住空间分异和城市贫困问题的《北京社会空间的分化研究》（顾朝林，1994）、《大城市居住空间分异研究的理论与实践》和《南京市城市社会空间分异特征与机制研究》等都是从城市社会空间入手，提出了相关的理论框架，为后人的研究奠定了基础（吴启焰，2001）。2013 年后的大数据与智能城市阶段，主要通过大数据分析城市空间结构的演变过程，通过手机信令等个人空间移动数据分析居民与城市空间布局的关系。

表 4.4　国内城市空间结构理论研究进展

阶段	代表人物	代表著作及进展	主要内容
第一阶段（20 世纪 80 年代初至 80 年代末期的介绍阶段）	董鉴泓、傅崇兰、叶骁军、俞伟超	《中国城市建设史》 《中国运河城市发展史》 《中国都城发展史》 《中国古代都城规划的发展阶段性——为中国考古学会第五次年会而作》	主要在一些城市地理学教材中，对国外的概念及相关研究进行简要介绍
第二阶段（20 世纪 80 年代末至 1995 年的研究起步阶段）	武进、胡俊、吴良镛、崔功豪、邹德慈、陶松龄、朱锡金、孙胤社	《中国城市形态：结构、特征及其演变》《中国城市：模式与演进》《历史文化各领域的规划结构》《中国城市边缘区空间结构特征及发展——以南京等城市为例》《汽车时代的城市空间结构》《城市问题与城市结构》《城市结构的活性》《城市空间结构的扩散演变：理论与实证》	城市社会和商业空间结构研究、城市形态和城市土地拓展研究均开始起步

续表

阶段	代表人物	代表著作及进展	主要内容
第三阶段（2000～2010年的研究加速阶段）	段进、张京祥、顾朝林、吴启焰	《中国沿海城镇密集地区人口与经济集聚与扩散的机制及调控对策研究》《城市空间发展论》《城镇群体空间组合》《大城市居住空间分异研究的理论与实践》《南京市城市社会空间分异特征与机制研究》	城市郊区化、城市社会空间结构研究、城市内部经济空间结构研究成为热点
第四阶段（2013年后的大数据与智能城市阶段）	吴志强、王建国、龙瀛	《基于百度地图热力图的城市空间结构研究——以上海中心城区为例》《从智能手机到算法时代城市设计新趋势》《未来城市：空间干预、场所营造与数字创新》	通过大数据分析城市空间结构的演变过程，通过手机信令等个人空间移动数据分析居民与城市空间布局的关系

2. 城市土地利用理论研究

国外关于城市土地利用理论研究的基础是20世纪20年代兴起的生态学派，由于社会科学理论发展的多样化出现了经济区位学派、社会行为学派以及政治经济学派等（刘盛和等，2007）（表4.5）。

表4.5　西方城市土地利用理论的研究进展

理论派系	生态学派	经济区位学派	社会行为学派	政治经济学派
研究问题	自然空间	经济空间	社会空间	政治空间
理论基础	人类生态学、古典经济学	新古典经济学	行为学	政治经济学
研究方法	历史形态学、发生学	空间经济方法	行为分析方法	结构主义分析、冲突分析
研究重点	土地利用的空间形态及演变模式	土地利用区位经济及发展方式	土地使用者的行为模式及决策	权力的空间分布模式及权力机构的影响力
土地利用者	生态人	经济优化人	社会人	阶级人
辨认的驱动力	自然的驱动力	经济的驱动力	经济的、社会的驱动力	政治的、制度的、技术的驱动力
动力机制	自然竞争机制	市场机制	社会机制	权力机制
代表性理论模型	同心圆、扇形、多核	古典单中心、外在性、动态	决策分析、互动理论	结构主义、区位冲突

生态学派对土地利用的研究主要是通过历史形态的描述性方法总结出空间布局规律的分异性，主要代表有轴向增长、同心圆、扇形和多核等理论。伯吉斯提出的城市空间发展同心圆模式指城市的各种用地以中心区为核心，自内向外依次形成中心商务区、过渡地带、工人住宅区、高收入阶层住宅区和通勤人住宅区等同心圆的用地结构。扇形模式是霍伊特通过对美国各类城市的住宅区进行分析后创立的，主要指城市各类用地在城市发展过程中趋向于沿主要交通线路和自然障碍物最少的方

向，由内向外呈扇形发展。多核心模式是由麦肯齐提出的，后来学者逐步完善，指的是城市在发展过程中会出现一个主要的商业中心和其他的次级核心，每个核心都可能成为增长极，随着城市规模的扩大，不断有新的中心出现，多核心模式是在同心圆模式、扇形模式基础上的进一步发展，说明了土地具体的用途对于城市区位有一定的需求，但是该模式对各中心的职能联系和等级没有详细分析（付磊，2008）。

经济区位理论的基础是市场平衡，一般通过运用数理分析和空间经济学分析来构建城市土地利用的理论模型，主要解释和分析土地利用的区位决策和空间模式有什么不同，以古典单中心模型、外在性模型以及动态模型三个模型为代表。古典单中心模型是阿隆索和温戈提出的，利用土地使用者的效用函数和竞标地租曲线推导出城市土地作为资本的三个重要特点，即土地价格与城市中心区的距离成正比、不同类型的土地趋向于自然分离、土地利用强度也与距离城市中心区成正比。外在性模型以城市土地利用和城市增长的外在性影响因素研究为重点，如交通拥堵。动态模型是根据城市土地利用的动态发展特点，揭示城市增长对土地价格的影响，重点分析的是收入、交通运输费用、人口等市场因素对城市土地建设方式的影响。

社会行为学派认为在土地利用决策过程中，人的价值观和能动性等非经济的社会动力因素更应该纳入研究范畴，而不是仅仅把最优经济效益和最佳效用作为土地利用决策的唯一目标，决策分析模型是该领域的代表理论。理论框架包含价值、行为、模式、结果等内容，研究重点是与空间格局相关的个体决策行为。韦伯的城市土地利用互动理论由“城市地域”和“非地域城市范围”两个理论性概念构成，而且人类活动的所有空间范围包含以上两个内容。

政治经济学派认为认识城市土地利用空间结构需要从土地开发的背景和当时的政治经济着手，而且只有这样才能把握内在的动力机制和演变规律。结构主义、区位冲突以及城市管理三个内容是该学派的代表性理论，核心内容是社会生产关系的不同导致了不同的土地利用空间结构。城市中不同的利益集团在相互冲突和妥协的过程中逐步将土地利用结构“合理化”的结果是区位冲突理论的核心内容。管理学派认为城市众多管理机构是在不同的动机前提下通过对城市稀缺资源的分配从而影响城市空间结构和土地利用的重要角色。

3. 城市道路交通与土地利用关系理论研究

城市道路交通与土地利用关系理论研究可以从城市交通和城市土地利用两者的相互影响及相互关系模型展开。

城市交通受城市土地利用的影响主要表现在城市土地利用模式及开发密度两个方面。Pushkarev 和 Jeffery（1977）较早地研究了城市开发程度对居民出行方式的影响以及交通出行距离和时间受居住密度的影响关系。通过研究发现交通出行距离与居住密度有密切的关系，一般交通出行距离和时间随着居住人口密度的增加而缩短，但当居住人口密度超过一定规模后，又会因为出行人数众多出现交通拥堵反而影响出行时间。最近的居住人口密度结果表明，居住密度越高出行的距离越短，但高密度会导致交通拥堵从而使出行速度变慢，所以对于交通出行时间的影响是不确定的。他们的研究指出最近的居住人口密度范围为 3000～20000 人/km^2（Levinson and Kumar，1997）。Giuliaono 和 Naravan（2003）认为当土地开发规模和密度达到一定程度时会促进轨道交通的发展，同时土地开发规模较小或者混合开发时，更适合采取非机动车即步行或者自行车出行，部分国内学者通过对我国居住密度和出行数据进行实证研究，刚好验证了以上观点，也就是城市土地进行较大规模、低密度的建设会导致机动车尤其私家车增多，反而采用小规模和功能混合的建设模式可以大大减少机动车出行，同时大部分居民更偏向采用非机动车或者步行出行（张小松等，2003）。毛蒋兴和闫小培（2005a，2005b）也在该领域做了大量深入研究，他们以广州市 1980～2000 年的数据为例，探讨了城市土地利用强度对交通量、交通方式的影响，其结果显示土地的高强度开发明显产生了高强度的交通流，城市交通需求强度也不断增大，他们认为这种高密度集中开发的特大城市最终导致公共交通成为其主要交通方式。总之，土地的建设强度与交通需求有线性关系，高密度建设可以减少机动车出行，缩短出行时间和距离，山地城市组团式的空间结构更适宜高密度建设（周素红和杨利军，2005）。

城市交通对城市土地利用的影响不仅表现在城市空间形态上，而且对土地利用结构的影响也很大。Schaeffer 和 Sclar（1975）两位学者通过分析城市交通系统与空间形态的关系，发现正是交通出行方式的不断改变才出现了步行城市、轨道城市和汽车城市三个时期的城市形态。何宁和顾保南（1998）认为城市交通可达性较高的干路是城市向外发展过程中的主要轴线。而朱炜（2004）援引世界范围内几个典型城市，研究了公共交通系统的建设对城市形态的影响，并指出在中国国情下 TOD 发展模式对我国解决快速城市化过程中出现的交通、环境及生态等各种问题非常有帮助，而且对发展公共交通也有益处。与此同时，随着国内轨道交通建设，轨道交通对城市形态的影响研究逐渐增多。官莹和黄瑛（2004）从轨道交通线网、站点与空间形态、轨道交通与城市发展轴、轨道交通与市域中心四个方面重点分析了轨道交通对城市形态的影响。城市交通中的公共交通包括地面公交、城市地铁以及快速公交系统（BRT）等，其对道路沿线的土地利用结构影响最大，主要体现在用地强度、道路辐射范围等方面。Moon（1990）就曾以旧金山湾区的公交系统和地铁系统为研究对象，重点研究了各类站点对其周围用地发展的贡献程度，表明站点不仅促使商业用地氛围形成，还促进了中心区域人口向外迁移。除了上述针对轨道交通的研究外，他们还以首尔的 BRT 为例，研究了以站点为中心向外延展的不同区域的土地利用类型的特点，指出站点周边 500m 范围内的土地利用格局更加紧凑（Cervero and Kang，2011）。综上，城市交通系统对城市土地利用结构的影响主要体现在有固定运营线以及站点的地铁和 BRT 这些主要的交通方式上，这些线路及站点的建设显然会带动周边土地的利用和开发，进而改变其附近区域的土地利用格局。国内城市地理领域的学者，如中山大学的毛蒋兴等（2005）等通过广州市轨道交通的研究，发现城市轨道、地面公共交通以及密集的城市路网系统对道路沿线的城市用地类型具有明显的吸引效应，路网系统对城市居住用地、公共设施用地的吸引遵循距离衰减规律，对工业用地的吸引不明显，甚至局部产生排斥现象。他们的研究深入轨道交通对不同类型土地的影响，这对城市规划中的产业布局有很好的指导意义。

4.1.3　效能评价相关研究

目前对系统效能的定义并没有统一的标准，论及效能更多是对系统效能的论述与研究，主要限于军事领域。美国海军认为系统效能是指能在规定条件下和规定时间内完成规定任务程度的指标；美国麻省理工学院给出的定义是系统与使命的匹配程度；我国军用标准中规定的系统效能是指在规定条件下和规定时间内，满足一组特定任务要求的程度。综上所述，系统效能的概念具有相对性，一般具有规定的条件和特定的目标，而评估是指对其进行设计、分析、评价和优化等。

城市作为一个复杂的巨型系统，城市效能指城市中各个子系统相互作用、彼此配合、运行通畅，即城市可持续发展。广义角度的城市效能包含经济繁荣、社会公平、环境友好与形态宜居等方面；狭义角度的城市效能则指城市的集约化和生态化发展，落实到空间载体则主要指城市空间结构的紧凑性、城市土地利用的高效性、道路交通的通畅性及城市服务设施的完善性。虽然许多国家都推出了符合本国国情的建成环境评价标准，但日本城市建成环境效率综合评价体系是目前世界上具有一定影响力的评价工具。该评价工具由日本可持续建筑联合会研究和开发，该评价体系主要包括在基础数据分析时考虑建筑的全生命周期评价、从环境质量和环境负荷两方面对建成环境进行评价以及使用建成环境效率的数值确定评价等级三个内容（王晓军和朱文莉，2017）。

国内规划领域针对效能优化的研究相对较少，更多的是集中在城市地理与经济领域，包括城市效率与城市紧凑度的关系研究、城市效率与城市规模的关系研究、不同地区或城市之间的效率差异化比较、同一城市或地区在不同时段的效率对比研究以及数据包络分析在城市效率评价中的应用这几个方面。崔大树和张晓亚以长江三角洲城市群为例，构建了空间效率的指标体系，运用数据包络分析（DEA）模型测度了 1994～2013 年长江三角洲城市群的空间效率及 2005 年、2009 年和 2013 年长江三角洲城市群各地级市的空间效率。基于探索性空间自相关分析（ESDA）平台，运用局部自相关模型对长江三角洲城市群空间效率空间关联格局进行了分析。对长江三角洲城市群空间效率的评价分析发现，阶段性演变过程呈现出“W”形波动并在波动中上升的特征（崔大树和张晓亚，2016）。林东华（2016）运用DEA方法和相关面板数据，对2009～2013年中国13个主要城市群的经济效率进行了实证分析，揭示了中国城市群经济效率变化趋势，探析了城市群经济效率的影响因素。研究发现，2009～2013年中国城市群综合经济效率处于波动发展状态，同时超过一半的城市群具备继续扩张的潜力。城市群资源利用率平均在80%，其中劳动力冗余最多。黄永斌等（2015）运用熵值法和超效率DEA分析了中国城市紧凑度与城市效率的关系以及城市如何才可以可持续发展，郭腾云和董冠鹏（2009）利用GIS分析工具、数据包络分析方法及Malmquist模型对我国特大城市空间紧凑度、城市效率及其变化，以及它们的相关关系进行了深入研究。席强敏（2012）也利用DEA的综合应用模型，通过对我国200个左右城市的投入和产出数据的对比，分析了城市规模与城市效率的关系以及城市效率的变化趋势和空间差异。结果显示，中国城市效率较低且空间差异明显，各城市效率类型不但统计特征十分明显，而且地域分布上存在很明显的集聚特征。而袁晓玲等（2008）以我国部分副省级城市为研究对象构建了基于效率的城市投入产出评价指标体系。

4.2 协调理论的基本内涵

4.2.1 协调思想的概念内涵

协调思想在我国由来已久，古代的政治家、哲学家都根据自然和社会中的协调现象进行了积极的探索，可以说中国古代哲学非常注重研究事物的整体协同和协作，强调事物之间的关系。英国的李约瑟和耗散结构理论的创始人普利高津从不同角度论述了中国传统哲学强调关系的概念。我国古代各个时期形成了丰富的协调哲学思想内容，有儒家的“天人合一”、道家的“通天下一气耳”以及墨家的“兼爱”等。其中最为著名的就是荀况“天地人和”的协调思想，把人和自然看成是一个整体的系统，认为人在获得自身需要的时候不能违背自然界的规律，人和自然需要和谐相处，统一协调。这样的思想即使在现代城市中仍不过时，正如现在讲的人地关系一样，人和自然生态环境的可持续发展正是协调哲学思想的具体体现。

协调在现代生活中更是无处不在，从“协调”二字的语义上理解，具有统筹和均衡的含义，事物的协调必须要尊重自然界的客观规律，强调彼此的对立统一，而不是忽左忽右的极端状态。协调的思想其实在西方国家的哲学体系中具有重要的地位。西方哲学的依据之一就是物质世界的统一性原理，马克思认为，客观世界是多种因素统一于一个有机整体，但这里的统一是有差别的、多样性的统一。这样来看，马克思主义中的对立统一规律正是协调思想的集中体现。协调的内涵不是指所有事物都一样，思想本身就要求系统内各因素需要有差异，可以有对立和矛盾，但是彼此之间又是相互适应的，在一定条件下，甚至可以相互转化，最终又达到新的平衡，形成新的协调与一致。由此看来，协调就是化解系统内部各要素矛盾，实现内部要素对立统一的过程。

前文对城市空间布局效能的阐释中已经明确提出高效能的城市空间布局就是城市空间布局的紧凑化发展与生态化发展，是空间布局社会、经济与生态等各效能要素的协调发展。基于此，我们可以说综合协调的思想正是引导城市空间布局集约化与生态化发展的重要依据（图 4.6）。

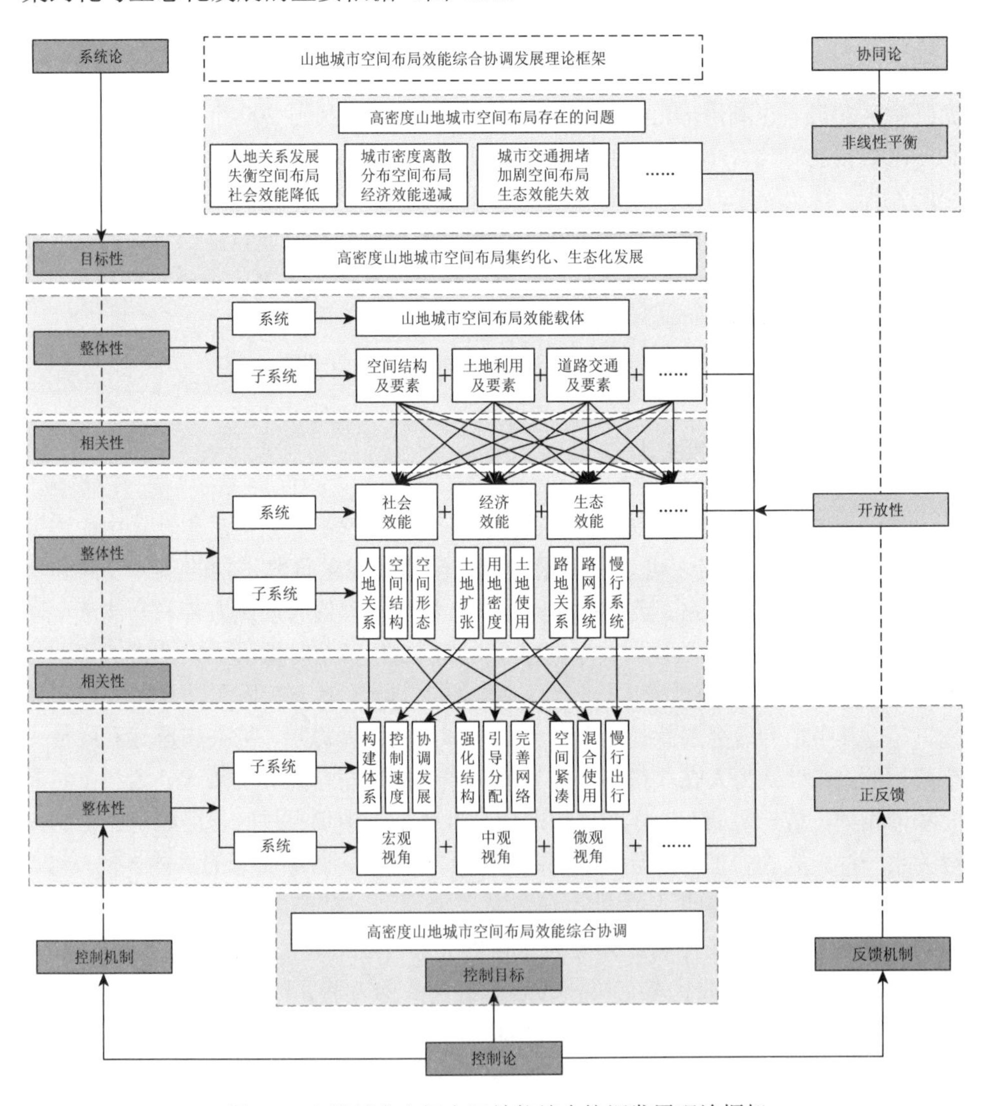

图 4.6 山地城市空间布局效能综合协调发展理论框架

4.2.2　效能协调引导城市空间布局集约化生态化发展

第二次世界大战结束后，关于协调思想的理论层出不穷，不仅有信息论、系统论、控制论老三论，还出现了以突变论、协同论、耗散论为代表的新三论。对城市这个复杂系统的研究也更强调其系统性和综合性，而不是以前机械式的要素结构还原论①。对于城市空间布局集约化和生态的发展，研究必须从系统本身多因素影响的角度去理解其复杂性以及多维性和层次性特征。所以，必须使用协调思想中强调整体性和综合性的思维去解决城市空间布局中存在的问题。

正因为城市是一个复杂的系统，由城市空间布局带来的诸多城市问题也具有复杂性，可以利用协调思想的特征提出城市空间布局集约化和生态化发展的基本思路。从城市空间布局的总体目标来看，空间布局集约化和生态化发展要求城市经济、社会与生态综合效能协调发展，使其综合效能达到最大化。经济、社会与生态之间是相互制约和相互促进的关系，在城市发展过程中不能过分强调单一目标的最大化，而必须要求目标体系内所有要素的对立和统一，否则城市空间布局整体效能无法进行集约化和生态化的发展。从实现总体目标的方法来看，也只能采用综合协调的手段去处理城市空间布局集约化发展中的各种关系，从而达到经济效能、社会效能、生态效能的有机发展以及综合效能的最大化。

为了实现城市空间布局综合效能的最大化，城市空间布局的集约化发展与生态化发展，需要运用协调的思想针对山地城市空间布局目标的多维特征，从空间布局的不同层面去解决整体目标体系内的复杂矛盾，从而使空间布局系统在不断的发展过程中始终保持社会效能、经济效能与生态效能最大化，称之为“效能协调”。

4.3　协调理论的相关方法论

城市空间布局是一个复杂的空间系统，要解决其中的问题，也只能通过协调理论逐步将复杂的矛盾落实到具体的操作层面。这里有必要对协调理论的相关内容进行梳理，包括上文提到的系统论、协同论以及控制论三个部分。想要把其中的协调思想落实到具体的方法论层面，需要对三个主要的理论体系进行内容的提炼和总结，并结合空间布局各要素综合协调的具体内涵进行完善和修正，最终形成指导空间布局效能综合协调的方法体系。

---

① 资源来源：http://blog.sina.com.cn/s/blog_7205cac60102zxlr.html.

4.3.1 系统论与城市空间布局效能协调发展

系统论最早是由奥地利生物学家贝塔朗菲提出的。该理论要求对事物进行研究时需要将其看成一个整体或者一个系统，而且对系统的结构和行为，需要利用数学模型去描述和解释。当然另外一位学者欧文·拉兹洛（1998）则认为系统具有等级的特征，而且时刻处于动态过程中，复杂系统的总体功能不是系统中各要素的简单相加（霍绍周，1988）。

系统论的核心观点是系统本身与外部环境、系统的局部与局部、系统的局部与整体之间都存在相互影响、相互制约和相互依存的关系。系统本身具有整体性、相关性、目的性和功能性、环境适应性、动态性以及有序性几个特征。整体性是指系统不是简单地由几个部分组合而成，而是系统内部相互依赖的各部分在一定的层次结构下形成的有机联系整体；相关性是指系统中相互影响和相互制约的各个部分形成“部件集”的状态，从而确定了系统的性质和整体的状态；目的性和功能性是指系统一般都有一定的功能性，但是部分系统没有目的性，以自然界为主的系统像太阳系或者某个生物系统都有其自身的功能性，但是完全没有任何目的性，不过由人类创造的系统一般都是根据人类自身的功能需求进行目的的设置，这些系统一般也是系统工程研究的主要对象；环境适应性指的是系统自身与系统周围的环境进行能量、物质和信息的交换时以及系统自身内部各个组成部分相互功能转化时，系统可以通过适应这种外部或者内部的环境以保持系统原有的特征；动态性指的是系统与外部环境或者系统内部的自身结构随时随地都在动态变化；有序性是指在系统不断地变化过程中，一般会将其自身的功能、结构和层次沿着某个方向进行演化，也常常会把系统的有序性与系统结构的稳定性联系起来，生物和生命现象的系统更为明显，也就是说，系统的有序性驱动系统稳定。

以系统论的观点来看城市空间，其本身就是一个完整的地域空间系统，城市空间布局中的各个要素都在这个系统中相互依赖和依存，是不可分割的整体。正如系统相关性的特征一样，城市空间布局中的各个子系统彼此之间也相关联，例如，城市空间结构、土地利用与道路交通之间就是相互制约与影响的关系，而且在效能的表达上，任何一个空间要素的社会效能、经济效能和生态效能之间都是相互协调的关系，也只有这样系统才可以达到整体性的最优；城市空间这个系统的目的性和功能性更是不言而喻，城市空间的科学布局就是通过系统各要素的可持续发展为城市居民提供更加宜居的生活空间。所以在这样的功能性和目的性的驱动下，系统必须具有适应外部环境或者适应系统自身结构改变的特点，以达到系统最初的目标。同时，城市空间布局这个系统也随着城市化的发展在不断地演化，并且是在一定的有序性的前提下的动态演化。由此看来，系统论中的整体性、相关性、目的性、有序性等重要的观点对于城市空间布局集约发展的方法论研究具有重要借鉴意义。

4.3.2　协同论与城市空间布局效能协调发展

联邦德国著名理论物理学家赫尔曼·哈肯在 1973 年创立了协同论（synergetics），他认为自然界是许多小系统组织起来形成的大系统，这些小系统彼此之间是相互制约与相互作用的关系，在不断的作用过程中达到一个平衡的结构，其间会形成一定的规律，这个规律正是协同论的核心研究内容（王维国，2000）。这个规律也就是自组织理论，钱学森 1982 年就说过，系统自组织就是系统自身逐步走向有序结构的过程，一个典型的范例就是人们可以看到的激光。无论是人类社会还是城市空间都需要遵循协同论所揭示的规律（陈明，2005）。所以系统自组织的概念就是一个系统在非平衡状态下时，在系统外部环境变化以及内部子系统及构成要素非线性作用下，不断地层次化、结构化，自发地由无序状态走向有序状态或由有序状态走向更为高级有序状态的过程。影响整个系统行为的诸多参量中可以启动决定性的参量被称为序参量。正如系统论有其自身特点一样，协同论的自组织理论认为在系统产生自组织时需要一定的前提条件，包括开放性、非平衡性、非线性、突变、涨落以及正反馈等。开放性指的是系统与外部空间有能量、物质和信息的交换；非平衡性指的是系统自组织前处于一种非平衡的状态或者平衡状态水平比较低；非线性是指系统的各个要素之间的相互作用机制是非线性的；突变和涨落指自组织过程中系统结构的变化和依靠参量的涨落；而正反馈是指系统通过正反馈机制使得突变、涨落进一步放大，从而让系统逐步演化到新的平衡状态（图 4.7）。

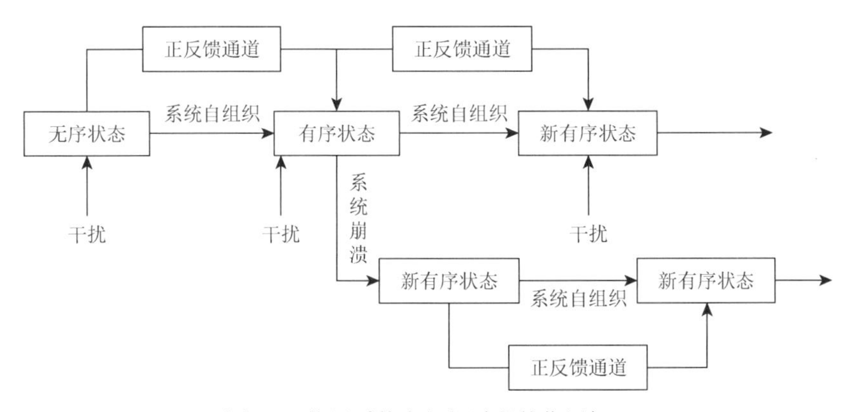

图 4.7　协同系统自组织过程的作用机理

资料来源：霍绍周. 1988 系统论. 北京：科学技术文献出版社.

反观城市空间布局这个系统，在城市空间的演变过程中，也存在一定的自组织过程，从城市的起源说起，这个系统从产生的那一刻就具有开放性，城市一直是依托其周边的自然环境，与外部空间进行着能量和物质的交换；不同地区或者同一地区城市化的水平都始终处于动态的变化过程中，城市空间布局的效能水平也是由低水平向高水平发展，当然这个过程由于某些特殊的原因也会有突变，例如，自然灾害就可以导致城市空间布局的改变，但是通过人为的积极干预又可以使城市空间重新达到一个平衡状态。城市空间系统内部各要素之间的协同发展水平决定了整个城市空间布局效能协调发展的水平。因此，大力推动城市空间布局各要素的协同发展具有重要意义。

4.3.3　控制论与城市空间布局效能协调发展

控制论是由美国著名数学家维纳（Wiener）同他的合作者共同创始的。可以说各类系统的控制和调节规律都是控制论的研究内容，控制论是一门综合性的学科，包括了自动控制、通信技术、计算机科学、数理逻辑、神经生理学、统计力学、行为科学等多种科学，并通过多种技术的相互渗透而形成一门横断性学科。与协同论的自组织理论不一样，控制论的理论核心是他组织作用。从控制论的观点来看，无论是没有生命的机器、抽象的经济、社会系统，还是具有特定形态的城市空间系统都是一个自动控制系统。当然在自动控制系统中就一定有专门的调节装置来控制系统的运转，维持系统的稳定和功能的实现。通过指令让系统执行、反馈并进行调整，整个控制过程就是通过信息的传输、变换、加工、处理来实现的。

控制论系统也有自己的特点（杜栋，2000），第一是有控制的目标，也就是预设的平衡状态，如速度系统中速度的给定值；第二是系统需要一种反馈机制，也就是信息从系统外部向系统内部的传递，同样以速度系统为例，离心力的变化就是转速的变化引起的；第三是系统需要有校正器，也就是校正行动的装置，例如，速度控制系统就可以通过调速器来控制蒸汽机进气量的大小从而改变速度；第四是控制机制，也就是系统自身的稳定适应不同的变化环境具备的一种自动调节的机制。从这个意义来说，控制系统也是一种动态系统（图 4.8）。

利用控制论及其系统的特点来看城市空间布局系统，可以得出这样的结论：空间布局系统具有一定的控制目标，例如，在城市规划时就要预设一个规划期限，并期望在规划期限内城市的发展水平达到一定的程度，且有一系列的衡量指标，如人口规模、用地规模、道路布局、绿地指标等；在规划的实施过程中也有科学的反馈机制，通过规划的实施评价可以知道现状的城市空间存在的问题以及规划本身和实施的诸多问题，从而及时采取人工积极干预进行校正或者完善；当然这个干预行为不是随机的、盲目的，而是由国家的法律法规、相关技术规范、规划师的职业操守以及居民生活的满意度等一揽子制度形成的控制机制。

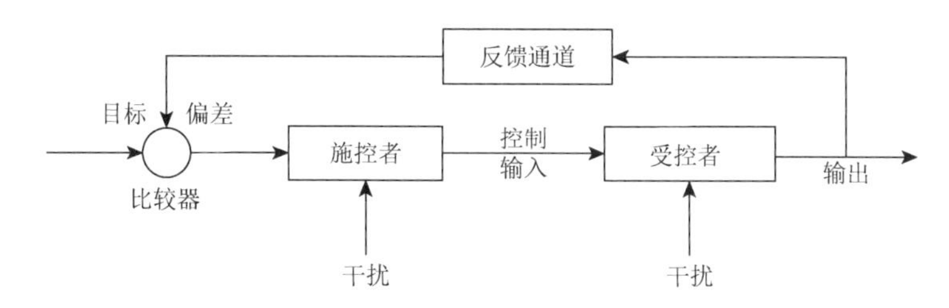

图 4.8　控制系统他组织过程的作用机理

资料来源：杜栋. 2000.管理控制论. 徐州：中国矿业大学出版社.

4.3.4　综合协调与系统论、协同论、控制论的关系

在城市空间布局效能综合协调的过程中无法使用一种理论解决所有问题，需要借鉴不同理论中可以为城市空间布局效能的综合协调提供支撑的内容。总的来说，系统论、协同论、控制论这三大理论都属于系统科学的方法论，系统论的核心观点是系统本身与外部环境、系统的局部与局部、系统的局部与整体之间都存在相互影响、相互制约和相互依存的关系。系统本身具有整体性、相关性、目的性和功能性、环境适应性、动态性以及有序性几个特征。而协同论系统自组织的概念是一个系统不断地层次化、结构化，从无序状态向有序或向更高级的有序发展的过程，也有开放性、非平衡性、非线性、突变、涨落以及正反馈等特征。而控制论认为人和系统都可以是一个自动控制系统，并具有目标、反馈、校正以及控制机制的特性。

以上三个方法论中的相关理论及其特征与属性对城市空间布局效能系统来说具有很好的借鉴意义，如果把本书中所论述的城市空间布局效能系统看成一个大的系统，则构成系统的空间结构、土地利用以及道路交通三个要素就是子系统，而且每个子系统又由诸多的影响要素构成，每一个要素又是一个具有整体性、开放性，有自己控制目标的系统。在关于三个方法论核心原理及主要特征的基础上，考虑城市空间布局效能系统的特性，通过一系列的作用、控制、校正、反馈等手段最终使城市空间布局效能从适应环境、有序发展、动态平衡达到整体最优。

本书提出的综合协调理论就是在系统论基本思想的大框架下，以自组织理论为核心方法的协同论和以他组织理论为核心方法的控制论为理论核心依据，以协调理念为基础，进行城市空间布局集约化和生态化发展的协调方法。也是将城市空间布局看成一个整体的系统，同时其在问题、要素、效能、视角等不同层面具有自身的开放性，在导出城市空间布局系统中各要素存在的矛盾后，针对城市空间布局集约化和生态化发展的目标性，分析空间布局载体子系统与效能子系统之

间的相关性，找出内在的自组织规律，最后以城市空间布局效能综合协调为控制目标，通过一定的控制机制和反馈机制中的正反馈提出解决城市空间布局的非均衡性的具体措施。

4.4 山地城市空间布局效能协调目标

在空间布局效能协调目标的基础上，探讨到底什么样的空间是高效能的，或者说效能是如何协调发展的。本书从空间布局效能的主要维度进行细分，解析人们在空间布局效能协调的分维度目标是什么，从而为制定具体的协调措施提供依据和支撑。

山地城市空间布局效能优化是指以高密度城市环境为背景，以山地城市空间布局为对象，通过城市规划的手法实现城市环境与高密度协调共生的应变策略与方法。正如前文论述，山地城市空间包含内容极其丰富，要对山地城市空间布局效能进行优化，需要把影响城市空间效能布局的主要因素提取出来。通过对空间布局概念的界定分析可知城市空间结构、城市土地利用、城市道路交通三个内容不仅是空间布局效能的载体，还是空间布局效能定性评价的主要内容。综合考虑城市空间布局定量评价指标与定性评价对象的关联，依据优化理论基础中相关指标的指向性可以确定空间布局效能优化的标准应该从城市空间结构的生态化、土地利用的集约化以及道路交通的多元化三个角度去建立。

4.4.1 社会维度：人地关系和谐发展

我国资源相对匮乏和城市高密度发展的现状决定了我国城市在运行和建设方面要在较小的空间范围内解决人们高效率居住、生活和工作的问题。如 Alain Bertaud 所述，城市效能提升主要来自城市空间结构布局的优化，科学合理的空间结构可以使城市居民在生活、工作和交往过程中得到便捷的交通和最小的成本[①]。那什么样的空间布局可以实现这样的目的，目前国内外高效的空间布局模式就是“紧凑城市”。“紧凑城市”作为一种城市可持续发展形态，不仅要求高密度发展、土地多样化以及公交导向，和谐的人地关系、紧凑的城市空间形态更是紧凑化城市空间结构的主要内容。

1. 和谐的人地关系（宏观-中观）

从广义的角度来讲，和谐的人地关系是可持续发展的根本保证。而目前城市

① 国家行政管理学院，建设部，世界银行. 2002. 可持续的城市发展与管理.

问题突出，经济、社会与生态关系不和谐的主要原因就是人地关系矛盾突出。和谐的社会关系，必须依靠和谐的人地关系，这是由人、自然与社会的内在统一性所决定的。人地关系压力增大，生态赤字区扩大，人为因素是主要原因。随着城市化的快速发展，城市人口规模持续增加，维持人们生活的物质需求和精神需求也同步增加，结果就是随着人们城市经济活动的加强，人们向自然环境的索取力度也加大，甚至出现了侵占农田、毁林开荒、填海造田、滥捕滥杀等现象，使得生态环境进一步恶化，生态赤字区域不断扩大。有学者通过分析人地关系发现，人地关系状态紧张的区域主要在我国华北、华南、华东和华中 4 个大区。相对来说，西南和西北两个区域人地关系矛盾不是很突出，但这两个区域由于自身资源环境的脆弱性，在城市化的发展过程中，也同样面临着城市建设与环境保护之间的矛盾以及可能造成紧张的人地关系的风险（明庆忠，2007）。

从狭义的角度来看，人地关系主要指城市人口、城市建设用地以及城市建筑容量三者之间关系的协调性。虽然我国幅员辽阔，但是总的来说可以被人们利用的土地资源十分紧缺，而我国又是人口大国，城市化的发展一定会造成耕地数量的减少，人口增长与有限土地资源是一对不可调和的矛盾，城市化发展速度越快，人地关系矛盾越尖锐。目前推行的国土空间规划正是协调城市增长的人口规模和紧张的城市用地关系的新模式，早在十多年前，学者赵岑对比了 1996～2007 年 10 年的城市人口和城市用地数据，发现这期间随着城市化的发展，我国用地发展基本处于合理的水平。但同时也呈现出城市周边土地转变为城市建设用地的速度逐渐加快，说明城市扩张速度超过了人口增长速度，人地关系正异速生长的趋势在不断加强，其中大城市、综合性城市以及我国东部沿海地区的城市建设用地扩展速度最快，已经超过了合理的阈值，部分工业城市和小城市用地平均水平最高（赵岑和冯长春，2010）。

关于城市人口与城市用地的关系如何来判定，是否属于人地关系紧张或者人地关系合理，可以根据分形城市的研究，利用异速生长模型对城市用地和人口之间的关系进一步探讨。异速生长模型反映的是一个系统中局部与局部或者局部与整体之间以恒定的相对增长率生长变化的特征，该模型在城市诸多系统中得以应用。根据系统论，城市本身就是一个系统，城市空间布局亦如此，结合上述模型的概念，城市作为系统，城市汇总的用地和人口是城市这个系统的两个局部，二者异速生长关系一般模型表达如下：

$$y(t) = ax(t)^b \tag{4.1}$$

式中，a 为比例系数；b 为异速生长系数，探讨城市用地与城市人口二者相对增长率，即式中 b 值是关键。模型中，每组变量都有其相应的异速生长系数临界值，且由模型中两变量维数的熵来决定。b 值大于临界值时为正异速生长；b 值等于临界值时，两变量同速生长；b 值小于临界值时为负异速生长。在分形研究中，根据城市人口 2.0 的维数、城市用地 1.7 的维数可以得到异速生长系数 b 的临界值为 0.85。由此可以得知 $b>0.85$ 时为正异速生长，城市用地扩张速度快于城市人口增加速度，城市用地供大于求，一定程度上存在土地浪费或者用地不集约发展的情况；$b=0.85$，城市用地增长速度与城市人口增长同速，说明城市人口增长带来的用地需求与城市扩张带来的用地供给相一致；$b<0.85$ 时为负异速生长，即城市人口增长带来的用地需求不能通过城市扩张得以满足，城市用地供不应求。

2. 契合的空间结构（宏观-中观）

对于山地城市应该采取什么样的空间结构形式，黄光宇在“山地城市空间结构的生态学思考”一文中指出，山地城市与平原城市在地形地貌上有较大差异，山地城市空间布局的类型也更丰富，普遍来讲，当人口规模超过 10 万人时，城市空间布局宜采用集中布局与分散布局相结合的模式，不宜采用平原城市“摊大饼”式的发展模式，当然由于地形限制往往也无法采用这一模式。分散是山地城市适应自然环境的体现，但城市的典型特征就是集中效应，只有集中才能体现城市的高效率与文明度，所以在山地城市中应该采取小集聚、大分散的模式，既可以兼顾城市与环境的和谐发展，又可以充分发挥城市的规模效应。在具体的实践中，需要坚持有机分散与紧凑集中、就地平衡住区发展、多中心组团结构、绿地楔入、多样性和个性特色六条原则。有机分散与紧凑集中是解决高密度发展背景下，山地城市人口集聚与生态环境承载力有限之间的矛盾、城市人口规模快速增长与紧张的用地资源之间的矛盾的有效手段；就地平衡住区发展是适应组团式城市空间布局模式的措施，可以有效地减少组团间的交通出行，减少能耗并提高城市运行的效率；多中心组团结构是已经被实践证明山地城市最有效的布局模式，可以缓减城市单中心布局引起的城市中心区人口过度集聚带来的交通拥挤、公共卫生差、能耗增加、城市投资加大以及热岛效应等城市问题；绿地楔入是对山地城市组团分隔地区所保留下来的陡坡、冲沟、农田、林地、湿地的综合利用，可以结合城市空间布局将这些区域作为绿色自然隔离地带和生态廊道，这不仅有利于形成完善的生态绿地系统，发挥其改善环境质量的功能，还可以为市民创造良好的户外休闲、游憩场所；多样性主要指空间布局要有利于山地城市的文化、生物和景观都有呈现多样性的机会；个性特色主要指通过展示其自然环境特色、地域文化特色以及建筑风貌特色形成城市自身独有的特征。

3. 紧凑的城市形态（宏观-中观-微观）

正如前文对紧凑城市内涵的理解，形态紧凑程度是反映城市空间布局的一个重要概念和指标，也是城市空间结构紧凑化发展的外在表现形式，当人口增长与用地增长关系合理、城市空间结构适应自然环境时，城市的形态是否紧凑就是反映人地关系是否和谐的重要指标。城市形态具有不规则性，但一般认为圆形是最紧凑的形态。学者李琳通过对城市空间形态紧凑概念内涵的解读，引入了承载高质量生活的概念，紧凑度的指标中不仅包括原有的“高效”，同时还包括了“高质”。他认为城市空间是人与土地相互作用的媒介，所有紧凑的城市空间应该是土地利用的高效率和城市居民生活的高质量。由此，“紧凑度”应该是对城市空间相对城市居民生活质量及相对土地利用效率的衡量。前者也称为主体紧凑度，即生活紧凑度；后者称为客体紧凑度，即空间紧凑度。

4.4.2　经济维度：城市空间紧凑拓展

如果空间布局效能协调在社会维度需要通过人地关系的和谐发展来体现，那么，经济维度则需要通过城市土地投资与回报来量度，而城市土地的有限扩张、合理的密度以及混合使用的布局是提高有限土地高回报的重要措施。在经济领域，集约化常常用来指通过利用一切资源、运用现代管理技术、发挥人力资源积极效应最终提高工作效能的一种形式。通俗来说，集约就是在利用科学技术降低物耗水平、降低产品成本、不断提高劳动生产率、提高投资收益率，通过要素组合的协调与优化，采取“内涵增长”的方式最终实现经济的增长。首先要求城市土地减缓扩张速度，形成与城市人口增长相协调的有限增长方式；其次要求在城市区域形成与区位、交通、环境相匹配的密度分配；最后通过土地使用的多样化进一步提高其集约程度。土地利用向更加集约的方向发展，称为土地利用的集约化；相反，称为粗放化。

1. 有限的土地扩张（宏观-中观）

通过前文分析可知我国 40 多年的城市建设，城市土地增长的主要特点是城市土地扩张速度远远超过城市人口的增长速度，由此导致城市人口密度呈现出持续降低的发展态势。1981～2018 年，全国城市数量由 226 个增加到 673 个，城市人口由 0.93 亿增加到 5.12 亿；同时建成区面积也由 0.74 万 km^2 增加到 5.84 万 km^2，总量增加了近 7 倍，城市人口密度则由 1981 年全国城市平均人口密度 1.28 万人/km^2 减少至 2018 年城市平均人口密度 0.89 万人/km^2。这充分说明了城市土地扩张速度要快于人口增长速度，或者说城市用地扩张呈现出与人口增长不相匹配的特点。

随着城市化发展，城市建设占用耕地的面积也在逐年增加，据不完全统计，全国 2000～2005 年平均占用耕地的面积由 18 万 hm^2 增加到 21.9 万 hm^2，耕地面积的大幅缩减必然会影响粮食产量，加之人口持续增长，消费量的增加也会进一步加剧矛盾。城市发展中除了必要的扩展建设，还存在大量圈地占地，盲目进行开发区、新城区、大学城、产业园区的建设，这不仅冲击和扰乱了土地市场秩序，还造成大量耕地流失。城市用地无序扩张，一是城市社会结构、经济结构的变化，城市人口比例的提高以及居民日益增长的美好生活的需求，必然对住宅用地、商业服务用地甚至工业用地的供给提出新的要求；二是土地财政导致城市中心城区房价过高变相地加速了城市居民向外围迁移的过程，以及人们越来越依靠小汽车的生活方式也加快了市中心居民离开城市中心区的速度（戴均良等，2010）。当然随之也就出现了人们目前面临的各种城市问题，城市交通设施、市政设施以及公共服务设施的成本也在逐步提高，但是服务效率似乎没有同步提升（Duany，2000）。同时由于城市空间扩张，在城市环境方面也造成一定的环境污染和噪声污染，城市建设用地的扩张直接蚕食了城市周边的生态绿地，使得城市区域内的生态与景观功能有所下降；除了在经济和环境方面造成无可挽回的损失外，很多城市的拓展导致城市周边历史文化名镇、名村格局破坏，甚至消失，这间接地导致传统文化的消失甚至是不同社会阶层的隔离（Ewing，1994；Brueckner and Largey，2008）。

随着我国城市土地供应的收缩，尤其山地城市土地资源的紧缺，高密度发展成为解决这一问题的有效举措。在城镇化发展过程中，集约式土地增长已经成为共识。无论是美国的精明增长策略、日本的都市计划，还是英国的都市复兴战略，在控制城市蔓延方面的做法都给了人们多方面的启示。从不同版本的城市建设用地标准中城市用地规模的确定与人均建设用地指标就可以看出，在持续快速城市化的过程中，只有采取相对紧凑的空间发展模式才能减少因为城市用地拓展带来的城市问题。

在 1990 年版的《城市用地分类与规划建设用地标准》（简称《标准》）中，用地规模的确定是根据人口规模和人均用地指标来确定的，没有考虑城市用地是否会占用耕地的问题，但往往由于城市人口的增长与规划测算有较大的出入，最终造成人地关系不协调的局面。《标准》中简单地根据城市的差异性将人均用地标准划分为四档，也不能满足实际需求，很多地方及设计单位将四档归为一档，简单地按照人均 $100m^2$ 的指标来确定城市的用地规模，标准的分档意义早已丧失（汪军等，2012）。此外，不同地区、城市的不同发展阶段对城市建设用地的需求不同，因此不宜采用相同的标准来衡量。《城市用地分类与规划建设用地标准》（GB 50137—2011）就采用了多元控制的理念，即用地标准应与经济发展相结合；用地标准应与城市等级与规模相结合；用地标准应与城市职能和性质相结合；用地标准应与地理位置相结合，并通过城镇人口规模、气候区划、行政等级、经济发展水平、城市形态等多角度探讨城市用地指标的确定。

2. 合理的用地密度（中观-微观）

城市土地利用集约度的测度通常使用容积率或者单位面积国内生产总值或人口密度（李秀彬等，2008），可见城市用地密度的分布对于城市土地利用的集约利用至关重要。建设用地密度的不同不仅影响用地上人口的容量，同时还是建筑容量的重要制约因素。前文在分析我国40多年城市人口、用地与建筑容量的增长中发现，城市建筑容量的增长速度快于建设用地的增长速度且快于人口的增长速度，这充分说明城市用地密度的快速增长。在建筑总量增长的同时，合理地进行密度分配不仅与城市用地区位有关，同时城市道路交通、公共服务设施的分布、绿地公园的分布以及市政设施等均对其具有制约作用。

我国城市用地密度的确定主要在控制性详细规划层面，在控规编制的过程中，编制范围的局限以及对区域内相关资源综合分析的缺乏导致指标确定过于简单，加之在实际的土地出让过程中城市财政需求与投资者利益的诉求往往导致地块容积率反复调整，原来规划中的指标根本不能对具体的地块进行有效的指导，如果一味按照原来确定的指标进行建设，又有可能导致城市功能、形态与周边区域不协调，甚至降低土地的经济效益，这也成为目前控规被诟病的主要原因（郑晓伟和王瑞鑫，2014）。近年来各地开展的城市密度分区从城市整体角度出发，对城市规划区内所有用地进行统筹考虑，并基于区位因素、环境因素等建立了城市密度分区模型，在一定程度上有效地控制了城市密度分布混乱的现象。作者认为，合理的城市用地分布是土地集约利用的关键因素，且应该在城市总体容量确定的前提下进行中观层面的密度分布控制。

3. 混合的土地使用（宏观-中观-微观）

土地混合使用作为城市经济增长的重要策略之一已被广泛认知，也是中国当前背景下集约节约利用土地、增强城市多样性的必然选择。合理地引导土地的混合开发是政府优化城市土地空间资源配置和积极应对市场开发的重要手段（凌莉，2012）。

土地混合使用是指为了满足人们多元化的活动需求，将两种或两种以上城市功能在一定空间范围内进行融合的开发模式。它有别于功能分区和功能混杂两种状态，反映了城市土地和空间资源在功能组合和空间配置上的优化增效，能节约集约利用城市建设用地，增强城市多样性和活力，促进城市有机更新和发展转型，被认为是城市未来发展的必然选择。虽然最新的《城市用地分类与规划建设用地标准》（GB 50137—2011）中明确了混合用地代码，但在控制性详细规划阶段，用地的兼容性就是各个城市根据需求，以用地的适建性为逻辑判断条件，适当地进行两种用地的混合使用，以用地性质为规划管理对象。同时在遵循混合用地兼容性原则的前提下，将适建性传递到修建性详细规划或者建设的设计层次，包括了兼容的主体与客体以及兼容的比例，甚至详细到是否为允许建设的建筑类型。目前规范中的混合用地类型在城市的实际建设中对用地功能引导的力度最大，而且灵活的用地兼容性和适建性在规划和管理实施层面相互衔接，引导城市用地朝着多样化的方向发展（朱俊华等，2014）。

虽然国内已有部分城市在地方性用地分类标准中提出了混合用地及其适建性规定，但最新《城市用地分类与规划建设用地标准》（GB 50137—2011）中并未明确“混合用地”。实际开发中，用地性质的确定常受到市场不可预知的影响，虽然控规编制中允许土地使用兼容性的存在，但用地性质确定后，土地使用兼容只能在确定性质前提下进行相对兼容，难以实现用地性质的适度弹性调整。凌莉（2012）认为应该在规划体系中的不同层面均贯穿土地混合使用的手段，并在不同层面明确相应的控制要求。正如密度控制不能在微观层面即地块的层面控制，而需要在宏观层面进行引导才更有意义一样，所以对于混合用地的布局需要从城市整体层面出发，在城市进行国土空间规划或者分区规划的时候就根据不同的条件进行安排，集中在以下地区：城市中心区或者未来可能成为重点发展的地区，可以适当布局一定比例的混合用地，后期根据城市发展的需要刺激投资和开发，给城市带来活力；也可以结合城市轨道交通或者主要干路可能设置站点的区域，留出混合用地的布局空间，因为这些地区可以结合站点采用 TOD 模式发展周边区域，最大限度地挖掘用地的附加值，当然其也是城市中具有活力的地区之一；城市历史街区、历史保护建筑周边地区也可以布局少量的混合用地，在周边地区发展的时候也可以吸引外部资金；还有一种就是产业结构调整优化地区，根据规划判断未来产业转型或者优化升级的趋势，也可以通过混合用地的布局为其提供升级或者转型的可实施性。

4.4.3　生态维度：城市路地关系协调

1. 协调的路地关系（宏观-中观）

通过前文相关研究可知，在城市道路交通与城市用地之间的相互影响中，当交通供给大幅度提高时，必然会提高道路交通周围的用地强度，不仅影响道路沿线的土地利用布局，甚至可以对城市的总体空间结构有所影响；同时随着道路沿线交通可达性的改善，沿线的城市土地价格上涨会促进房地产市场的聚集性开发，带来土地的增值效应，从整体层面拉动城市的经济发展。具体来说，主要表现在三个方面：

首先，城市空间格局的演化历来都是由城市交通系统发展引导的，在城市空间格局的演变过程中，随着城市交通与城市用地的相互作用，城市中各物质要素的空间位置关系会发生变化，从而推动城市空间格局的发展，这反映的是城市的发展阶段、程度与过程。

其次，城市的土地利用格局与形态的发展反过来对城市的道路交通也有一定的督促效应，使其与土地利用发展相适应。随着城市化进程的加快，城市人口和机动车的保有量也爆发式增长，在山地城市高密度发展背景下，人口密度与就业密度也高度集聚导致城市交通需求骤然猛增，单中心的城市布局不能适应大量交通的出行需求，不仅山地城市，许多平原城市也开始向多中心组团式发展模式转变，当然城市发展模式的转变必然对城市道路布局与交通建设提出新的要求，目前出现的“棋盘 + 带形 + 多环”的道路布局模式就是适应城市土地利用多中心组团式布局的结果。

最后，在高密度发展背景下，城市土地利用一定选择与之匹配的大容量交通模式，正如协同论中提到的反馈机制一样，系统中的子系统之间彼此会形成正反馈的机制，城市土地利用与城市交通也在客观上存在着一种互动反馈作用。城市用地高强度建设，单位城市用地面积的交通量必然增加，城市交通总量也会随之增加，这个时候就只能采取大容量与高效率的交通模式去满足它，也就是说，城市土地利用模式是城市交通模式的基础。反之，城市交通模式的不同选择也会在土地利用布局上形成反作用机制，彼此影响直到达到最终的平衡状态。目前国家倡导的公共交通优先以及大城市中的轨道交通快速发展都是为适应我国当前快速城市化发展的需求和导向而提出的。

如前所述，城市道路与城市交通的关系是相互影响、相互制约、相互作用的，任何一方发生变化，另一方一定会在一定的控制机制下发生新的变化，直至二者形成协调的路地关系，达到平衡。由此可见，城市土地利用与道路交通之间是一种互动关系，二者通过循环反馈最终达到一种“共生互补”的稳定平衡状态（图 4.9）。

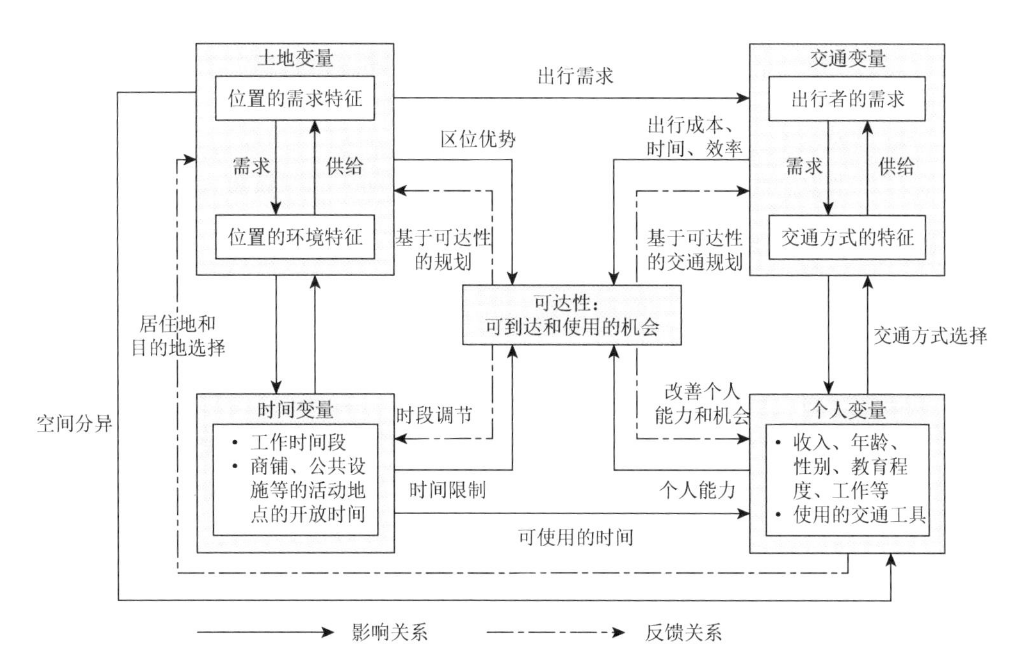

图 4.9　城市交通与土地利用的互动过程

2. 顺畅的路网系统（宏观-中观）

在城市这个复杂的系统中，道路系统更像是城市的骨骼和血管系统，不仅起到架构城市空间结构的作用，同时还是城市各个功能区相互连接、城市各种物质要素流动的主要廊道，在某种意义上也是城市景观与形象的展示窗口。对于山地城市而言，顺畅的路网系统不仅需要契合山地城市的特点，同时在高密度发展下更需要满足大容量的交通需求。

顺畅的路网系统必须是与山地城市相契合的，并且首先是道路网络结构与城市空间形态的呼应。对于山地城市复杂的三维地形地貌特征，城镇的形态正是山地城市道路在一次次对自然环境的改变与塑造中形成的。因此，顺畅的路网不仅对城市的空间结构有影响，适应山地变化的顺畅路网系统更有助于形成富有特色的城市形态。在规划设计中，为使得山地城市路网的顺畅度更高，首先，需要充分考虑山地城市山体与水体的关系，采取道路与河道平行布置、道路沿着地形等高线布置以及部分地区也需要将人工主动干预的内容增加进去，如人为设置空间轴线，尽量增加道路的直线段等措施。其次，顺畅的道路系统还依赖于城市功能布局与道路交通的相互协调，山地城市的空间职能分布与平原城市不同，往往由于地形地貌的影响，空间分布上的差异性对道路的功能也产生影响，平原城市往往城市功能相对单纯，道路功能通过简单的匹配即可。山地城市在交通规划中需要结合各类地貌类型的特征、城市整体空间结构、用地分布与特殊的交通出行特征进行综合考虑，将不同性质的交通流分配到适宜的道路空间中，使交通组织与用地功能相互协调。例如，在攀枝花城市新区规划中，将交通性、生活性和景观性的道路分别结合城市主要对外出入口及交通设施节点、片区中心及公共服务设施、自然生态资源等因素进行规划布局，既使不同性质的交通流与用地功能相协调，又避免了交通流间的相互干扰（曹珂和肖竞，2013）。

3. 适宜的慢行系统（中观-微观）

慢行系统是指适宜慢行出行、健康低碳的一种交通方式。慢行交通主要是区别于机动出行的，包括非机动车出行与步行出行，广义的慢行系统也包括了公共交通出行。慢行系统与机动车系统一样，是一个系统工程，适应慢行出行的载体主要包括步行专用道、行人过街设施、自行车专用道、人车混行道以及依附于车行道的步行道等（单舰，2016）。

对山地城市而言，慢行系统主要有公交导向与步行导向两种模式。公交导向的发展 TOD 模式的概念就包括了慢行出行的推行以及构建以慢行交通为主导的出行方式。这种模式主要是在城市居住与商业混合用地的建设中，以城市居民最大限度使用公共交通为前提的，一般以公共交通站点为中心（火车站、地铁站、轻轨站以及公交站），片区建设密度从站点中心向外围逐步降低，辐射距离一般以居民步行最舒适的距离，即 400～800m 为主。TOD 模式建设的基本原则包括土地功能混合利用、适宜的开发密度、良好的步行环境及公交服务等。以生态公园为导向的开发（park oriented development，POD）模式是指以良好的步行环境为导向的建设模式。建设的前提条件是必须有利于居民选择步行化出行，建设的目标是通过提高居民步行化程度最终使居民健康生活。

4.5　山地城市空间布局效能协调方法

在山地城市空间布局效能优化理论的基础上，本书明确了山地城市空间布局效能优化的主要对象是山地城市物质空间要素，包括空间结构、土地利用、道路交通以及基础设施四个层面的内容。同时，效能优化的目标又呈现出社会、经济、生态多维度的特征，不同维度下，对山地城市物质空间要素效能的诉求侧重有所不同，本节通过山地城市物质空间要素与效能优化维度的相互关联性，从宏观、中观、微观三个层面分别论述山地城市空间效能实现的不同路径。

前文已经阐明山地城市空间效能优化的模型构建主要包括以山地城市空间效能评价结果为导向的定量优化方法和以高密度发展下山地城市空间效能存在问题为导向的定性优化方法两个部分。定量优化需要针对具体的研究对象，故本节重点论述以问题为导向的定性优化内容。

4.5.1　宏观视角：构建体系、控制速度、协调发展

通过前文对高密度发展下山地城市空间效能存在问题的剖析，可以知道，传统空间发展模式是制约城市效能发挥的重要因素，主要表现为单中心、分散型城市空间结构导致城市功能过度集中；“摊大饼”式的城市圈层拓展方式导致城市人口与城市用地关系失调等。针对已经存在的空间效能问题，作者认为需要从宏观层面构建合理的人地关系、限定城市建筑总量；从中观层面强化山地城市多中心空间结构的发展模式并努力创建城市多级网络体系（图 4.10）；从微观层面建立紧凑的生活空间和宜居的城市环境。

1. 构建合理人地关系下的城市容量体系

我国改革开放 40 多年以来，城市以增量发展为主，存量发展为辅。城市规划中对城市规模的控制主要是对人口规模和用地规模的控制，实施过程中一般由人口规模确定用地规模，或者由用地规模推导人口规模，最终形成“面多加水，水多加面”的情景，在人口规模决定城市用地规模还是城市用地规模决定人口规模

这一问题上进入“先有鸡还是先有蛋”的循环模式中，使得城市规模无序拓展。究其原因，主要是城市在发展过程中没有构建合理的人地关系。

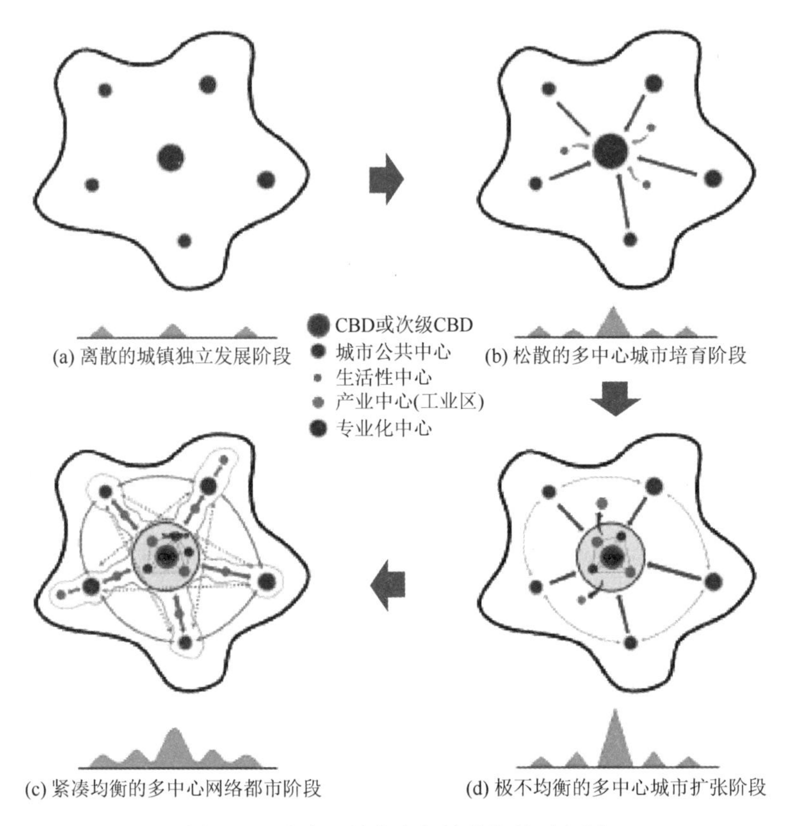

图 4.10　多中心城市空间演化阶段示意图

资料来源：吴一洲，赖世刚，吴次芳. 2016.多中心城市的概念内涵与空间特征解析.城市规划，40（6）：23-31

我国城市发展出现“摊大饼”模式正是传统空间发展模式导致的，城市发展中缺少对人地总量的控制，或者说对人地关系控制失效。高效的城市应该具有合理的城市人口与城市用地规模，且二者之间应该存在合理的耦合关系。通过对我国 2000～2008 年城市人口与城市建设用地变化指数进行考察，发现全国约有 80%的省区市人地增减变化弹性系数小于等于 0.8，主要特征为城市建设用地增长率显著大于人口增长率，城市人口与建设用地变化呈现弱脱钩关系（表 4.6）。而通过对比 2009～2018 年城市人口与城市建设用地的变化情况，发现人地增加变化小于等于 0.8 的比例约为 68%，即使小于 0.8，也基本接近 0.8，这说明城市人地关系向更加合理的方向转变，同时也出现了 5 个省区市属于扩张连接的人地关系，另外还有 5 个省区市属于扩张负脱钩的情况，而且有两个省区市人地增减变化弹性

系数 U_α 超过 3.0，说明城市人口增长率大大超过了建设用地增长率，属于典型的城市用地供不应求的情况，当然部分城市出现这样的情况与城市中暂住人口比例较高有关（表 4.7）。

表 4.6　2000～2008 年全国分省区市城市人口与建设用地变化的脱钩关系

地区	U_{RP}/%	U_{LP}/%	U_α 值	脱钩关系	地区	U_{RP}/%	U_{LP}/%	U_α 值	脱钩关系
全国	32.33	77.00	0.42	弱脱钩	河南	8.20	78.95	0.10	弱脱钩
北京市	34.29	167.48	0.20	弱脱钩	湖北	6.47	26.00	0.25	弱脱钩
天津市	26.03	66.08	0.39	弱脱钩	湖南	40.36	53.95	0.75	弱脱钩
河北	66.49	54.85	1.21	扩张负脱钩	广东	27.24	148.14	0.18	弱脱钩
山西	33.67	32.25	1.04	扩张连接	广西	45.43	50.10	0.91	扩张连接
内蒙古	23.08	46.35	0.50	弱脱钩	海南	29.86	40.11	0.74	弱脱钩
辽宁	12.71	42.52	0.30	弱脱钩	重庆市	38.73	139.82	0.28	弱脱钩
吉林	7.34	35.34	0.21	弱脱钩	四川	36.91	45.90	0.80	弱脱钩
黑龙江	11.46	28.55	0.40	弱脱钩	贵州	31.23	58.10	0.54	弱脱钩
上海市	13.18	66.70	0.20	弱脱钩	云南	49.65	130.30	0.38	弱脱钩
江苏	35.09	140.05	0.25	弱脱钩	西藏	30.84	19.12	1.61	扩张负脱钩
浙江	29.52	132.73	0.22	弱脱钩	陕西	36.19	70.43	0.51	弱脱钩
安徽	49.26	62.78	0.78	弱脱钩	甘肃	37.36	47.29	0.79	弱脱钩
福建	24.64	89.59	0.28	弱脱钩	青海	26.07	19.47	1.34	扩张负脱钩
江西	58.80	65.42	0.90	扩张连接	宁夏	52.53	158.84	0.33	弱脱钩
山东	29.93	110.01	0.27	弱脱钩	新疆	29.74	57.63	0.52	弱脱钩

资料来源：王婧，方创琳，李裕瑞.2014.中国城乡人口与建设用地的时空变化及其耦合特征研究.自然资源学报，29（8）：1271-1281.

注：U_α 为城市地区人地增减变化弹性系数，$U_\alpha = U_{RP}/U_{LP}$，U_{RP} 为城市人口增长率；U_{LP} 为城市建设用地增长率，下同。未统计港澳台，下同。

表 4.7　2009～2018 年全国分省区市城市人口与建设用地变化的脱钩关系

地区	U_{RP}/%	U_{LP}/%	U_α 值	脱钩关系	地区	U_{RP}/%	U_{LP}/%	U_α 值	脱钩关系
全国	12.74	18.26	0.70	弱脱钩	河南	59.18	78.04	0.76	弱脱钩
北京市	42.76	12.83	3.33	扩张负脱钩	湖北	59.62	96.67	0.62	弱脱钩
天津市	26.63	36.97	0.72	弱脱钩	湖南	66.00	21.83	3.02	扩张负脱钩
河北	35.62	57.21	0.62	弱脱钩	广东	126.46	98.74	1.28	扩张负脱钩
山西	20.04	34.11	0.59	弱脱钩	广西	37.93	58.49	0.65	弱脱钩
内蒙古	10.92	33.06	0.33	弱脱钩	海南	9.66	5.83	1.66	扩张负脱钩
辽宁	18.37	74.05	0.25	弱脱钩	重庆市	65.05	49.29	1.32	扩张负脱钩

续表

地区	U_{RP}/%	U_{LP}/%	U_{α}值	脱钩关系	地区	U_{RP}/%	U_{LP}/%	U_{α}值	脱钩关系
吉林	16.00	29.23	0.55	弱脱钩	四川	108.08	131.88	0.82	扩张连接
黑龙江	7.73	14.48	0.53	弱脱钩	贵州	22.19	49.87	0.44	弱脱钩
上海市	55.22	212.30	0.26	弱脱钩	云南	31.99	36.95	0.87	扩张连接
江苏	84.80	140.46	0.60	弱脱钩	西藏	3.10	5.07	0.61	弱脱钩
浙江	75.75	63.55	1.19	扩张连接	陕西	33.07	62.48	0.53	弱脱钩
安徽	37.33	61.09	0.61	弱脱钩	甘肃	12.64	32.72	0.39	弱脱钩
福建	36.30	65.71	0.55	弱脱钩	青海	8.78	7.42	1.18	扩张连接
江西	41.56	57.16	0.73	弱脱钩	宁夏	8.99	7.89	1.14	扩张连接
山东	96.75	145.96	0.66	弱脱钩	新疆	15.44	44.07	0.35	弱脱钩

根据上文分析可知，构建和谐的人地关系，需要将人地增减变化弹性系数控制在0.8～1.2，尽量趋近于0.8。人地关系合理的情况下，城市拓展速度自然会与城市人口的增长速度相匹配，城市人口规模与用地规模同步得到控制。

高效的山地城市不但需要通过控制城市的无序扩张，在城市人口规模和用地规模上采取措施，而且需要处理好人口规模与建筑规模的关系，即控制城市建筑容量。城市建筑容量是城市容量的研究内容之一，国内最早关于城市容量的概念是任致远（1982）提出的城市对各种生活及其产物的容纳能力的说法，他认为城市的容量是土地、空间、工业、建筑、交通、人口、环境等诸多容量的有机综合，而且以上所有容量都受到自然条件的特定容量的约束。以上所提及的关于城市的容量子系统与城市人口都有着线性的关系，也就是说，城市人口容量基本可以反映出城市的其他容量，或者可以利用人口容量来建立其他容量的计算模型，因此学界一般都以人口容量的研究来代替城市容量的研究。沈清基（1994）就认为，城市人口容量是指在一定时期内，城市空间可以持续容纳的具有一定生态环境质量、社会环境质量水平，即具有相当活力强度的城市人口规模。关于城市容量的研究主要是如何测算容量值而不是对城市容量的管控。国家关于城市容量的规定主要是《城市用地分类与规划建设用地标准》（GB 50137—2011）中人均用地指标和《城市居住区规划设计标准》（GB 50180—2018）中对居住用地强度的标准控制，而其他建设用地没有明确的标准和依据。目前我国城市用地规划指标确定和管理主要依据控制性详细规划（简称控规），但控规的制定没有科学的规范依据往往导致规划失灵，控规指标成为摆设。所以目前就存在宏观层面的人口密度分区、中观层面的地块控制指标以及微观层面的实际需求没有很好关联起来的问题，这也是我国现在人口和建筑容量的管理依据不充分的主要问题（王国恩和胡敏，2016）。

此外，控制合理的建筑容量也是建设宜居城市的重要内容之一，合理的城市居住建筑容量是提高山地城市宜居水平的重要条件，如何科学地确定、引导和控制城市居住建筑容量是业内普遍关注的热点和难点（彭瑶玲等，2011）。城市建筑容量的控制主要需要对居住建筑容量进行管控，这不仅关系城市居民的生活质量，还关系城市的可持续发展。居住建筑容量的控制不仅需要考虑城市环境的承载能力，还需要考虑城市实际的经济能力和社会影响。在实际控制中需要从宏观层面进行总量控制，微观层面制定可操作的具体措施。

2. 利用存量用地引导控制土地扩张速度

城市规划由增量规划向存量规划转型，正是源于土地利用模式的改变，其本质意义是空间资源配置中土地产权和交易成本的变化。传统的增量规划主要是零交易成本的技术过程，而存量规划与产权交易密切相关，并且具有一定的制度设计内容。这种转型要求城市规划编制思路和方法必须进行重大转变：在全面实施国土空间规划的背景下，城市用地的利用模式由“以供调需”代替“以需定供”，无论是空间结构、城市规模还是空间管制都进行全面的调整；在控制性详细规划层面将会更加重视土地产权的现状情况；城市基础设施也侧重于整体功能的完善和效能的提升；在规划管理层面也逐步由国家转向地方（邹兵，2015）。

增量和存量主要是资产资源管理领域的术语嫁接到了土地管理中，根据目前我国建设用地的供应方式产生了增量用地与存量用地两个部分。增量用地主要是相对于建成区而言新增加的建设用地，一般是指土地一级市场，主要通过征用城市规划区范围内的耕地或者未利用土地获得，该类用地由政府控制，属于国有用地；存量用地主要是指用地性质已经是城乡建设用地或者已经征用，规划的用地性质是城乡建设用地，可以在市场中进行交易的土地资源，也称为土地二级市场，当然土地的交易可以通过政府招拍挂的方式或者平等协商的方式实现。其实就存量用地而言，广义地讲其包括了全部的城乡建设用地，而狭义的存量用地主要指现有城乡用地范围内未利用、闲置的土地以及部分利用效率不高的已建设用地（姚存卓，2009）。如果对该部分用地进行二次利用将是城市土地集约利用、高效使用的最好方法，这些做法也是土地管理中的新政策性概念。对于增量用地和存量用地的规划，其出发点就不同，城市用地增量规划即城市规模预测、功能分区、道路交通、市政设施等内容都是从工程学的角度分配和组合资源，从而达到最优的组合；而城市用地存量规划的主要目标是现有资源通过科学的方式转移给能为城市提高效能的使用者，实现社会效能的最大化（赵燕菁，2014a）。

在城市的发展过程中一直存在着增量和存量两个不可分割的部分，而城市规划是对规划区范围内包括增量和存量全部的空间进行整体的布局，正如目前城市新区的开发与城市老城区的旧城改造两个内容一样。目前提出的由增量规划向存量规划转变的概念是基于 40 多年来城市以增量为主的快速发展带来的土地资源浪费、生态环境恶化以及地方债务增加等现实问题而提出的。存量规划是顺应城市发展模式转变，回归城市规划基本原则的体现。

由此可见，为了控制土地的扩张速度，以存量规划为主代替过去增量规划为主的新增建设用地规划的手段是目前迫切需要做的。按照存量规划的思想，在城市空间不扩张即保持城市总建设用地规模不变的前提下，可以通过存量用地的盘活、优化、挖潜、提升而实现城市发展。城市化发展到一定阶段后，城市发展的常态是将占主要比例的存量用地控好、用好，部分增量用地是存量用地的过渡状态。如果说增量用地主要带来经济效益，那么存量用地的利用不是以提高土地的经济效益为目标的，而是为城市提供优质高效的空间、为城市居民提供良好的生态环境服务的，当然间接地也可以促进城市经济的增长。目前我国大部分城市的存量规划刚起步，城市建设仍以增量用地的供应为主，或者处于增量与存量并重的阶段，只有北京、上海、深圳等少数城市在新的一轮总体规划中明确了城市用地规模不增长，城市建设逐步转向以存量规划为主。存量规划与增量规划是相互配合、协同作用的关系，存量规划的实施往往还要依赖增量规划的支持。计划经济时期，上海、北京等特大城市也一直致力于中心城区人口和功能的疏解，开展旧城更新和历史文化保护。但由于当时没有土地交易市场，产权固化无法流转，缺乏增量空间支持，存量空间改造只能陷入旧城内“面多加水、水多加面”的困局。在土地使用的市场化改革后，城市大规模的空间扩张才启动，许多城市在其外围大力开发新区新城。政府获得了足够的增量空间收益，才能利用这部分收益“反哺”旧城，推动旧城区的用地置换和功能升级。这实际是通过增量规划来解决存量问题的异地空间置换模式。上海中心城“退二进三”“双增双减”之所以能够顺利推进，与外围“一城九镇”的快速建设是密不可分的。

3. 道路交通与城市空间相互协调发展

纵观全球，城市拥堵问题是全世界普遍存在的问题，当然这与20世纪科学技术发展带来的现代大城市形成和汽车使用增多有关。城市的交通形态及其发展过程是城市社会经济活动产生的交通需求与城市交通系统产生的交通供给共同作用的产物，土地利用是社会经济活动在空间上的表现。因此，城市土地利用结构与交通系统的协调，是解决城市交通问题，促进城市良性发展的重要途径。

1）城市土地利用空间格局与交通系统布局的协调

城市土地利用空间格局与交通系统布局是相辅相成的，城市土地利用空间格局正是城市范围内所有土地在城市空间的分布，交通系统的布局必须依靠城市土地利用的功能需求，同时城市土地的空间格局一般沿着城市干路展开，这不仅有利于城市土地利用布局的快速形成，也有利于城市用地与道路之间的协调发展。对于山地城市而言，受地形地貌的影响，城市一般呈组团式布局，土地利用布局与交通网络之间的关系不像平原城市那么紧密，并且随着城市的发展扩大，两者之间的矛盾日益凸显，甚至局部地区的交通瓶颈导致城市常年交通拥堵，直接影响城市整体效能水平。所以说协调好城市土地利用与交通系统布局是解决城市交通拥堵问题的关键举措。

2）城市土地利用功能布局与交通系统布局的协调

如果说城市土地利用空间格局与交通系统布局的协调是结构性问题，那么功能性的问题就是城市土地利用的具体功能如何与交通系统的布局进行协调。城市用地的具体功能分类对用地上的交通出行规模、出行距离以及在空间上的分布有直接影响。如果城市土地利用功能布局不合理，就有可能导致城市生活区与生产区距离较远，居民上下班距离过长，增加城市的无效交通流量；城市商圈的过分集中布置也会导致居民日常购物不方便或者集中购物使商圈周边地区道路交通阶段性堵塞。对山地城市而言，受河流与地形的影响，城市中有较多的桥梁与隧道，这无形中成为城市道路交通发展的瓶颈。山地城市又多以组团式布局，组团之间的道路密度往往小于组团内部，这也成为山地城市道路欠顺畅的主要原因之一。协调好城市土地利用功能与道路交通对于交通系统的顺畅运行有着重要意义。

3）城市土地开发与交通系统建设的协调

在实施城市规划过程中，更科学合理地按照建设时序实施或者及时根据情况变化进行纠正对城市土地的开发方向与强度分区有直接影响。如果沿城市道路布置过多的吸引大量人流物流的功能性用地或者在开发过程中必要的交通设施建设没有同步进行会导致严重的交通拥堵问题。对山地城市而言，由于城市建设用地较平原城市更为紧张，城市土地往往是高密度开发，会产生更大的交通需求，且山地城市地均道路面积一般较平原城市要小，这会加剧城市土地开发与交通的紧张关系。所以在城市建设过程中必须要对城市道路交通与城市用地开发进行很好的协调。

4）城市交通模式与城市土地利用模式的协调

不管是土地利用空间格局还是功能布局，城市具体的用地开发与城市道路交通系统的协调都离不开两者模式上的协调。前文论述过城市道路交通模式与城市土地利用模式是一种客观的互动反馈关系，两者相辅相成。集中高密度的土地利用模式必然要求以公共交通这种高运载量的交通模式为主。同样，未来以轨道交通站点为主的 TOD 交通模式也必然会围绕站点中心进行高密度的建设。对于山地城市而言，就更需要适宜山地特色的不同发展阶段的道路交通方式与之协调。前文提到的 5D 模式就可以很好地与山地城市结合起来。

4.5.2　中观视角：强化结构、引导分配、完善网络

山地城市空间布局效能的协调不仅需要宏观层面的总量控制、用地扩展控制

以及土地利用与道路交通的协调，还需要多中心组团式的空间结构、合理的密度分区以及完善的道路交通网络的协调。土地作为城市空间布局的主要载体，不仅是土地本身二维的概念，还应该包括土地上所有的物质空间要素的所有权和使用权，甚至向下延伸（包括地下空间的使用）及向上延伸（包含空间权的内容）（董祚继，2007）。城市土地不仅承载着城市发展的一切要素，土地本身也是城市经济发展的重要资本。然而，随着城市经济发展进入新常态，城市化发展进入新时期，城市土地的角色也需要发生转变。提高城市空间布局的效能，需要强化多中心网络型的空间结构体系、优化密度分区的城市容量分配体系以及完善TOD 模式的道路交通网络系统。

1. 强化多中心网络型的空间结构体系

上文已经多次论述了适应山地城市的空间结构应该是多中心组团式结构，即使在平原城市也如此，这是因为在现代城市体系中，传统单中心城市在达到一定规模后，过度集聚导致结构性的不经济现象逐步显现，甚至国外许多城市都出现了次级中心（Erickson and Gentry，1985），空间结构也逐步向多中心结构演化（韦亚平等，2006）。

在我国，随着城市化的进一步发展，国家相关政策的导向以及解决城市问题的现实诉求，许多大城市的发展模式也开始由“结构调整”代替“规模扩张”。而多中心城市空间布局被广泛用在结构调整的核心空间策略中（Kloosterman and Musterd，2001）。不过目前单中心的模式仍然处于主导地位，多中心空间布局的“磁力”还没有发挥出应有的作用，这主要是因为外围次级中心受经济的影响发展缓慢，而且转变过程本身是一个长时期的培育过程。事实也证明，仅仅依靠空间规划技术手段无法形成城市多中心体系，多中心的城市空间结构规划策略更多地浮在表面，缺少相关政策的引导，而且对多中心城市的特征和形成机制尚缺乏深入与全面的了解（吴一洲等，2016）。

1）建立山地城市多中心体系理想框架

理想框架的建立前提之一是山地城市空间的开放性，山地城市空间受地形条件的限制，自身在发展过程中自发地形成了类似于多组团式的城市结构，组团内部一般会形成各自的发展中心，甚至次一级中心。同时各个组团之间的联系会进一步加强各自组团的职能分工与中心的形成，所以山地城市多中心的空间结构形成的前提是组团之间的开放性。此外是多系统的协同，多中心空间结构的构建需保障若干系统间的协同匹配关系，其中包括中心对应的腹地服务人口规模、腹地生产性服务业就业居住人口强度、生产性服务业就业强度、可达性等，即越高等级生活性服务业就业中心对应越大规模的腹地服务人口、越高可达性、越高强度生活性服务业就业居住人口强度。作者认为中心等级与混合度间的正相关关系并不显著。

以人口密度分布、建筑密度分布和山地城市功能空间组织的本底关系为基础，将山地城市空间划分为以下三类地区：

核心区。城市高等级功能性要素高度集聚的地区，往往是城市传统高等级中心所在，可达度相对较高，但往往也是人口密度和建筑密度最高的区域。

拓展区。往往是传统城市区级中心所在，是人口的相对集聚区，也是服务近郊地区以及中心城边缘地区的重要节点地区，因此也往往具有较高的可达性。

边缘区。往往是城乡接合部所在，公共设施及公共交通设施配套较弱，但也是这个阶段大都市地区人口增长压力最大的地区。

2）建立山地城市多中心体系理想模型

山地城市多中心体系理想模型应该由市级中心（区域组合城市中心）—副市级中心—地区级中心—社区级邻里中心四级构成。

市级中心（区域组合城市中心）：集聚最高密度规模的生产性服务业就业人口和生活性服务业就业人口。服务全市人口，尤其为中心城区及周边地区，或郊区行政区服务。

副市级中心：集聚次高密度规模的生产性服务业就业人口和生活性服务业就业人口。服务本区及周边地区人口。

地区级中心：集聚中等密度规模的生产性服务业就业人口和生活性服务业就业人口。服务本地区人口，公共交通出行 30～40min，50 万～100 万人。

社区级邻里中心：集聚次低密度规模的生活性服务业就业人口。服务本社区人口 10～15min 步行尺度，5 万～10 万人。

在空间布局上，核心区往往白天以工作、购物人口为主，人口密度较高，晚上则属于常住人口衰减地区。

拓展区：大都市拓展区一般为次高可达性地区，居住人口密度相对较高，也是服务近郊中心城边缘地区的重要节点地区，宜选择次高可达性节点引导副市级综合性就业中心集聚。

边缘区：大都市地区中心城边缘地区，往往为人口高增长区，但往往也是城乡接合部所在，宜围绕区域廊道重要节点组织副中心，引导重要交通节点周边组织地区级就业中心（生产性服务业就业中心或生活性服务业就业中心），鼓励 TOD 模式开发。

2. 优化密度分区的城市容量分配体系

原来的总体规划（简称总规）和控制性详细规划（简称控规）在过去快速城市化进程中发挥了积极作用。同时，总规是规划城市用地扩展的主要方式，每一次总规修编都是城市用地不断扩展的表现。

城市控规则充当了城市建筑规模扩张的推手，由于控规是区域性、局部的规划控制，不能宏观掌控城市容量的限制，往往一个城市的控规人口总和和建筑总和超出总规很多倍。如果说城市二维层面无限拓展是城市总规导致的，那么目前很多城市建筑容量高密度发展是控规引起的。

但是未来随着经济新常态的发展，我国城市必然由原来的增量规划转向存量规划，同时传统的总规、控规等也将不符合城市发展的需求，人们需要转变规划观念。

早在2005年，国内部分城市就开始探索密度分区制度，先后有深圳、重庆、上海等地进行过城市密度分区的划定，密度分区划定的是宜居城市资源，如道路、景观等，而且密度分区往往是在城市总规及控规已经编制完成的情况下进行的，更多是对现有城市用地与资源之间关系的再协调与修补过程。密度分区应该在城市总规之后、控规编制之前，或者与城市总规同步进行，其是一项依据城市资源进行的城市容量分配过程。

密度分区实施性弱的原因不仅仅是密度分区的定位与定性，总规的全盘考虑和控规编制的局限性也是其影响因素之一。据统计，城市控规确定的城市人口容量往往超出总规确定的城市人口容量，甚至超出几倍，这也直接导致城市建筑容量爆发式增长。

由于目前我国仍然以土地财政为主，密度分区的划定也就是利益的划分，城市用地容积率的高低直接影响城市土地价格。

1）开发强度控制的价值取向和总体策略

基于土地资源的供求关系，借鉴相关城市的成功经验，遵循可持续发展的基本原则，明确开发强度控制的价值取向，在综合协调的基础上确定整个市域和各类次区域开发强度控制的总体策略。

（1）价值取向。

在城市土地资源紧张、增量规划向存量规划转变的背景下，未来城市土地供求关系将会更加紧张，所以城市密度分区必须采取高效且合理的方式，充分发挥土地的经济效能、社会效能和生态效能，满足一定时期内经济、社会和环境发展的空间需求。

促进低碳生态发展。城市交通工具是碳排放的主要来源之一。开发强度分区带来的土地利用模式必然会影响城市交通方式及其流量，应当采取有助于公共交通发展的城市空间发展模式，特别是最大限度地利用轨道交通作为大容量快速公共交通方式，由此减少城市交通工具的碳排放。

提升宜居环境品质。开发强度分区还应当考虑广大市民能够接受的宜居环境品质，体现以人为本的理念，合理的开发强度是兼顾经济、社会、环境等因素共同影响的结果。

塑造地域形态特色。开发强度也必然会影响到城市空间形态特征，应当依据各个地域的特定条件，形成中心城、近郊和远郊城镇开发强度逐次递减的分布格局，这既有助于塑造各个地域的空间形态特色，又有利于引导人口向郊区城镇疏解。通过开发强度分区分级控制，上海市市域内整体形成各有特色的地域形态。

（2）总体策略。

策略一：落实低碳城市理念，突出轨道交通导向。

低碳城市已成为许多国际大都市的共同目标。建设低碳城市也正是坚持科学发展观、构建和谐社会的具体实践。在城市空间发展模式上落实低碳城市理念，首要任务是在交通模式上采用 TOD 模式，鼓励使用大容量、低碳排放的环保公共交通工具，达到减少碳排放的目的。

从中国香港、新加坡的案例分析，高度密集发展的城市，在空间发展模式上都采取了“轨道交通导向”模式，高密度的新建城与轨道交通结合，将大量的开发集中在轨道交通站点周围。为此，作者认为在总体开发强度控制上，必须贯彻 TOD 开发模式，以轨道交通为核心，确定开发强度分区体系。

策略二：依据土地资源供求关系，确定强度控制总体目标。

以上位规划确定的建设总量为依据，对各个区域的开发强度进行控制。一方面，基于山地城市空间建设用地总体供给与需求状况分析，在总体建设用地供给有限的情况下，采用较高强度发展模式。另一方面，未来山地城市空间土地资源供求关系虽然紧张，但总体上尚未达到新加坡、中国香港供求关系的紧张程度。参照以上两个城市土地资源供求关系以及两个城市的成功经验，遵循可持续发展的原则，可以确定山地城市空间开发强度控制总体目标。总体上，开发强度控制指标不应超越新加坡和中国香港。

策略三：中心城、郊区城镇之间形成有梯度的开发强度分区。

根据中心城、近郊城镇、远郊城镇三类次区域的差异，在宏观层面上，形成市域内中心城、近郊城镇、远郊城镇开发强度逐次梯度下降的格局。近郊城镇、远郊城镇采用适宜强度的开发模式，提升居住环境质量，吸引人口向近郊城镇、远郊城镇疏解。

策略四：各类特别区域的开发强度控制由各类区域自身的特定要求确定。

开发强度分区控制体系仅对中心城、郊区城镇的一般区域进行控制。各类特别区域不纳入统一的开发强度分区控制体系。特别区域包括历史风貌保护区、发展敏感区、重要滨水区、风景区、净空管制区、微波通廊管制区、特殊大型开发项目等，各类特别区域的开发强度由各类区域自身的特定要求确定。

2）建立开发强度分区体系

（1）以轨道交通服务水平为核心的强度分区体系。

鼓励使用轨道交通等公共交通工具。在轨道交通站点附近采用较高的开发强度，开发强度随与轨道交通站点的距离增加而逐步下降。在此原则下，首先，以轨道交通服务水平为核心指标，兼顾城镇中心服务区位指标，建立开发强度分区计算模型。其次，根据中心城、近郊城镇、远郊城镇三类次区域在市域城乡发展格局中的差异，为中心城、近郊城镇、远郊城镇各自制定有差异的分区计算模型。

（2）以上位规划确定的建设总量为依据，对全市各个区域的开发强度进行控制。

将上位规划确定的建设总量作为对全市各个区域开发强度的控制依据。依据人口疏解目标，计算各组团相应的住宅建设总量、商业办公用地总量，从而指导开发强度分区。

（3）划分不同类型的郊区城镇，相互之间形成有梯度的开发强度。

为避免城市形式单调乏味，形成不同区域的特色地域形态，对市域的不同区域进行差异化的开发强度引导，设置不同级别的强度分区。

在中心城、近郊城镇、远郊城镇之间形成有梯度的开发强度控制基本格局。在此基础上，进一步依据交通区位、城镇规模等将远郊城镇、近郊城镇各自划分为若干类型。不同类型郊区城镇之间也形成有梯度的开发强度控制格局。

（4）开发强度分区的空间单元划分。

开发强度分区的空间单元包含区域、街坊、地块三个层面。在区域层面的中心城、近郊城镇和远郊城镇，确定区域的整体开发强度。在中心城、近郊城镇和远郊城镇范围内，综合考虑相关发展条件，确定开发强度分区及其容积率控制区间。位于同一开发强度分区的同类用地，适用相同的基本强度指标。在各个开发强度分区内，以街坊为空间单元，确定是否适用特定强度。在街坊内，以地块为空间单元，确定是否适用开发强度修正。

控规编制时，地块的开发强度指标数值由所处开发强度分区级别、所处街坊是否适用特定强度以及该地块是否适用开发强度指标修正规则综合确定。

（5）开发强度分区确定容积率指标的方法。

各级强度分区中的开发强度具体指标分别采用以下两种方法综合确定：第一，采用可接受强度法，按照维持各个区域的环境、景观、安全的可接受程度，从微观层面确定和检验不同强度分区的住宅、商办的基准容积率。第二，采用总量分配法，依据未来建设用地供求关系，从宏观层面对建设总量分片区进行分配，对各个强度分区的基准容积率指标进行校核。

3）建立地块开发强度指标修正参数体系

（1）地块开发强度修正目的与修正原则。

修正目的：在开发强度分区体系的基础上，考虑具体地块微观上存在的差异，建立一组针对地块开发强度指标的修正参数体系，为控规在基本强度区间中确定各类地块的开发控制指标提供指导原则。

修正原则：突出公共交通引导开发的特点，将轨道交通站点 300m 覆盖半径、地块周边道路情况作为微观修正的考量依据。

各地块的开发强度指标具体数值由所处单元的强度分区、地块开发强度指标修正参数综合确定。

（2）地块开发强度修正的适用范围。

地块开发强度修正只适用于处于基本强度区域中的地块，已经划入特定强度区域中的地块不能再进行开发强度修正。

（3）地块开发强度修正规则。

地块开发强度修正主要依据所在地块现状开发强度、公共服务设施配套、交通可达性、城市美学等因素进行。

3. 完善 TOD 模式的道路交通网络系统

中观层面研究是在宏观层面研究的基础上，对交通与环境、交通与空间的集约利用，组团设计层面研究组团中心性对交通的吸引力以及轨道交通建设对小汽车的抑制作用。

从理想的开发强度曲线来看，轨道交通站点周边用地开发强度呈正态分布，其随用地与轨道交通站点距离的增加而逐渐减小。高密度发展、大容量公共交通的相互支持是低碳城市发展的一个必要条件。对于山地城市高密度的发展，大运量公共交通不仅可以降低小汽车的使用带来的交通拥堵，减少环境污染，而且对以私家车为主的交通模式需要大量停车用地起到缓减作用。对于山地大城市而言，保证大多数人快速出行，不能靠慢行系统解决，必须使用大运量的公共交通工具。当然从另一个角度来说，高密度发展的城市才能使公交系统达到较高的运载量，从而保证成本的经济性。一般来说，不同的交通工具对城市的密度有不同的要求，而运载量越大的交通工具，对密度的要求也越高。由此可见，大运量的公共交通与高密度的山地城市存在一种相互依存的关系。

高密度城市机动车交通出行占总的出行方式比例相对稳定。高密度城市使交通更好地在较小范围内均衡，如果能够与绿色交通模式相互耦合，也就是 5D 模式（POD＞BOD＞TOD＞XOD＞COD）[POD（有利于步行的城市建设模式）；BOD（有利于自行车的城市建设模式）；TOD（有利于公共交通的城市建设模式）；XOD（有利于改善交通的城市建设模式）；COD（有利于小汽车的城市建设模式）]，就能够大大提高城市空间的灵活性，促进城市低碳发展。

随着城市化速度的不断加快，特大城市空间和人口不断向外拓展，就业和居住空间逐步郊区化、分散化。城市外围地区出行需求剧增，并呈现明显的长距离化的趋势，小汽车发展迅猛，居民更倾向于选择个人机动化的出行方式。此外，城市外围地区低密度、大路网的建设格局在一定程度上也“鼓励”了小汽车的出行。若不采取一定措施，外围地区将成为未来城市小汽车使用的重要地区。

为了使外围地区的交通更加可持续地发展，许多城市纷纷编制市域级快速轨道交通规划，希望通过轨道交通提高外围地区的可达性，提高站点地区土地开发的集约度并呈现明显的圈层效应，形成以轨道交通为中心的 TOD 开发模式，以达到控制外围地区小汽车的使用与增长的目的。

4.5.3　微观视角：空间紧凑、混合使用、慢行出行

目前，城市病中最突出的就是交通拥堵，可见交通设施是城市基础设施中最表象的内容，要保障城市空间的生态效能，就要完善城市道路交通。在人们的印象中，交通拥堵一度是北京市民出行遇到的最头疼问题，但根据荷兰交通导航服务商 TomTom 2019 年的一份全球城市拥堵调查，全球拥堵前 40 名城市中，我国内地有 7 个城市上榜。报告显示，北京的堵车指数为 40%，位列全球第 30 位。重庆是最为拥堵的城市，其平均拥堵指数为 44%，位列全球第 18 位。虽然报告中所呈现的结果与人们的感受不一定完全吻合，但重庆作为典型的山地城市，尤其是自 20 世纪 90 年代以来快速扩张的城市，其人口已经增长了数倍，多河及多山地貌导致其道路狭窄、桥梁众多，城市拥堵指数确实偏高。因此，山地城市构建畅通的道路交通体系在提高城市效能中显得尤为重要。山地城市的地形地貌在给城市带来交通压力的同时，也为城市构建多样化的立体交通网络提供了机遇。2007 年以来，随着全国轨道交通建设的加快，重庆已成为我国轨道交通建设中仅次于北京、上海、广州的城市。轨道交通建设需要适应基于轨道交通站点的空间发展策略的实施以及城市更新模式。同时，道路交通模式一定要与多中心组团式的城市空间结构相协调。构建适应山地城市的立体交通网络，不仅是山地城市建设的需求，也是城市高密度发展的要求。

由于城市空间效能优化对象涉及面较广，在优化对象处于同一个层级的基础上，本书主要抽取城市物质空间作为重点研究对象，在空间效能优化方法的论述中，也以城市物质空间中的城市空间结构、土地利用、道路交通作为主要构成要素。城市空间环境以及城市生态绿地同样可以运用以下优化方法。

1. 创造生活与形态紧凑的城市空间

综合形态紧凑、产出高效和生活紧凑三个维度的评估结果，以存在问题为导向，将各街道空间布局紧凑度现状分为 9 种情况（表 4.8）：形态集中度较低、建设用地产出较低、公共设施配置较低、形态集中度及公共设施配置均低、形态集中度及建设用地产出均低、建设用地产出及公共设施配置均低、三者皆低、综合评估尚可及综合评估较好。每种情况分别对应形态集中度、居住用地地均人口、工业用地地均产出和人均公共设施用地四项指标的评估结果。四项指标的评估均采用聚类分析方法，将各街道按指标由低到高划分为低、次低、中、次高和高五

类（个别数据被划分为特高类）。其中，居住用地地均人口与工业用地地均产出取两者较高值作为建设用地产出的评估结果。

表 4.8　空间布局紧凑度问题分类表

序号	分类	形态集中度	居住用地地均人口/工业用地地均产出	人均公共设施用地
1	形态集中度较低	低/次低	中/次高/高	中/次高/高
2	建设用地产出较低	中/次高/高	低/次低	中/次高/高
3	公共设施配置较低	中/次高/高	中/次高/高	低/次低
4	形态集中度及公共设施配置均低	低/次低	中/次高/高	低/次低
5	形态集中度及建设用地产出均低	低/次低	低/次低	中/次高/高
6	建设用地产出及公共设施配置均低	中/次高/高	低/次低	低/次低
7	三者皆低	低/次低	低/次低	低/次低
8	综合评估尚可	三者均为中/两者为中且一者为高或次高		
9	综合评估较好	三者均为高或次高/两者为高或次高且一者为中		

在对空间紧凑度进行评估时，为使结果更具可比性，分别计算山地城市空间各街道单元内建设用地占总用地的比例，依据该比例将所有单元分为两类：建设用地占比在平均值以上的单元为城市建设连绵区，在平均值以下的单元为城市建设非连绵区。

由于城市非连绵区本身建设用地稀少，其形态集中度、居住用地地均人口等指标普遍较低，形态分散和人口密度低等问题不可避免地存在。研究中对城市建设连绵区从形态紧凑、产出高效和生活紧凑三个维度进行全面评估，而对城市建设非连绵区着重考察生活紧凑维度，即人均公共设施用地指标。

2. 构建混合用地模式增强城市多样性

土地混合使用作为紧凑城市、新城市主义、低碳城市等现代城市规划理论所共同倡导的核心原则之一，已经被公认为是创造集约、多元、可持续发展城市的重要手段。对正处在城市快速发展和市场经济逐步成熟的中国而言，土地混合使用已成为节约稀缺的建设用地、实现城市低碳运行、增进城市活力的必然选择。

3. 建立网络化的慢行系统

改善步行环境应从以下两方面进行：第一，在规划上提升步行网络整合度，增强步行网络内外衔接。城市步行网络主要依托城市道路和街区内部道路。提升步行网络整合度，首先，需要建立街区和社区的合理尺度，使城市公共步行道网络化；其次，提升社区内步行网络的可达性，并且增强步行网络的内外衔接，提升网络整合度，减少步行出行绕行。具体包括创造合理尺度的城市步行网络，提升居住区步行网络可达性，加强步行系统与周围环境的衔接。

第二，规划要优化干道过街设施，尽可能减少绕行。尺度过大的城市道路，行人在道路两侧不能随意穿行，只能在城市交叉口过街。过街设施类型应尽可能采用平面人行横道的形式，立体层面的步行道之间的转换不仅增加了人们的步行时间，还加剧了步行能耗，这对老人、小孩以及推行重物的行人都是相当不便的。人行过街设施一般布设在商业中心、公共服务中心、车站以及居住区的出入口处。对于处在城市干道上的公交站点而言，其往往不具备人行横道与车站无缝衔接的能力，此时需要通过优化人行横道间距来尽量减少行人过街绕行和过街的心理负荷。公交站点地区步行网络设计策略包括保证步行通行宽度、加强街道管理、保障步行的连续性、形成趣味性形态及界面等。

第5章　重庆市渝中半岛空间布局优化

在前文研究的基础上以重庆市都市区、渝中半岛为研究对象从宏观、中观、微观三个层面进行实证研究。重庆市都市区作为典型的山地城市代表，高密度发展不仅是城市的现实情境，更是未来城市发展的主要方式。本章从都市区空间布局特征分析入手，在对空间布局定性评价与定量评价的基础上提出优化空间布局的具体策略，充分印证了本书建立的“高密度概念与标准-空间效能评价体系-空间效能优化标准-空间效能优化策略”的空间布局效能协调方法的实践作用。

5.1　研究范围界定与概况

研究范围主要包括重庆市都市区和渝中半岛两个层面，都市区包括主城九区，地形多以山地和丘陵为主，范围内有跨铜锣山、中梁山、长江和嘉陵江主要的山体与水体。渝中半岛是主城区典型的高密度发展区，也是重庆市的母城（图5.1）。随着重庆市改为直辖市以及国家“一带一路”建设等的影响，无论都市区还是渝中半岛，城市密度仍处于不断增长的态势，高密度发展带来的城市问题仍没有得到很有效地解决。

图5.1　重庆市渝中半岛高密度发展

5.1.1　重庆市高密度发展

本书选择重庆市作为实证研究案例，除了有收集资料便利的考虑外，更为重要的是，相比国内其他城市，重庆市不仅是国内山地城市的代表，而且自改革开放以来，尤其是其改直辖市以来，重庆市的高密度发展在城市中尤其是在山地城市中具有代表性。

重庆市是我国高密度城市的代表，重庆市都市区是城市建成区高密度发展的代表，城市人口密度、建筑密度可以与纽约、东京、新加坡及香港等知名高密度城市相提并论。重庆市作为我国著名的山地城市，与生俱来就由于用地紧张，城市密度较高，主要表现在城区人口密度高（人口总量与人口密度）、城区建筑密度高（毛容积率）、城区高层建筑密度高（高层建筑的数量与超高层建筑的数量）等方面。

根据第六次全国人口普查数据，重庆市以 2885 万人位列全国市域人口排名第一（表 5.1），市辖区（不包括所辖县和县级市等）人口排名，重庆市以 1569.4 万人位列全国第三，仅上海市与北京市超过重庆市。1981 年重庆市人口密度仅次于上海市居全国第二，达到 2.6 万人/km^2，随着城市用地规模的拓展，30 年后的 2011 年上海市以 2.35 万人/km^2 位列第一，重庆市在全国 36 个直辖市、省会城市及计划单列市中位于中等水平（图 5.2）。1981 年，重庆市城市毛容积率达到 0.40，截至 2011 年，在全国 36 个省会城市、直辖市及计划单列市里仍有 23 个城市毛容积率低于 0.40，低于 30 年前重庆市的水平。

表 5.1　第六次全国人口普查城市人口情况　　（单位：万人）

城市	重庆	上海	北京	成都	天津	广州	保定	哈尔滨	苏州	深圳
市域人口	2885	2302	1972	1404	1294	1270	1119	1064	1047	1036
城市	上海	北京	重庆	天津	广州	深圳	武汉	东莞	佛山	南京
市辖区人口	2231.5	1883	1569.4	1109	1107	1035.8	978.5	822	719.4	716.6

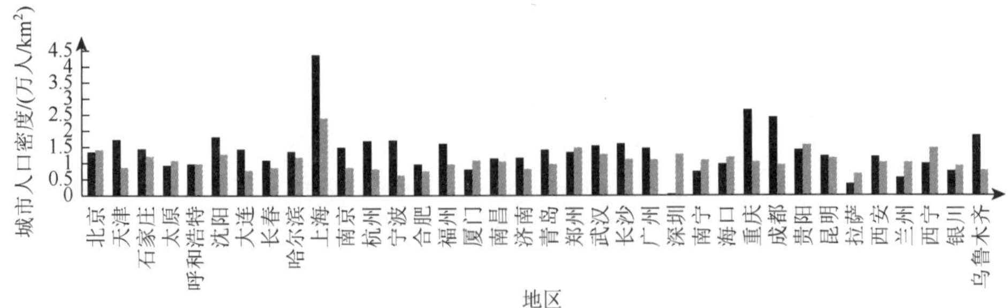

图 5.2　城市人口密度全国排名

衡量城市是否高密度发展，城市高层建筑的数量与规模也是其中重要内容之一。截至 2019 年 4 月，重庆市都市区已建成（含封顶）74 栋 180m 及其以上的超高层建筑，其中包括 51 栋 200m 及其以上的高楼。重庆市 200m 以上的高楼数量位居中国内地城市前列，仅次于上海、深圳、广州，是内地第四大摩天城市（表 5.2）。

表 5.2　重庆市已建成高楼列表（≥180m）

序号	名称	高度/m	区域	年份	状态
1	重庆来福士广场 T3N	354.5	渝中区朝天门	2017	封顶
2	重庆来福士广场 T4N	354.5	渝中区朝天门	2018	封顶
3	重庆环球金融中心	338.9	渝中区解放碑	2013	建成
4	九龙仓国际金融中心	316.3	江北区江北嘴	2015	建成
5	俊豪国际商业金融中心	301	江北区江北嘴	2017	建成
6	天和国际中心	301.75	江北区观音桥	2015	建成
7	英利国际金融中心	288	渝中区解放碑	2011	建成
8	海航保利国际中心	287.8	渝中区解放碑	2010	建成
9	联合国际	285	渝中区解放碑	2010	建成
10	重庆世界贸易中心	283.1	渝中区解放碑	2003	建成
11	重庆来福士广场 T2	265	渝中区朝天门	2017	封顶
12	重庆来福士广场 T3S	265	渝中区朝天门	2017	封顶
13	重庆来福士广场 T4S	265	渝中区朝天门	2017	封顶
14	重庆来福士广场 T5	265	渝中区朝天门	2017	封顶
15	东方国际广场	262	江北区江北嘴	2014	建成
16	浪高会展国际广场	258	南岸区南坪	2010	建成
17	智汇国际	258	南岸区南坪	2004	建成
18	重庆企业天地 2 号	255.8	渝中区化龙桥	2011	建成
19	南滨特区 A 塔	248	南岸区南滨路	2019	封顶
20	南滨特区 B 塔	248	南岸区南滨路	2019	封顶
21	上海城嘉发中心	247.2	南岸区南坪	2013	建成
22	申基金融广场	245.3	渝中区解放碑	2012	建成
23	中新城上城	242.4	九龙坡区袁家岗	2009	建成
24	新华国际	238.6	渝中区解放碑	2010	建成
25	未来国际	236	江北区观音桥	2006	建成
26	日月光中心广场 R3	235.8	渝中区解放碑	2014	建成
27	重庆来福士广场 T1	234.5	渝中区朝天门	2019	封顶
28	重庆来福士广场 T6	234.5	渝中区朝天门	2017	封顶
29	重庆财富金融中心	230.8	渝北区幸福广场	2016	封顶

续表

序号	名称	高度/m	区域	年份	状态
30	纽约纽约	228	渝中区解放碑	2005	建成
31	华润大厦	223.7	九龙坡区谢家湾	2015	建成
32	国汇中心	220.5	南岸区南坪	2011	建成
33	北城温德姆中心	220	渝北区新牌坊	2014	建成
34	重庆喜来登 A 塔	218	南岸区南滨路	2009	建成
35	重庆喜来登 B 塔	218	南岸区南滨路	2009	建成
36	重庆农村商业银行	218	江北区江北嘴	2014	建成
37	英利国际广场 T1	218	渝中区大坪	2013	建成
38	英利环贸中心 T2	213.4	渝中区解放碑	2015	建成
39	恒大御龙天峰 T5	211	江北区北滨路	2018	建成
40	香港城上东国际	210.5	大渡口区九宫庙	2007	建成
41	重庆复地金融中心	208.4	渝中区解放碑	2019	封顶
42	海客瀛洲枕江阁	207	渝中区朝天门	2006	建成
43	海客瀛洲抚云阁	207	渝中区朝天门	2006	建成
44	海客瀛洲揽山阁	207	渝中区朝天门	2006	建成
45	恒大中心	206.5	渝北区新牌坊	2015	建成
46	海上皇冠 A 塔	204.6	南岸区南滨路	2011	建成
47	海上皇冠 B 塔	204.6	南岸区南滨路	2011	建成
48	国瑞中心	203.8	南岸区海棠溪	2013	建成
49	STC 服务贸易中心	203.7	渝北区大竹林	2017	封顶
50	西南证券总部大厦	203	江北区江北嘴	2015	封顶
51	日月光中心广场 R2	202.8	渝中区解放碑	2011	建成
52	协信中心 A 塔	198.8	渝中区解放碑	2013	建成
53	协信中心 B 塔	198.8	渝中区解放碑	2013	建成
54	重庆地产大厦	198.4	渝中区鹅岭	2003	建成
55	中国银行重庆分行	197.9	江北区江北嘴	2013	建成
56	世纪英皇	196.2	江北区红旗河沟	2008	建成
57	长江国际 A 塔	195.98	南岸区南滨路	2009	建成
58	长江国际 B 塔	195.38	南岸区南滨路	2009	建成
59	时代豪苑擎天阁	195	渝中区解放碑	2004	建成
60	日月光中心广场 R1	193.8	渝中区解放碑	2008	建成
61	白象街 T1-1	193.65	渝中区储奇门	2016	建成
62	白象街 T1-2	193.65	渝中区储奇门	2016	建成
63	白象街 T1-3	193.65	渝中区储奇门	2016	建成

续表

序号	名称	高度/m	区域	年份	状态
64	帝都广场	189.2	渝中区解放碑	2004	建成
65	汉国金山商业中心南塔	187.85	渝北区金山	2013	建成
66	金融城 3 号 T2	187.75	江北区江北嘴	2013	建成
67	汉国金山商业中心北塔	185.65	渝北区金山	2013	建成
68	中冶重庆早晨	185	江北区北滨路	2011	建成
69	英利国际广场 T2	184.4	渝中区大坪	2013	建成
70	地王广场名仕阁	184.1	渝中区解放碑	2002	建成
71	金融城 1 号 T1	184	江北区江北嘴	2014	建成
72	华融现代广场	183.4	渝北区冉家坝	2015	建成
73	金融城 2 号 T2	181.3	江北区江北嘴	2011	建成
74	珠江国际云宸中心	180	江北区北滨路	2015	建成

重庆市超高层建筑增长速度惊人，建筑总量变化快，主要是普通高层建筑多，据不完全统计，截至 2018 年，重庆市都市区高层建筑总数达到 19822 余栋，居全国第二，仅次于上海。

对比重庆市在不同时期的城市人口密度和建筑密度发现，随着城市化的发展，城市建成区面积逐步扩大，城市人口进一步增多，城市建筑容量随之不断扩容。由于重庆市用地扩张速度快于人口增长速度，城市人口密度呈现下降趋势，2011 年人口密度为 1.0 万人/km^2，但同年城市毛容积率达到 0.7（图 5.3），这说明城市建筑容量同步增加，城市建筑密度进一步加强，城市高密度态势进一步凸显。如果说 1981 年前重庆市的高密度以人口高密度为代表，那么 2011 年后以建筑高密度为代表。此外，重庆市改直辖市后受成渝城镇群、国家中心城市等一系列政策背景的影响，其发展速度加快，经济飞速发展，带动城市在二维空间和三维空间快速扩展，据统计，1996 年重庆市 GDP 仅 1315 亿元，人均 GDP 为 4574 元，低于全国平均水平。在二十余年的发展中，重庆市 GDP 曾连续 15 年保持两位数高增长，2018 年 GDP 增速 6%，首次低于全国增速，总量达到 2.04 万亿元，人均 GDP 约为 6.59 万元，略超全国平均水平。

重庆市经济社会的快速发展，推动了都市区城市空间的快速拓展与人口集聚。1997～2018 年，重庆市都市区实际城市建设面积由 239.06km^2 拓展到 1213.18km^2，城市建设用地年平均增长率为 19.40%。重庆市改直辖市以来，建设用地以 46.39km^2/a 左右的速度递增。与 1997 年相比，城市建设用地面积增加了 974.12km^2。从人口发展看，都市区整体人口呈较快上升趋势。1997 年城市人口为 836.52 万，非农业人口为 354.68 万，2018 年城市人口为 1500.47 万，其中暂住人口 378.85 万，21 年人口增加 1145.79 万。

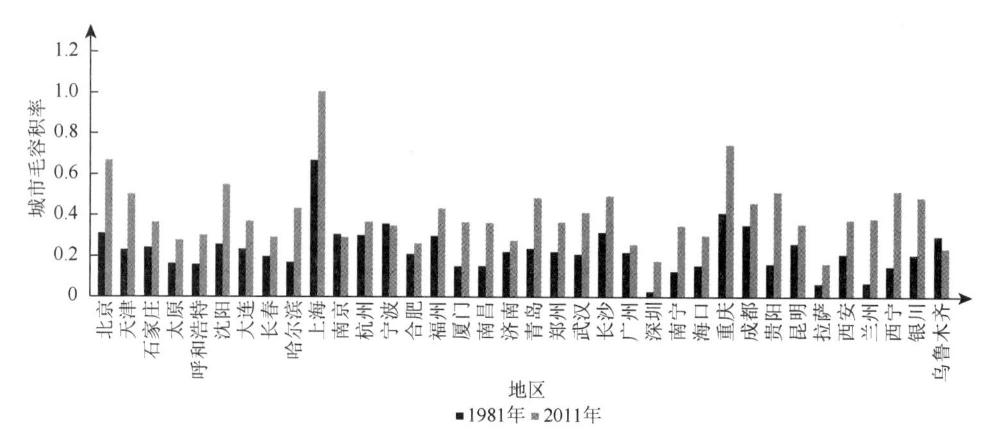

图 5.3　城市毛容积率全国排名

城市规划手段的失效导致城市密度失控。重庆市控规与总规的不匹配导致城市局部密度失控，部分规划的法定性失效。作为引导城市发展的纲领性文件，《重庆市城乡总体规划》（简称《规划》）主要对城市人口和城市用地规模进行控制，而下一层级的控规受《规划》编制范围及编制主体利益诉求影响，每一片区在城市人口规模及城市用地规模的规划上均超出《规划》确定的容量。为此，密度分区规划重点从预测城市总体建筑规模出发，结合不同用地及不同城市功能进行密度分区控制。近些年地方政府实施的土地财政政策导致不同区域利益冲突，在实际操作层面阻力重重，使规划最终无法实施（赵燕菁，2014b）。

总体来看，重庆市都市区伴随着城市经济的高速增长和大规模的城市开发热潮，城市高密度发展态势已经形成。随着经济发展新常态，在已经形成的高密度空间要缓减持续的人口增长和建筑规模增加，城市空间效能优化势在必行。

5.1.2　重庆市都市区①

重庆市都市区包括重庆市渝中、沙坪坝、南岸、江北、大渡口、九龙坡、渝北、巴南和北碚等主城 9 个行政辖区，辖区面积 5473km^2。都市区地形地貌

① 在 2017 年版《重庆市城乡总体规划》中渝中、沙坪坝、南岸、江北、大渡口、九龙坡、渝北、巴南和北碚等 9 个行政区范围称为都市区，最新的《重庆市国土空间规划》将这个范围称为主城区或中心城区，由于规划属于编制阶段，故本书仍按照都市区进行介绍。

情况复杂，受缙云山、中梁山、铜锣山、明月山以及长江和嘉陵江的影响，区域整体山水格局为“两江四山”，且山地和丘陵较多，而台地和平坝分布较少（表 5.3）。

表 5.3　研究区域地貌类型统计表

类型	山地	丘陵	台地	平坝	水域	合计
面积/km^2	2249.12	2737.88	257.29	110.84	117.69	5472.82
占总面积比例/%	41.10	50.03	4.70	2.02	2.15	100

1）都市区空间结构概况

都市区城市空间逐步扩展，正从极核的“城市”向网络化的“城市区域”转变，已经进入“大都市区”时代。从开埠时期到 1980 年，重庆城市用地逐步从半岛向两江沿岸区域再向两山之间区域拓展；到 2000 年，城市用地已从两山区域向四山之间区域拓展，逐步实现跨越式发展；2007 年以来，随着城市能级的进一步提升、都市区产业与功能的持续外溢，都市区与外部区域逐步形成网络化的空间态势。

受地形地貌因素影响，规划一直重点贯彻“因地制宜”的发展模式。从《陪都十年建设计划草案》到 1983 年版《重庆市城市总体规划（主城）》，规划范围局限在两山之间，重点体现了“多中心”发展模式；从 1998 年版《重庆市城市总体规划（1996～2020 年）》到 2007 年版《重庆市城乡总体规划（2005～2020 年）》，规划范围跨越两山，向四山范围的都市区扩大，空间重点实现“多中心、组团式”发展模式；从 2007 年以来的一小时圈规划到近期的总体规划深化，规范范围扩大至大都市区，空间重点按照区域协调的要求，实现分圈层组团式发展①。在最新的《重庆市国土空间规划》中，初步确定的城市空间结构是“两江、四山、三谷、多中心、组团式”的空间格局（图 5.4）。

到 2018 年，重庆市都市区常住人口为 875.00 万②，城镇化率为 91.84%。重庆市都市区总用地面积为 5473km^2，建成区面积约为 950$km^2$③，现状城市建设用地为 674.00km^2，城市总建筑面积达到 112678.7 万 $m^2$④，其中居住建筑面积约为 69233.6 万 m^2，城市建成区平均毛容积率为 1.19；都市区地区生产总值达到 8388.39 亿元，全社会市政公用设施固定资产投资为 2268.22 亿元；都市区第一产业生产总值约为 114.10 亿元，第二产业生产总值约为 3300.58 亿元，第三产业生

① 《重庆大都市区总体规划》总报告。

② 2019 年《重庆市统计年鉴》。

③《重庆市国土空间规划》（三调数据）。

④ 城市建筑面积根据历年重庆市统计年鉴各区县房屋的竣工面积统计得出。

产总值约为 4973.84 亿元；城市人口密度为 0.92 万人/km^2，60 岁以上人口规模达到 163.53 万人。城市功能布局稳步合理调整，逐步形成了“一城五片、多中心组团式”的城市空间结构框架。中心城区城市功能和品质得到稳步提升，逐步完善了基础设施和公共服务设施，改善了城市人居环境，疏解了人口和工业功能，重点发展第三产业。城市扩展片区及各外部组团则主要承担旧城区人口的疏解、部分公共服务和交通功能，根据区域特点发展相应产业，完善城市功能。

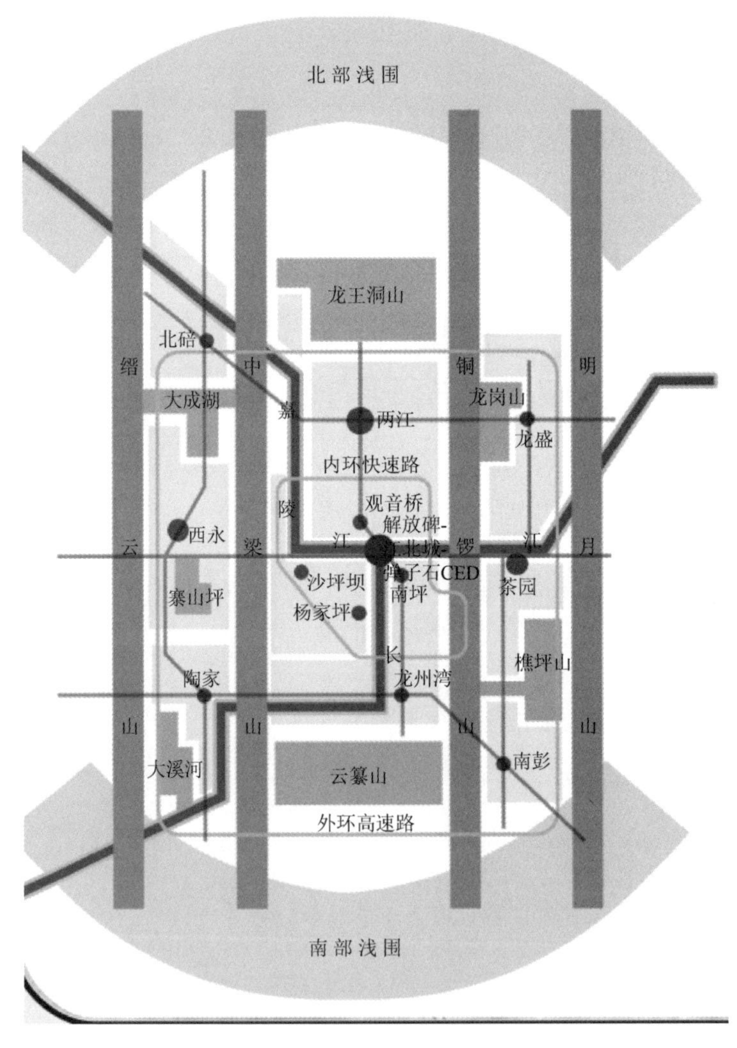

图 5.4 “两江、四山、三谷、多中心、组团式”的空间格局

资料来源：重庆市规划和自然资源局. 2020. 重庆市国土空间总体规划（过程稿）.

2）都市区土地利用概况

截至 2018 年底，都市区现状城市用地中居住用地面积约为 $285km^2$，公益性用地面积约为 $229km^2$；居住建筑规模约为 69233.6 万 m^2，居住建筑毛容积率为 2.43；城市经营性用地面积约为 $62.21km^2$，所占比重约为 9.23%；2018 年都市区建筑基地面积约为 $167.03km^2$，集中性商业用地面积约为 $23.03km^2$，建筑平均高度为 6.79 层，集中性商业规模比重为 3.55%，建筑用地比重为 26.96%；2018 年城市绿地面积为 $65km^2$，城市绿地比重为 9.6%，人均绿地面积为 $7.42m^2$，绿化覆盖率为 37.61%；2018 年都市区公共空间面积约为 $212.63km^2$，公共空间覆盖面积约为 $665.76km^2$，公共空间覆盖率为 70.08%，公共空间用地比重为 7%，人均公共空间面积为 $24.43m^2$；2018 年都市区空气质量达标率为 86.6%，城市污水处理率为 95.84%，城市垃圾处理率为 99.8%。2017～2018 年主城区各行政区建设用地现状变化情况如图 5.5 所示。

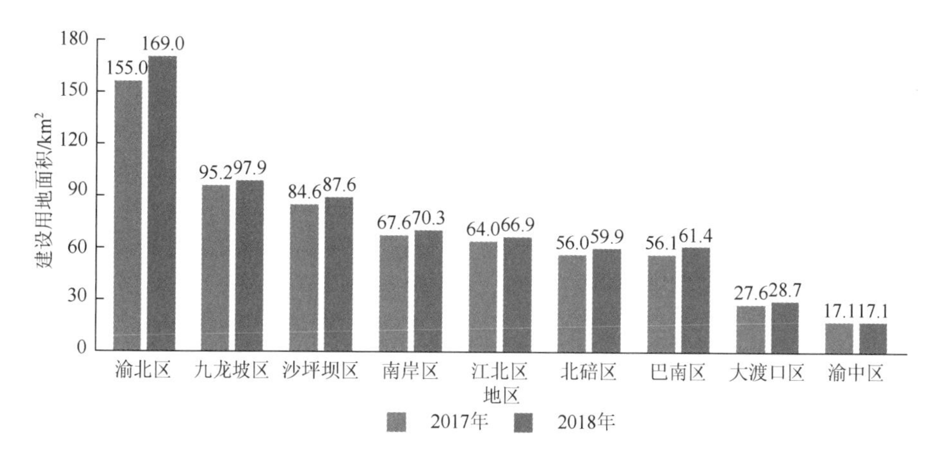

图 5.5　2017～2018 年重庆都市区各行政区建设用地现状变化情况

资料来源：重庆市交通规划研究院. 2018. 重庆市主城区交通发展年度报告.

3）都市区道路交通概况

2018 年都市区居民日均出行总量（机动化方式）为 1710 万人次/日。其中，公共交通 564.3 万人次/日，占 33.0%（地面公交 23.8%，轨道交通 9.2%）；小汽车 336.87 万人次/日，占 19.7%；出租车 56.43 万人次/日，占 3.3%；其他方式 0.4%。相比 2014 年日均出行量增加 197 万人次，年均增长 3.1%；步行分担率下降了 2.7 个百分点；公共交通分担率增加了 0.4 个百分点，轨道交通分担率增加了 3.4 个百分点，地面公交分担率下降了 3 个百分点；小汽车分担率增加了 3.9 个百分点，出租车分担率下降了 1.5 个百分点（图 5.6 和表 5.4）。

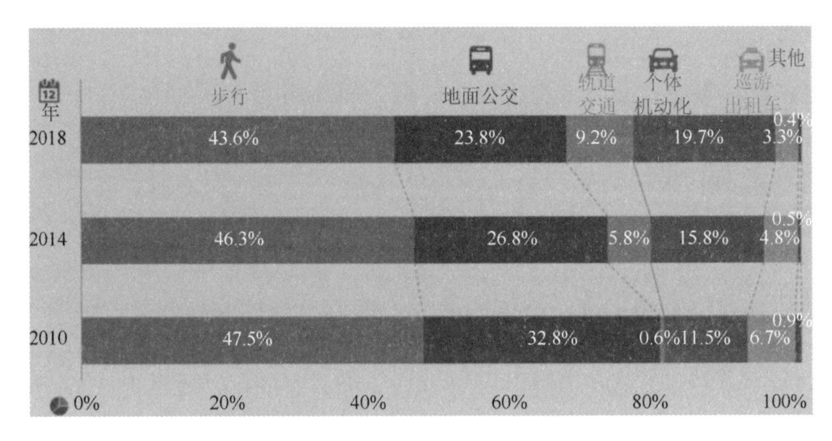

图 5.6　重庆市主城区全方式出行分担率

资料来源：重庆市 2014 年和 2018 年主城区居民出行调查报告

表 5.4　2014 年、2018 年机动化出行分担率对比表

年份	小汽车	公共交通	轨道	出租车	步行
2014	15.8%	32.6%	5.8%	4.8%	46.3%
2018	19.7%	33.0%	9.2%	3.3%	43.6%

资料来源：重庆市 2014 年和 2018 年主城区居民出行调查报告。

重庆市都市区处于快速机动化阶段，机动化出行比例逐步提升，特别是轨道交通出行比例快速上升。随着出行总量增长，地面公交运量同步增长，但分担率逐年下降；地铁客流快速增长，分担率上升；小汽车出行量及分担率均大幅提升。

随着城市总体规划的实施与城市建设的推进，都市区交通骨架路网初步形成，以快速路网为骨架，主次干路为基础，初步建立了“片区网格自由式”的道路网络系统。截至 2018 年，都市区道路总里程约 5092.6km，其中快速路 436.8km，主干路 1007.9km，次干路 1217.7km，支路 2430.2km，快速路网密度 0.65km/km^2，干路网密度 3.95km/km^2，支路网密度 3.61km/km^2；城市道路建设用地面积约为 196.0km^2，道路面积占比为 21%，人均道路面积约为 29.08m^2，快速路、干路与支路的级配比为 1∶6.10∶5.56；都市区开通运营轨道线路共 8 条，运营总里程 329km，轨道站点 211 个，轨道网密度为 0.49km/km^2，轨道站点分布密度为 0.31 个/km^2，轨道站点 1000m 半径覆盖率达到 31.3%，人均轨道长度为 0.38km/万人；2018 年公交车保有量约为 9216 辆，公交站点数约为 1388 个，公交线路总长度（单向）约为 9807.21km，公交站点 300m 覆盖率约为 41.3%，500m 覆盖率约为 75.5%，人均公交车指标为 10.53 台/万人；都市区范围内公路里程为 11466km，等级公路里程为 11390km，高速公路里程为 1000km；都市区机动车保有量约为 172 万辆，公共停车场数量约为 5143 个，公共停车位为 152.08 万个，车均停车位为 1.0 个/车，公共停车场辐射指标为 7.63 个/km^2。

5.1.3　重庆市渝中半岛

渝中半岛位于重庆市渝中区，是重庆市的母城，其不光有着悠久的历史，而且就人口密度和建筑密度来说在全重庆市是最高的，是山地城市高密度发展的典型代表。本章研究的渝中半岛是 2017 年版《重庆市城市总体规划》中确定的渝中组团用地范围，四至界限为北临嘉陵江、南临长江、西起鹅岭、东至朝天门码头，总用地面积 9.47km^2，其中城市建设用地总面积 9.32km^2（图 5.7）。渝中半岛是典型的“岛 + 城”复合结构，因此渝中半岛在用地形态上已经完全没有拓展的空间，随着城市的发展，城市密度只会增长，所产生的问题具有代表性，作为本次实证研究对象更具有现实意义。

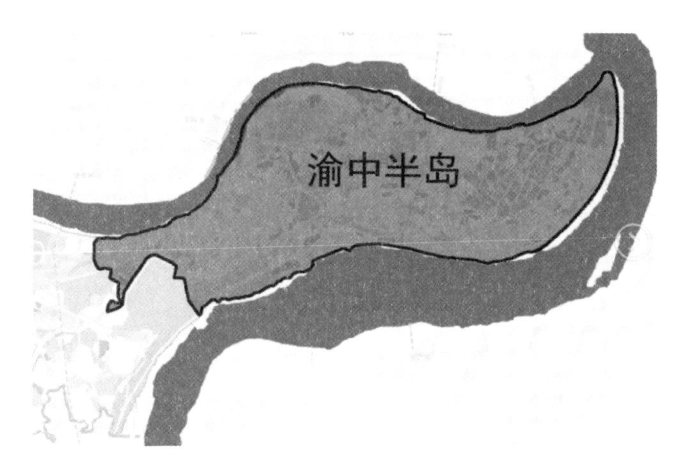

图 5.7　渝中半岛范围

1）渝中半岛空间结构概况

到 2018 年，重庆市都市区常住人口规模为 875.00 万，渝中区常住人口 66 万，城镇化率 100%，现状城市建设用地 17.40km^2。渝中半岛用地面积 9.32km^2，渝中半岛人口按照用地占比同比例计算约为 35.31 万人。渝中半岛总建筑面积达到 2137.83 万 m^2，其中居住建筑面积约为 916.11 万 m^2，渝中半岛建成区平均毛容积率为 2.29；渝中区地区生产总值达到 1122.2 亿元，人均 GDP 为 170528 元。全社会固定资产投资 213 亿元；渝中区第二产业生产总值约为

32.54 亿元，第三产业生产总值约为 1089.66 亿元；城市人口密度为 3.79 万人/km^2，城市 60 岁以上人口规模达到 16.8 万。

2）渝中半岛土地利用概况

截至 2018 年底，渝中半岛现状城市用地中居住用地面积约为 189.29hm^2，公益性用地面积约为 366.87hm^2；居住建筑规模约为 916.11 万 m^2，居住建筑毛容积率为 4.84；城市经营性用地面积约为 122.09hm^2，所占比重约为 13.23%；建筑基地面积约为 237.77hm^2，集中性商业用地面积约为 93.59hm^2，建筑平均高度为 8.99 层，集中性商业规模比重为 30.67%（655.76 万 m^2/2137.83 万 m^2），建筑用地比重为 11.12%（237.77 万 m^2/2137.83 万 m^2）；绿地面积为 655.7hm^2，绿地比重为 37.7%，人均绿地面积为 6.9m^2，绿化覆盖率为 40.2%；公共空间面积约为 211.36hm^2，公共空间覆盖面积约为 9.32km^2，公共空间覆盖率为 100%，公共空间用地比重为 22.68%，人均公共空间面积为 5.99m^2；空气质量达标率为 86.6%，城市污水处理率为 100%，城市垃圾处理率为 100%。

3）渝中半岛道路交通概况

2018 年渝中半岛现状道路总里程约为 86.13km，其中主干路 26.44km，次干路 29.53km，支路 30.16km，主干路网密度 2.84km/km^2，次干路网密度 6.01km/km^2，支路网密度 3.61km/km^2；城市道路建设用地面积约为 239.00hm^2，道路面积占比为 25.64%，人均道路面积约为 6.77m^2，主干路、次干路与支路的级配比为 1∶1.12∶1.17；轨道交通里程达到 18.8km，轨道站点为 14 个，轨道网密度为 2.02km/km^2，轨道站点分布密度为 1.50 个/km^2，轨道站点 1000m 半径覆盖率达到 100%，人均轨道长度为 0.53km/万人；公交站点数为 108 个，公交站点 300m 覆盖率约为 80%，500m 覆盖率约为 100%；公共停车场数量约为 588 个，公共停车位为 78024 个，公共停车场辐射指标为 63.22 个/km^2。

5.2　空间布局效能定性评价

5.2.1　社会效能定性评价

1. 人地耦合关系评价

根据上文中“人地容”耦合模型，考察重庆市 1981～2018 年 37 年的人口、用地和建筑的关系。直接考察 37 年间的变化系数，由于时间跨度较长，得出的结果不能准确地反映实际情况，所以本章根据重庆市都市区的发展现状分为 1981～1990 年、1990～1998 年、1998～2006 年、2006～2018 年四个时间段，分别计算不同时间段的变化系数，对人口、用地与建筑之间的耦合关系进行评估，结果如表 5.5 所示。

表 5.5　“人地容”耦合关系

阶段	人口-用地		建筑-用地		人口-建筑	
1981～1990 年	$\alpha_1 = 1.05$	扩张连接	$\beta_1 = 2.85$	扩张负脱钩	$\gamma_1 = 0.37$	弱脱钩
1990～1998 年	$\alpha_2 = 0.31$	弱脱钩	$\beta_2 = 1.03$	扩张连接	$\gamma_2 = 0.30$	弱脱钩
1998～2006 年	$\alpha_3 = 0.82$	扩张连接	$\beta_3 = 1.24$	扩张负脱钩	$\gamma_3 = 0.66$	弱脱钩
2006～2018 年	$\alpha_4 = 0.59$	弱脱钩	$\beta_4 = 1.22$	扩张负脱钩	$\gamma_4 = 0.49$	弱脱钩

分析表明，1981～1990 年和 1998～2006 年，人口增长与用地拓展耦合关系较好，建筑容量增长速度明显大于人口和用地扩张速度；1990～1998 年，人口增长与用地增长呈现弱脱钩状态，但此时建筑容量与用地规模耦合关系相协调，人口增长速度均低于建筑与用地的增长速度；而在最近的 2006～2018 年，人口、用地与建筑容量三者的耦合关系均不协调，表现为用地增长速度快于人口增长速度，建筑容量增长速度快于用地增长速度，同时人口增长速度也低于建筑容量增长速度，整体表现为城市毛容积率处于持续增长状态，而人口密度处于降低状态，主要原因是城市用地扩张速度与城市化水平不匹配，城市地产经济导致城市建筑容量不断扩大（表 5.6）。

表 5.6　重庆市都市区 1981～2018 年人口、用地及建筑容量变化情况

阶段	城市人口增长率	城市用地增长率	建筑容量增长率
1981～1990 年	（226.7－190）/190/9 ×100%≈2.15%	（86.5－73）/73/9 ×100%≈2.05%	（4541－2976）/2976/9 ×100%≈5.84%
1990～1998 年	（354.68－226.7）/226.7/8 ×100%≈7.06%	（239.06－86.5）/86.5/8 ×100%≈22.05%	（13081－4541）/4541/8 ×100%≈23.51%
1998～2006 年	（832.54－354.68）/354.68/8 ×100%≈16.84%	（631.35－239.06）/239.06/8 ×100%≈20.51%	（39831－13081）/13081/8 ×100%≈25.56%
2006～2018 年	（1507.66－832.54)/832.54/12 ×100%≈6.76%	（1496.72－631.35)/631.35/12 ×100%≈11.42%	（106524－39831）/39831/12 ×100%≈13.95%

渝中半岛经历了开埠、陪都、新中国成立后、改革开放及直辖后五个历史时期，用地形态逐步由梭形演变为狭长带形，用地面积由 3km^2 扩大至目前的 9.47km^2（徐煜辉，1999）。整个半岛的演变过程中，城市用地从内部逐步向滨水地区延伸，其间城市人口密度和建筑密度也逐步增加，土地的开发逐步呈现出集约化的特征。直辖前，无论用地还是人口都是一个稳定的演变过程。直辖后，受山水环境的限制，渝中半岛用地发展基本饱和，保持在 9.47km^2，但由于渝中半岛是重庆市的母城，解放碑地区作为重庆市最大的商业商务中心对城市人口的吸引进一步加强，

加之城市更新的加速，渝中半岛的人口和建筑呈现出完全的高密度发展态势，城市用地功能更加多样性，城市交通更加立体化（表 5.7）。

表 5.7　重庆市渝中半岛用地形态演变一览表

演变时期	形态特征	用地规模/km^2	年代	演变过程
开埠时期	梭形	3.0～3.5	1891～1926 年	临水依山而建，城垣内发展，主要交通枢纽
		6.0	1928～1945 年	突破城垣限制，向外拓展，开辟新市区
陪都时期	狭长带形	7.6	1945～1949 年	用地继续拓展，路网逐步完善，上下半城联通，形成解放碑和两路口双商业中心结构
新中国成立后		13.6	1949～1978 年	与周边联系加强，新的政治文化中心转移至上清寺
改革开放时期		9.33	1978～1997 年	下半城逐渐衰败，旧城开始改造，解放碑成为新的核心区
直辖时期		9.47	1997 年至今	城市用地逐步向滨水地区延伸，城市密度持续增加，城市用地集约化建设特征明显

资料来源：根据相关论文资料整理。

渝中半岛用地的不断拓展与城市功能的需求促使人口规模逐步增加，但人口密度受历史因素及国家政策的影响经历了起伏变化的过程。1920～1945 年，渝中半岛的人口密度经历了先降后升的变化特征，最早在 1920 年岛内人口密度一度超过 8 万人/km^2，主要是因为城市发展集中在岛内。随后由于城市逐步向外扩张，人口密度逐步降低到 1929 年的 4 万人/km^2，由于城市扩展速度比人口增长速度快，在 1935 年，岛内人口密度约为 2.7 万人/km^2。在重庆陪都时期，由于大量人口内迁，在 1945 年达到 5 万人/km^2。新中国成立后，经过一段时间的人口回迁以及城市的规模扩大，半岛人口密度逐步降低，直至改革开放时期，人口总量与新中国成立初相差不大，人口密度约为 3 万人/km^2，总的来说渝中半岛人口密度的增长主要与用地饱和发展受限有关。

渝中半岛的人口密度演变不仅受到经济发展和用地规模的影响，而且受到重要的历史事件和国家相关政策的影响，在这些节点表现出激增或突降。

2. 多中心空间结构评价

鉴于测度生产性服务业与生活性服务业就业中心的集聚度的经济普查原始数据较难取得，本章主要通过百度热力图和城市控规一张图各种地块规划容积率核密度分析评估重庆市多中心的空间结构状态。李娟等“基于百度热力图的中国多中心城市分析”一文以市民借助互联网的活动为出发点重新定义城市中心，在对全国658个城市的百度热力数据进行分析后，发现其中69个城市表现出多中心性。

在此基础上对 69 个城市的多中心空间结构进行分类研究，主要分为起步型、成长型以及成熟型三种多中心城市类型。其中，重庆市都市区属于成熟型多中心城市，城市中心超过 10 个。

采用 GIS 核密度工具对重庆市都市区城市居住和商业用地容积率进行空间分布分析，识别出密度较高的地区即为城市中心。同时结合城市总体规划中城市用地分布图识别出城市生产服务中心和生活服务中心等内容。基于核密度方法的中心集聚度分布，采用等高线的方式结合经验判断测度中心层次性。对系统聚类出的各层次中心，直接采用分类层次进行表达。对采用核密度方法生成的密度图，通过平面或三维的方式表达，采用离散颜色或分位数分类法显示。三维显示有助于判断每个中心的集聚层次。

现状生产中心的现状特征：从生产服务业用地分布密度来看，重庆市都市区整体的多中心格局已经基本形成，大部分生产性服务业用地仍与城市组团相匹配，在部分组团内形成多个中心的格局。从中心的强度分布来看，渝中组团、观音桥组团、悦来组团、龙兴组团、界石组团相对较弱（图 5.8）。

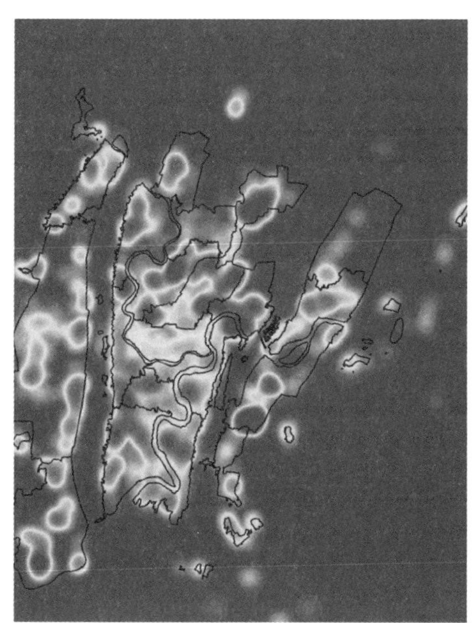
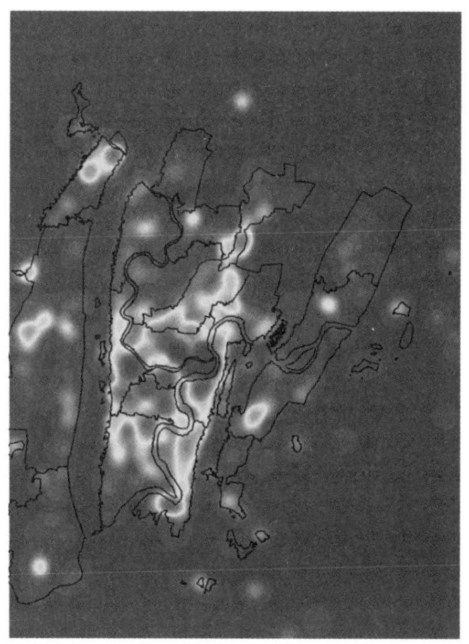

图 5.8 重庆都市区现状生产/生活中心分布图

现状层级体系：将重庆市都市区所有的组团单元按照生产性服务业就业密度进行聚类分析，分成高、次高、中、次低、低共五个等级，分级结果如表 5.8 所示。

表 5.8　生产性服务业中心现状密度层级

层级	生产等级	组团名称
一级中心	高生产	鱼嘴组团、茶园组团、空港组团
二级中心	次高生产	大杨石组团、沙坪坝组团、大渡口组团、唐家沱组团
三级中心	中生产	西永组团、西彭组团、李家沱组团、南坪组团
四级中心	次低生产	礼嘉组团、蔡家组团、人和组团、北碚组团、水土组团
五级中心	低生产	渝中组团、观音桥组团、龙兴组团、悦来组团、界石组团

现状生产性服务业就业中心与可达性的匹配：将都市区生产服务业就业密度的核密度图与可达性指数图进行对比，外围的可达性与生产性服务业的就业密度的集聚情况并不匹配，尤其是西永组团、西彭组团、茶园组团、鱼嘴组团、空港组团、水土组团以及礼嘉组团等，就业密度的集聚较为明显，而可达性指数不高。

现状生活中心的特征：从生活性服务业就业密度的分布看，生活中心体系的多中心格局也较为明显，内环以内集聚着大规模的生活性服务业就业岗位，并且在内环内形成解放碑、江北嘴、沙坪坝、观音桥四个高强度中心和大坪、石桥铺、杨家坪、南坪四个较高强度中心的强核心；在外围也有不同集聚程度的生活中心，李家沱、鱼洞、茶园、北碚、两路、西永、大渡口属于外围集聚程度相对较高的生活中心，但与高强度的中心仍有一定的差距。

现状层级体系：将重庆市都市区所有的组团单元按照生活性服务业就业密度进行聚类分析，分成高、次高、中、次低、低共五个等级，分级结果如表 5.9 所示。

表 5.9　生活性服务业中心现状密度层级

层级	生活等级	组团名称
一级中心	高生活	解放碑、江北嘴
二级中心	次高生活	沙坪坝、南坪、观音桥
三级中心	中生活	大坪、石桥铺、鱼洞
四级中心	次低生活	北碚、杨家坪、两路
五级中心	低生活	李家沱、茶园、西永、大渡口

现状生活性服务业就业中心与可达性的匹配：将生活性服务业中心与可达性进行匹配，发现江北嘴一级生活性服务中心的可达性相对较弱，这与江北嘴为城市新发展区域相吻合，而二级、三级、四级等次级生活性服务中心可达性相对较强，这与各中心为城市老城区组团中心有密切关系。

现状生产性服务业就业中心与现状生活性服务业就业中心的匹配：将都市区生产性服务中心与生活性服务中心叠加可以发现不同组团两者的匹配程度，通过分析发现匹配度高的有两种：一种发展成熟，生产性服务中心与生活性服务中心高度复合集中；另一种则生产性功能与生活性功能均处于发展初期，也显示出高匹配度状态。匹配度低的组团主要是功能单一的组团，例如，渝中组团为典型的生活性服务中心，几乎没有任何生产服务功能，或者鱼嘴组团，为工业园区，主要为生产性服务功能，生活性服务功能主要为组团配套，规模一般较小（表 5.10）。

表 5.10　现状生产性服务中心与生活性服务中心匹配水平

组团	生产性服务中心水平	生活性服务中心水平	匹配度
渝中组团	低	高	低
大杨石组团	次高	中	中
沙坪坝组团	次高	次高	高
大渡口组团	次高	低	低
观音桥组团	低	高	低
人和组团	次低	低	中
悦来组团	低	低	高
空港组团	高	次低	低
蔡家组团	次低	低	高
水土组团	次低	低	高
礼嘉组团	次低	低	高
唐家沱组团	次高	次低	低
龙兴组团	低	低	高
鱼嘴组团	高	低	低
南坪组团	中	次高	中
李家沱组团	中	中	高
西永组团	中	次低	中
北碚组团	次低	次低	中
西彭组团	中	低	低
茶园组团	高	次低	低
界石组团	低	低	高

通过对都市区城市生产性和生活性服务中心的现状分析，发现无论是服务中心与交通可达性的匹配还是两者自身的匹配程度，部分组团仍然处于发展水平低、匹配程度不高的程度，对城市效能的发挥存在一定的阻力。下文重点对规划后的城市组团进行相关分析。

规划生产服务中心的特征：通过规划后生产性用地与生活性用地的核密度分析发现生产性服务中心渝中组团、观音桥组团、悦来组团等之外的各组团分布相对较均匀（图 5.9）。

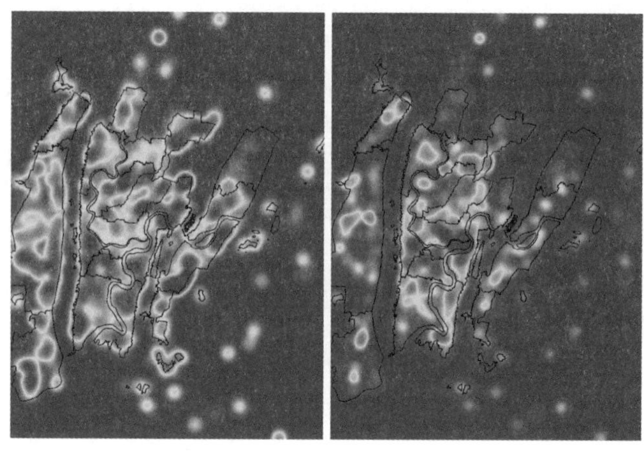

图 5.9　重庆都市区规划生产性/生活性服务业核密度分布图

规划层级体系：将重庆市都市区所有组团单元按照生产性服务业就业密度进行聚类分析，分成高、次高、中、次低、低共五个等级，分级结果如表 5.11 所示。

表 5.11　生产性服务业中心规划密度层级

层级	生产等级	组团名称
一级中心	高生产	礼嘉组团、茶园组团、空港组团、唐家沱组团
二级中心	次高生产	鱼嘴组团、人和组团、西永组团、西彭组团、沙坪坝组团、大渡口组团
三级中心	中生产	北碚组团、大杨石组团、南坪组团
四级中心	次低生产	蔡家组团、李家沱组团
五级中心	低生产	渝中组团、观音桥组团、龙兴组团、悦来组团、界石组团、水土组团

规划生产性服务业中心与可达性的匹配：考察可达性主要通过公交站点与轨道站点服务辐射区域进行匹配，由于缺少公交站点的规划数据，主要通过规划轨道线路及站点进行可达性的匹配分析。通过分析，发现轨道交通站点与生产性服务就业中心高度匹配，这在一定程度上说明了规划布局中生产性功能用地与轨道线路的合理性。

规划生活性服务中心的特征：通过规划中生活性功能用地的核密度分析，生活性服务中心仍然表现为相对内聚式分布，规划后生活性中心在原现状基础上，悦来组团、蔡家组团、西彭组团及西永组团有所加强。就层级体系而言，与现状分布格局基本吻合，各级中心强度均有所增加。随着轨道线路的完善，城市生活服务中心的可达性相比现状更高，生活性服务中心与生产性服务中心通过轨道交通的发展匹配程度进一步加强。

规划生产性服务业就业中心与规划生活性服务业就业中心的匹配形成相互补充的空间分布格局，部分城市组团由于城市功能的侧重点不同仍然呈现出二者匹配程度较低的水平（表5.12）。

表5.12　规划生产性服务中心与生活性服务中心匹配水平

组团	生产中心水平	生活中心水平	匹配度
渝中组团	低	高	低
大杨石组团	中	次高	高
沙坪坝组团	次高	次高	高
大渡口组团	次高	低	低
观音桥组团	低	高	低
人和组团	次高	低	中
悦来组团	低	次低	中
空港组团	高	低	低
蔡家组团	次低	次低	高
水土组团	低	低	中
礼嘉组团	高	次低	中
唐家沱组团	高	低	低
龙兴组团	低	次低	高
鱼嘴组团	高	次低	低
南坪组团	中	次高	高
李家沱组团	次低	次高	中
西永组团	次高	中	低
北碚组团	中	中	中
西彭组团	次高	中	中
茶园组团	高	中	低
界石组团	次低	低	中

通过对都市区现状与规划层面的生产生活服务中心的空间布局分析，基本可以判断，重庆市都市区多中心空间格局已经形成，并稳定发展。随着城市用地的拓展，城市生产服务中心分布进一步完善，生活服务中心则在同步加强的基础上更趋于合理分布，与城市生产服务中心的匹配程度逐步加强。

渝中半岛空间结构经历了核心的转移发展与功能多元圈层增长的规律。从开埠至今，渝中半岛的空间格局逐步由“单中心”发展为“双中心”，又慢慢形成目前“三中心”的格局。最早受交通条件以及经济水平的影响，商业主要布局在下半城古城区一带；之后，随着道路逐步拓展与延伸，原有的商业中心逐步转移至解放碑区域，同时在两路口形成商业副中心。新中国成立后，随着上清寺逐步成为重庆市的行政中心，在半岛形成了两个商业中心、一个行政中心的“三中心”结构。随着20世纪90年代上半城旧城更新和环境提升的影响，解放碑、临江门、洪崖洞地区陆续成为商业、金融和服务集聚区，此时下半城发展相对缓慢，传统的商贸功能面临衰落，主要为居住、办公和日常商业服务设施相混杂的城市地带，渝中半岛功能高度集中于上半城中心。进入21世纪以后，随着城市快速发展，城市轨道交通以及桥梁的连接，与江对面片区的联系加强，渝中半岛逐步与江北嘴、弹子石形成重庆市商业、商务中心，渝中半岛的空间格局在与周边区域协同发展的同时进一步得到强化（图5.10）。

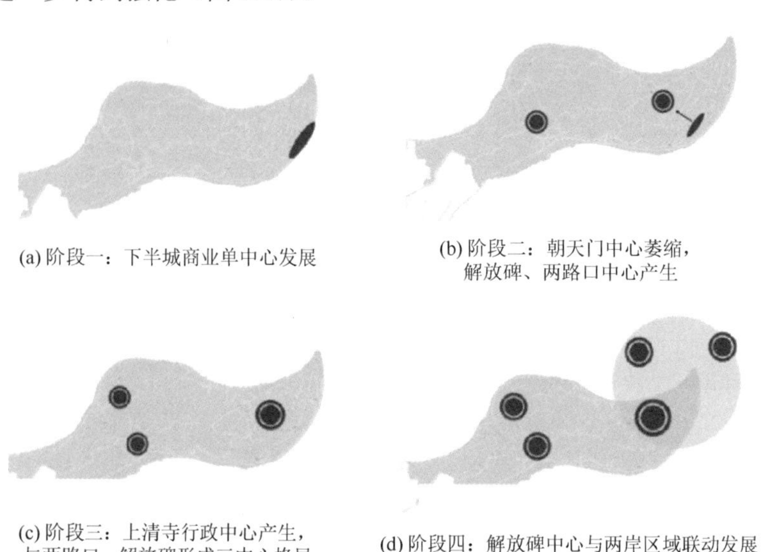

(a) 阶段一：下半城商业单中心发展

(b) 阶段二：朝天门中心萎缩，解放碑、两路口中心产生

(c) 阶段三：上清寺行政中心产生，与两路口、解放碑形成三中心格局

(d) 阶段四：解放碑中心与两岸区域联动发展

图5.10 渝中半岛核心体系发展历程

从用地功能来看，渝中半岛的功能演变主要从最早单一的居住、农业和商品交换场所逐渐发展成为政治、经济、文化、居住功能多样化的区域中心。用地功能的演变受不同时期国家相关政策影响较大，三线建设时期中居住、工业、仓储占比较大，有大量企事业单位用地，而城市公共服务和基础设施用地偏少；改革开放后，随着第三产业迅速发展，半岛用地功能主要以工业、居住用地比例减少为特点，同时城市公共服务和基础设施功能大量增加，直到重庆改直辖市后，岛内各类用地功能完成了内部的更新与整合，功能的空间分布增长呈现围绕三个中心的同心圆圈层式分布特征，内圈以公共服务功能为主，外圈以居住功能为主。

3. 空间结构紧凑度评价

依据Richardson紧凑度衡量法对重庆市都市区空间紧凑度进行测度，从组团形态角度初步判定各个组团的紧凑度指数，通过分析发现重庆市都市区各城市组团形态紧凑度指数主要分布在 0.3～0.7，渝中组团形态紧凑度指数为 0.586081（表 5.13），相对其他组团来说较高。总体来看，组团紧凑度指数偏低，对于山地城市而言，城市用地发展主要受制于城市山地与河流，部分城市组团呈带状分布，紧凑度指数势必偏低。对于高密度发展的山地城市而言，仅仅考察组团外部形态的紧凑度指数不能提高城市空间效能。为提高各城市组团的紧凑度，在外部形态无法改变的情况下，应该重点对组团内部用地的破碎化程度进行控制，从而提高城市空间效能。

表 5.13　重庆市都市区城市组团外部形态紧凑度指数

组团	周长/m	面积/m^2	紧凑度
渝中组团	18469.15	9328673.507	0.586081
大杨石组团	46426.46	47852026.07	0.528055
沙坪坝组团	65474.14	48911564.44	0.378557
大渡口组团	80924.89	100005193.2	0.437949
观音桥组团	45411.19	56198838.35	0.585054
人和组团	54495.07	73018005.84	0.555716
悦来组团	64679.96	54523909.99	0.404593
空港组团	58496.53	60394692.05	0.470830
蔡家组团	61915.64	73160089.37	0.489589
水土组团	44367.56	58925010.27	0.613168
礼嘉组团	64279.57	73105799.87	0.471409
唐家沱组团	48102.92	56935321.14	0.555922
龙兴组团	57199.56	108544890.4	0.645516
鱼嘴组团	62050.93	69407153.39	0.475827
南坪组团	60314.52	43860252.65	0.389142
李家沱组团	72604.79	65726529.23	0.395731
西永组团	116158.8	313366535.2	0.540093
北碚组团	65166.81	59701014.21	0.420203
西彭组团	64667.1	155479125.8	0.683357
茶园组团	66594.22	86231876.13	0.494188
界石组团	44627.3	33005271.99	0.456232

本章利用景观斑块紧凑法对组团内用地进行综合评价，综合考察各城市组团在现状与规划层面中内部用地的布局紧凑化水平。根据分析，现状城市组团内部用地平均形状指数分布在 1.33～1.59，南坪组团指数最高，西彭组团指数最低（表 5.14）；规划城市组团内部用地平均形状指数均有所提高，分布在 1.51～1.84，南坪组团指数最高，水土组团指数最低。

表 5.14　重庆市都市区各组团用地内部现状景观斑块紧凑指数①

名称	平均加权平均形状指数 AWMSI	平均形状指数 MSI	平均周长面积比 MPAR	平均斑块分形维数 MPFD	面积加权平均斑块分形维数 AWMPFD	总边缘 TE	边缘密度 ED	平均斑块边缘 MPE	平均斑块面积 MPS	斑块 NumP	中位数斑块大小 MedPS	斑块大小变异系数 PSCoV	斑块面积标准差 PSSD	邻域所有斑块的景观总和 TLA	CA
北碚组团	1.617796	1.504388	10060.06	1.369549	1.3092	564908	279.1976	631.8882	2.263229	894	0.955903	329.9835	7.468282	2023.327	2023.327
蔡家组团	1.330375	1.371755	524.2911	1.329629	1.275571	291612	204.1941	742.0152	3.633872	393	1.705615	161.199	5.857766	1428.112	1428.112
茶园组团	1.410281	1.559903	38450.46	1.332717	1.284978	588821	224.7641	766.694	3.411105	768	1.890668	168.4296	5.74531	2619.728	2619.728
大渡口组团	1.439358	1.399943	607.6271	1.339094	1.29186	945823.5	241.994	681.429	2.815892	1388	1.474827	196.1725	5.524005	3908.458	3908.458
大杨石组团	1.529053	1.474411	754.1391	1.369794	1.315731	950490.4	334.7019	556.4932	1.662653	1708	0.808421	183.7165	3.054568	2839.812	2839.812
观音桥组团	1.520375	1.4178	660.7267	1.354787	1.306051	1121213	294.7306	580.3382	1.969046	1932	0.947299	220.9971	4.351535	3804.197	3804.197
界石组团	1.356405	1.363249	565.0426	1.337628	1.288726	127307.6	251.0529	652.8595	2.600485	195	1.724525	149.5102	3.887991	507.0947	507.0947
空港组团	1.373249	1.391514	457.2171	1.325136	1.282894	510839.4	224.5755	781.1	3.478118	654	1.863362	146.408	5.092244	2274.689	2274.689
礼嘉组团	1.386405	1.502756	586.3327	1.336555	1.278726	385166.5	211.3238	855.9255	4.050303	450	2.46081	147.9401	5.992022	1822.637	1822.637
李家沱组团	1.472213	1.485169	700.4206	1.361489	1.30239	1167690	281.1506	649.0772	2.308646	1799	1.008647	196.9525	4.546934	4153.253	4153.253
龙兴组团	1.376042	1.490129	500.4612	1.325418	1.247888	186347.5	124.8465	1129.379	9.046139	165	3.802782	319.0069	28.85781	1492.613	1492.613
南坪组团	1.538664	1.583873	801.8321	1.38032	1.316131	1027959	329.6688	611.1529	1.853839	1682	0.838582	172.7514	3.202533	3118.157	3118.157

续表

名称	平均加权平均形状指数 AWMSI	平均形状指数 MSI	平均周长面积比 MPAR	平均斑块分形维数 MPFD	面积加权平均斑块分形维数 AWMPFD	总边缘 TE	边缘密度 ED	平均斑块边缘 MPE	平均斑块面积 MPS	斑块 NumP	中位数斑块大小 MedPS	斑块大小变异系数 PSCoV	斑块面积标准差 PSSD	邻域所有斑块的景观总和 TLA	CA
人和组团	1.875244	1.427883	4773.876	1.331058	1.296721	1048802	219.4969	816.188	3.718448	1285	1.772511	255.3732	9.495921	4778.206	4778.206
沙坪坝组团	1.485073	1.477801	749.0796	1.366238	1.308146	780145.5	308.0542	577.4578	1.874533	1351	0.815965	197.5968	3.704017	2532.494	2532.494
水土组团	1.244229	1.351292	392.2064	1.309538	1.258602	109508.7	169.5023	876.0694	5.168482	125	2.986439	141.0589	7.290603	646.0603	646.0603
唐家沱组团	1.453555	1.564241	820.097	1.372157	1.292036	355870.8	245.981	707.4965	2.876225	503	1.220637	201.2026	5.787039	1446.741	1446.741
西彭组团	1.281576	1.333615	14432.53	1.332373	1.271477	351775.3	205.3943	659.9911	3.213288	533	1.487207	162.9059	5.234636	1712.683	1712.683
西永组团	1.388947	1.449995	–48234.9	1.3359	1.272726	1148066	191.3483	809.0671	4.228242	1419	1.916134	232.2253	9.819046	5999.875	5999.875
鱼嘴组团	1.46281	1.544167	720.4791	1.359604	1.271806	310883.1	181.352	775.2695	4.274942	401	1.544716	302.5872	12.93543	1714.252	1714.252
渝中组团	1.58364	1.449728	4388678	1.376076	1.336702	519289.6	411.4185	470.7975	1.144327	1103	0.54871	177.6206	2.032561	1262.193	1262.193
悦来组团	1.311496	1.35881	544.7359	1.326696	1.270644	183565.2	199.9665	731.3356	3.65729	251	1.996807	231.4956	8.466465	917.9799	917.9799

① CA（class area）属于一个给定的类所有斑块的区域综合；TLA（total landscape area）为邻域所有斑块的景观总和；PSSD（patch size standard deviation）为斑块面积标准差；PSCoV（patch size coefficient of variance）为斑块大小变异系数；MedPS（median patch size）为中位数斑块大小；NumP（No. of patches）为斑块；MPS（mean patch size）为平均斑块面积；MPE（mean patch edge）为平均斑块边缘；ED（edge density）为边缘密度；TE（total edge）为总边缘；AWMPFD（area weighted mean patch fractal dimension）为面积加权平均斑块分形维数；MPFD（mean patch fractal dimension）为平均斑块分形维数；MPAR（mean perimeter-area ratio）为平均周长面积比；MSI（mean shape index）为平均形状指数；AWMSI（area weighted mean shape index）为平均加权平均形状指数。

5.2.2 经济效能定性评价

1. 用地密度极差评价

都市区作为重庆市集中发展的区域，不仅城市化水平高、建设速度快，而且是城市开发强度最高的区域。根据计算，主城区内的毛容积率（即建筑总量与建设用地总量的比值）一度达到了 0.83。近年来，主城区内的毛容积率下降到 0.79，但中心城区毛容积率仍旧较高，已达到 0.93。

1）密度级差构成特征

运用 GIS 系统对各个交通小区（密度控制单元）的总建筑量和毛容积率进行汇总统计，并将密度控制单元容积率分为低（0.5 或以下）、中低（＞0.5～1.0）、中（＞1.0～2.0）、中高（＞2.0～3.0）和高（＞3.0）五个等级。

根据统计数据，在都市区范围内 303 个有效的密度控制单元数据中，高密度标准分区的面积和数量占比分别为 1.0%和 3.3%；中高密度分别为 2.6%和 3.6%；中密度分别为 14.4%和 20.1%；中低密度分别为 20.1%和 22.8%；低密度分别为 62%和 50.2%。由此可见，不管是面积还是数量，目前主城区主要以中低密度和低密度为主，合计所占比例均为 70%以上。此外，数据无效密度控制单元主要集中分布在大渡口、南山、跳蹬等地区，根据经验判断，这些标准分区（除市中心地区）的建筑容积率以低密度和中低密度为主（图 5.11）。

以解放碑、观音桥、杨家坪、南坪、沙坪坝为代表的传统城市商圈作为城市组团中心，主要以中高密度和高密度标准分区为主，呈现出典型的密度级差构成分异特征（图 5.12）。合计占地区标准分区总量的比例分别为 26.4%和 27.8%，占面积总量的比例分别为 21.5%和 14.0%。沿山地区及北部新区的建筑容积率较低，没有出现高密度标准分区，中高密度标准分区的数量所占比例分别为 5.0%和 8.3%，面积所占比例分别为 4.3%和 3.9%。

2）密度空间分布特征

运用 GIS 系统以重庆市主城区各密度控制单元为统计单位，对其范围内的现状建筑总量和现状毛容积率进行统计汇总，密度控制单元开发强度的空间分布受重庆市四山（空间上自西向东分别为缙云山、大渡口、铜锣山、明月山）和两江（长江、嘉陵江）自然山水格局、现状建设情况和城市发展历史沿革的影响明显，呈现出两山以内-两山以外片区差别鲜明（“两山”指铜锣山、大渡口）、渝中半岛中心圈层递减的总体分布状态。高密度和中高密度控制单元主要涉及重庆市都市区内历史悠久的老城区以及近年重点开发区域。其中高密度控制单元主要分布在两山之间、临两江的空间区域以及商圈周边区域，包括渝中组团、大杨石组团、沙坪坝组团、观音桥组团以及南坪组团。而新建设的西永组团和茶园组团由于区位关系，建设时间短，目前密度相对较低。密度分布总体呈现出渝中半岛最高，围绕渝中半岛向四周逐步降低的圈层递减的特征。

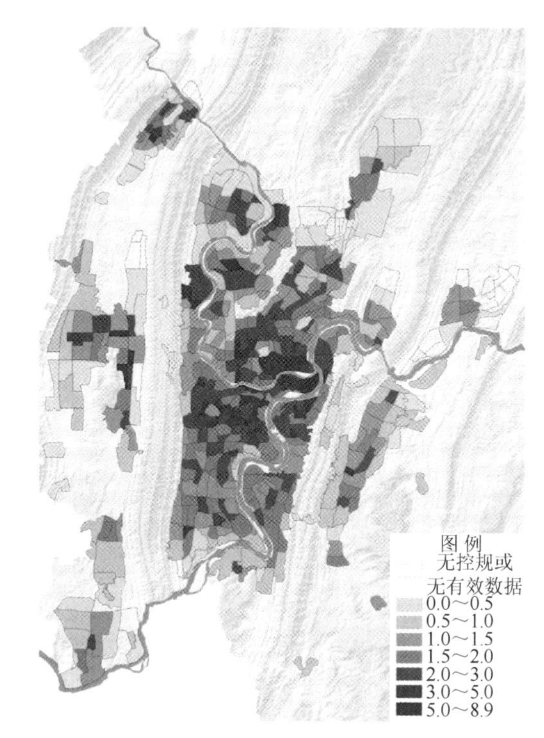

图 5.11　城市空间现状密度级差构成

资料来源：重庆市规划设计研究院. 2008. 重庆市主城区密度分区规划.

图 5.12　渝中半岛密度分区现状图

资料来源：重庆市规划设计研究院. 2008. 重庆市主城区密度分区规划.

渝中半岛密度最高也是其区位所致，渝中半岛是重庆市的中心区，人口密度与建筑密度按组团或者行政区计算均为最高，而且由于用地没有拓展空间，未来城市空间只能通过向上发展，所以密度只增不减。而渝中半岛内部的开发强度分布特征主要以解放碑地区为中心，呈全市递减的特征，上半城密度高于下半城。根据渝中组团各标准分区控规，2016年渝中半岛现状平均毛容积率在2.5左右。解放碑地区平均毛容积率约为6.0。规划至2035年，渝中半岛平均毛容积率约为2.65。总体容积率没有大幅度升高与岛内部分地块不断旧城更新以及两江四岸空间品质提升的实施使得城市绿地、广场等开放空间占比增多有关。

3）人口密度分布特征

根据2014年渝中半岛的人口和用地数据计算，人口密度约为48000人/km^2。其中下半城人口密度约为100000人/km^2，主要因为该地区在历史上是重庆市的发源地，居住了较多的居民。连接大杨石组团的狭长地区人口密度仅为25000人/km^2，岛内人口密度部分呈现明显的空间分异特征（图5.13）。通过与用地开发强度对比，渝中半岛东部呈现出人口密度低与用地开发强度高的特征，这主要是因为该区域以商业办公建筑为主，居住区相对较少。

图5.13　渝中半岛现状人口密度

资料来源：重庆市规划设计研究院. 2008. 重庆市主城区密度分区规划.

从人口密度的总体分布可以看出，由于岛内东部集中了大量的城市服务功能以及人口，有一种“头重脚轻”的感觉，东部地区用地压力相对较大。虽然重庆市整体上呈“组团式、多中心”的模式在发展，但由于渝中半岛区位以及功能的特殊性，其功能无法通过几个副中心来疏解，即使与其他相邻组团的交通联系在加强，但长江和嘉陵江天然的阻隔导致短时间渝中半岛仍旧是高密度发展的态势不会改变。

4）建筑密度分布特征

根据2018年数据计算，岛内建筑平均高度其实约为8.99层（图5.14）。这主要是因为岛内密度空间分布差异以及实际建设用地较少。超高层建筑主要分布在解放碑-朝天门商圈，传统意义的下半城主要是以多层和低层为主的老旧住区。解放碑地区由于集中了大量商业商务建筑，该地区的建筑密度最大、平均层数最高，是典型的高层高密度地区；下半城望龙门和南纪门片区由于是岛内老城区，建筑以多层为主，建筑密度仅次于解放碑地区，属于低层高密度区域。像其他菜园坝和鹅岭公园由于交通和开敞空间，建筑密度相对较低。

图 5.14　渝中半岛现状建筑机理分析图

2. 用地多样性评价

利用景观格局法对各个组团内的用地、生产生活用地进行评估，重点考察组团用地的斑块多样性指数和斑块均匀度指数水平，通过分析现状及规划层面的相关数据，可以明显看出规划层面的用地多样性水平和均匀度水平均呈现增加趋势。

通过都市区 21 个组团用地的香农多样性指数和香农均匀度指数测算，渝中半岛现状用地的多样性指数属中等水平（表 5.15），这主要与渝中半岛为重庆市中心区以及以商业商务为主的功能定位有关。渝中半岛的现状功能用地在历史演变中逐步形成（图 5.15），道路交通的发达程度以及中心的位置吸引导致目前发展中心集中在解放碑地区，其也是整个重庆市最大的中心区，是重庆市中心商务区（central business district，CBD）的极核。除商业用地外，岛内其他用地相对较为破碎，这是因为渝中半岛是重庆市的母城，属于典型的老城区，在较长时间缺少合理的规划与控制，各类功能用地也以见缝插针的形式在居住用地周边分布，导致各类用地的集聚效应不强，功能的分散分布也加剧了交通出行压力，严重制约着城市用地效能的发挥。虽然现在解放碑商业中心、上清寺行政中心以及两路口交通枢纽中心的格局基本稳定，但大量的公共管理与服务设施用地并没有围绕行政中心布局，沿城市主要道路也分布有沿街的商业功能。上清寺及人民路沿线延续了陪都时期开始的行政功能，以行政办公、文化设施和广场用地为主，但受地形及公共建筑功能的影响，该地区交通可达性差，在一定程度上也影响了效能提升。两路口传统的交通枢纽也逐步由对外的铁路系统转化为对内服务的轨道交通，原有的配套用地功能也不能适应城市新的发展需求，同时片区业态的固化影响了地区的聚集效应，对渝中半岛的效能发挥也有重要影响。

表 5.15 都市区各组团用地多样性指数

项目	北碚组团	蔡家组团	茶园组团	大渡口组团	大杨石组团	观音桥组团	界石组团	空港组团	礼嘉组团	李家沱组团	龙兴组团	南坪组团	人和组团	沙坪坝组团	水土组团	唐家沱组团	西彭组团	西永组团	鱼嘴组团	渝中组团	悦来组团
现状SDI	2.342383	1.810335	2.336834	2.275279	2.287773	1.807134	1.926877	1.979826	1.989306	2.270816	1.69193	2.095367	2.259306	2.275944	1.436306	2.721042	1.843104	2.470995	2.422484	2.07047	1.706546
规划SDI	2.469116	2.538068	2.865126	2.696026	2.446478	1.897516	2.68995	2.262306	2.426334	2.499055	2.204807	2.292082	2.581644	2.411105	2.250604	2.813258	2.508649	2.806611	2.566986	2.133318	2.441114
现状SEI	0.643939	0.532264	0.662676	0.594279	0.565853	0.474729	0.566529	0.54041	0.596994	0.5898	0.547366	0.547287	0.612464	0.635114	0.464667	0.719056	0.499638	0.638302	0.629193	0.608747	0.579583
规划SEI	0.64863	0.679051	0.74416	0.655828	0.597526	0.490162	0.677519	0.597831	0.667018	0.632473	0.661666	0.582956	0.686388	0.658131	0.638223	0.708577	0.626015	0.680039	0.643519	0.621236	0.710869

注：SEI（Shannon’s evenness index）表示香农均匀度指数；SDI（Shannon’s diversity index）表示香农多样性指数。

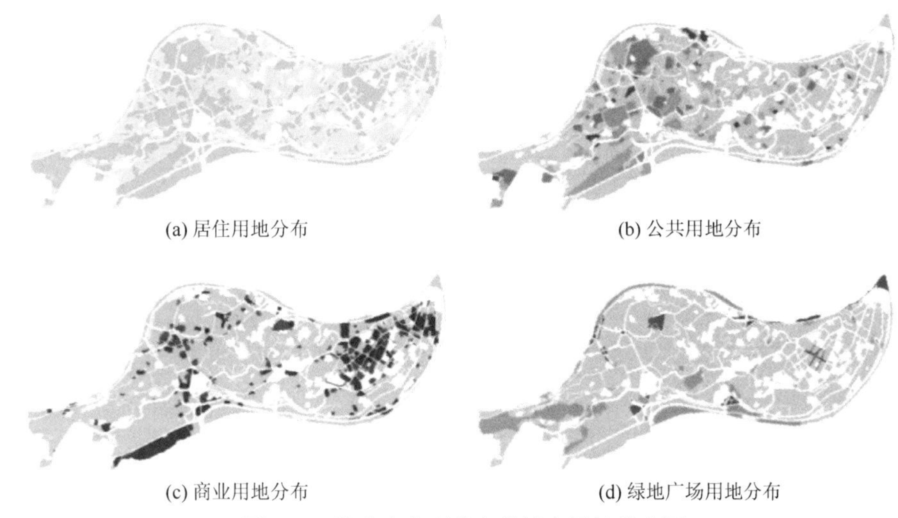

(a) 居住用地分布　　(b) 公共用地分布

(c) 商业用地分布　　(d) 绿地广场用地分布

图 5.15　渝中半岛现状各类城市用地分布图

资料来源：重庆市规划设计研究院. 2014. 渝中区分区规划.

就具体的用地性质来说，岛内居住用地占比相对较多，下半城商业用地逐步被居住用地取代，朝天门和鹅岭地区零星分布（图 5.16）。公共设施用地主要分布于上清寺、两路口地区以及解放碑中心区。商业用地主要分布在解放碑地区、朝天门、上清寺和两路口一带。绿地广场用地指标严重不足，主要分布在两江沿岸及鹅岭公园地区。就公共服务设施的覆盖情况而言，目前教育设施基本全覆盖；医疗设施覆盖率超过 85%，总体情况良好，仅西部和部分边缘地区未能覆盖；文化设施覆盖率也达到 60%，主要集中在中间地带，西部和东部覆盖情况较差；体育设施覆盖率仅有 20%（图 5.17）。

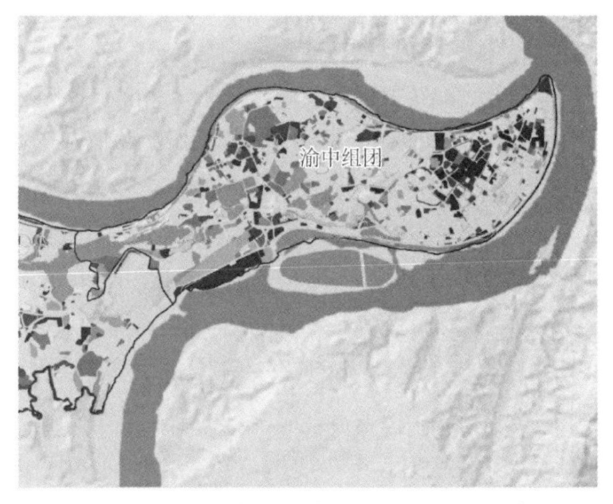

图 5.16　渝中半岛土地利用现状图（2018 年）

资料来源：重庆市规划信息中心. 2018. 重庆市控制性详细规划.

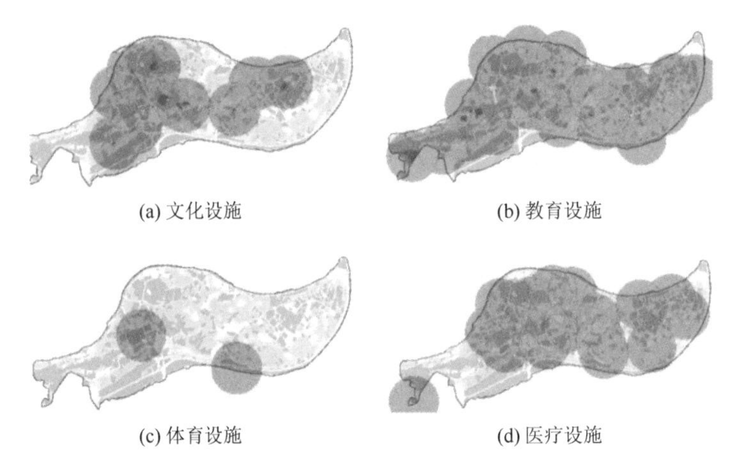

图 5.17　渝中半岛现状公共设施覆盖情况分析图

5.2.3　生态效能定性评价

1. 路地协调性评价

依据前文路地协调相关理论及定性评价模型，都市区道路交通与城市用地的协调性评价主要通过城市道路网密度与城市组团空间拓展关联性分析、居住人口密度分布与城市交通网络关联性分析、基于交通拥堵调查的用地结构形态分析以及基于城市用地开发强度分布与城市交通网络的分析来综合评价。

在重庆市都市区组团式的空间发展过程中，由于空间发展时序和速度不均，各个组团的发展呈现非均衡化，城市运行成本未能实现最优化。城市的交通体系对城市的空间发展时序和速度的影响逐步显现。城市道路网密度是体现城市道路交通体系的重要指标之一，与城市规模、开发强度、功能结构、用地性质等密切相关，路网密度的高低是多种因素综合的结果，也是反映交通与用地是否协调发展的重要参考依据。通过对都市区 21 个组团的现状建设用地面积与道路网密度指标进行综合比较分析，并参考国家的相关规划标准，判断城市道路网的建设与城市空间用地的拓展关系。重庆市都市区 21 个组团中，2018 年建设用地发展较为成熟的有大渡口组团、观音桥组团、大杨石组团、人和组团、南坪组团、沙坪坝组团、北碚组团、渝中区组团、李家沱组团等，这几个组团的道路网密度相对较低，但符合国家标准；处于用地快速拓展阶段的有西永组团、茶园组团、唐家沱组团、西彭组团、空港组团等，这几个组团的道路网密度较为适中，但也略高于国家标准；处于起步发展阶段的有礼嘉组团、蔡家组团、鱼嘴组团、悦来组团、界石组团、水土组团、龙兴组团等，这几个组团的道路网密度明显偏高，并远远高于国家标准（图 5.18）。

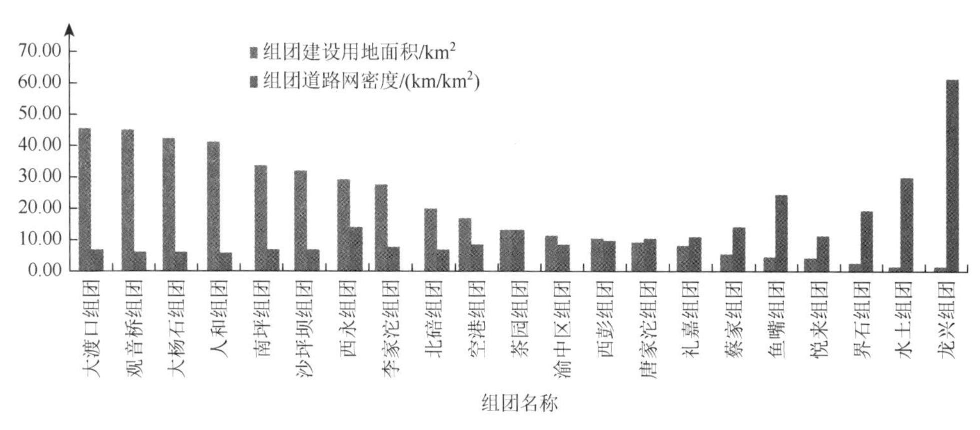

图 5.18　21 个组团范围内建设用地与道路网密度分布图

从上述相关指标的对比中可以得出以下结论：一是根据发展阶段的不同，城市道路网密度与城市用地拓展呈现典型的“供需动态平衡特征”。已经发展较为成熟的组团，其道路网密度相对适中，且基本处于标准规范之内，道路网建设与用地拓展基本实现了同步协调发展，城市用地的拓展需要道路网的支撑，道路网的持续完善也进一步推动了用地的拓展，基本处于一种供需之间的动态平衡状态；处于发展初期、中期阶段的组团，其道路网密度明显偏高，这说明新兴组团的开发建设一般都是道路交通设施先行，处于一种交通引导用地拓展的状态，未来随着用地的逐步拓展，道路网密度也将降至合理的范围之内。二是组团职能类型不同，其道路网密度差异较大。在不考虑发展阶段的因素下，以产业职能导向为主的组团道路网密度较高，如鱼嘴组团、水土组团、龙兴组团等，道路网密度明显高于其他组团；以综合职能为主的组团道路网密度较低，如观音桥组团、大杨石组团、人和组团、南坪组团等。三是道路网密度的低高与城市交通拥堵呈现正相关的特征。根据前面关于交通出行的调查发现，道路网较低的组团如大渡口组团、观音桥组团、大杨石组团、人和组团、南坪组团、沙坪坝组团等，交通拥堵状态较为突出。

研究城市用地与道路交通的关系，可以从居住人口在用地分布视角入手，通过对城市用地上人口的分布特征与城市道路交通的关系进行分析，引导用地与道路交通协调发展。从宏观尺度来说，城市道路网中快速路网、主干路网与城市空间拓展最为密切，因此，重点研究人口空间分布与快速路网、主干路网的关系。具体技术路线为：根据重庆市主城区人口调查数据，制作出人口分布图，并与组团边界、现状城市快速路网、主干路网等分别进行叠加分析，总结空间上的分布规律。本章以第六次全国人口普查数据为基础，通过分析发现自 20 世纪 90 年代以来，重庆市人口的分布随着城市建设的方向由两山之间向外逐步拓展以及外围乘客逐步增加，呈现出多中心和分散化的发展趋势，但分散的空间范围主要集中在交通条件较好的区域。通过具体的人口密度分布与城市组团区域的叠加分析，主要分为三个级别，高密度组团包括渝中、观音桥、南坪、沙坪坝、大杨石以及大渡口 5 个传统城市中心区所在组团；中密度组团主要以人和组团、北碚组团、李家沱、空港及悦来组团为主；低密度组团则主要包括外围新建设的礼嘉、西永、西彭、鱼嘴、唐家沱、茶园组团等。

通过人口分布密度与城市道路网络的叠加分析可以看出（图 5.19），人口密度分布与道路网络密集度呈正相关。虽然无法判断二者的相互影响关系，但人口密集的城市区域必然会产生大量的交通出行需求，势必更需要大运量的公共交通体

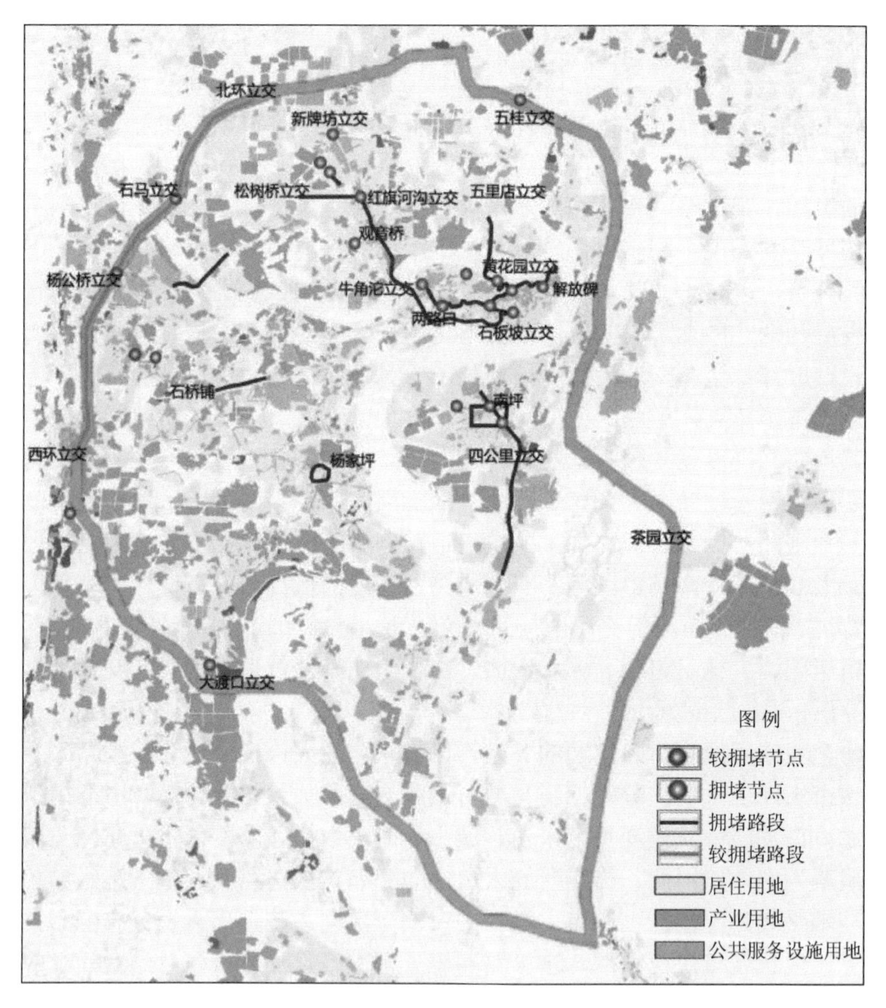

图 5.19　2018 年内环以内主要拥堵路段、节点与用地性质叠加分析图

资料来源：重庆市 2018 年主城区居民出行调查报告

系或者较高的道路密度网络分布。就重庆市都市区而言，内环区域主要在已经完善的快速路网和主干路网基础上对道路密度和道路体系进行完善，内环以内区域重点是加快城市快速路及主干路网的建设以及与内外道路网络的整体对接发展，从而通过道路沿线用地的合理布局进行人口的疏解。

交通拥堵与城市用地的功能及形体具有密切联系。通过叠加分析，可以从宏观层面判断出城市拥堵的一定原因，从而为今后调整用地布局和发展交通网络提供依据。

通过 2018 年交通调查结果中拥堵路段的分布可以发现，交通的拥堵状况与路段的交通流量大小基本呈正相关，但并非完全吻合。主要拥堵节点集中在各组团的商业中心周边，如观音桥、解放碑、石桥铺、南坪等商圈。这说明各组团商业中心的建设是比较成功的，各组团商业中心对周边用地的人流和车流吸引量较大。跨行政区、跨组团出行的路段拥堵程度相对明显，如石门大桥段是从沙坪坝组团到观音桥组团；黄花园大桥段、渝澳大桥段是从观音桥组团到渝中组团；渝州路歇台子至石桥铺环道段是从渝中区到九龙坡区；学府大道则是从巴南区至南岸区。内环高速的交通流量及拥堵状况呈现明显的分异。除了内环高速东段部分交通流量相对较小外，内环高速北段、西段、南段的交通流量和拥堵程度也呈现较大的差异化。其中，从沙坪坝区西环立交至渝北区北环立交的西北段表现最为明显，拥堵的路段长度、拥堵节点的数量都是最突出的。

从宏观尺度来说，城市交通网络在不同区域的分布与其所在区域的开发建设强度存在一定的耦合机制，重庆市主城区这种组团式的区域会表现得更明显。

通过现状用地开发强度的分布与道路的叠加分析发现，现状开发强度较高的内环以内区域，城市道路网络相对密集，尤其是快速路网较为发达。内环外的新建设组团，目前开发强度较低，道路交通网络建设也相对滞后，城市快速路网和主干路网暂时没有形成体系，对中心城区高密度人口的疏解作用不大。今后需要强化这些新兴组团的快速路网建设，完善整个主城区的快速交通体系。

就渝中半岛而言，其之所以形成目前重庆市都市区高密度发展的典型区域，与用地功能布局和道路之间的关系协调度不够有直接关系。不同的用地布局会带来不同的交通出行距离和出行的空间分布。城市用地功能布局与交通网络之间的相互作用直接影响城市交通的运营情况。例如，渝中半岛过度的商业功能用地的集聚就会导致商业中心周边交通量的阶段性集聚增加，也会给周边道路增加通行压力。通过渝中半岛现状用地与道路交通叠加分析，可以看出渝中半岛的主要城市功能呈现出沿城市主干路分布的特征。目前渝中半岛主要的集中商业中心（如解放碑-朝天门商圈）、主要行政办公区（如人民路-上清寺片区）、主要文化办公区（如中山三路-两路口片区）几个主要的功能区全部沿城市主干路布局。主要功能区中解放碑地区不仅用地建设密度较高，同时道路密度也比其他地区要高得多。渝中半岛轨道交通占地的高密集分布并没有与城市用地形成很好的协调发展，14 个轨道交通站点只有 5 个站点（朝天门站、小什字站、临江门站、较场口站和两路口站）结合商业发展较好，其他站点周边用地仍有挖掘潜力。而渝中半岛受地形地貌的影响，岛内现状路网顺应地形起伏弯曲变化，呈现出不规律自由布局趋势，同时由于是城市老城区，道路线型路幅普遍较窄，随着城市高密度的发展，现有的路网体系明显地无法满足城市日益增长的交通需求。目前，现状 9.64km/km^2 的道路密度与深圳、上海、广州乃至香港较高的路网密度有一定的差距，还有很大的发展空间。

2. 交通可达性评价

对渝中半岛的交通可达性定性评价可以从路网集成度、对外交通及节点（图 5.20）连通性、内部路网连通性、公共交通出行及步行出行情况五个方面进行分析。由于渝中半岛地理区位、交通区位与经济区位在城市各个组团中均属于最优，所以岛内的交通瓶颈就集中在对外通道上，导致交通可达性不高的是大量通勤交通的潮汐现象造成上下班高峰期严重拥堵。从路网的集成度可以看出，岛内大部分道路的全局通达性弱，岛内的对外交通道路因为建设年代较早，无法适应现代大量的交通出行需求，且改造速度长期滞后于快速的交通增长。渝中半岛内的对外交通与大杨石组团和沙坪坝组团通过城市主干路直接相连，与南坪组团及江北组团主要通过跨江桥梁连接，而目前从江北组团进入渝中半岛的嘉陵江大桥、黄花园大桥以及从南坪组团进入渝中半岛的石板坡长江大桥的实际通行已经超过

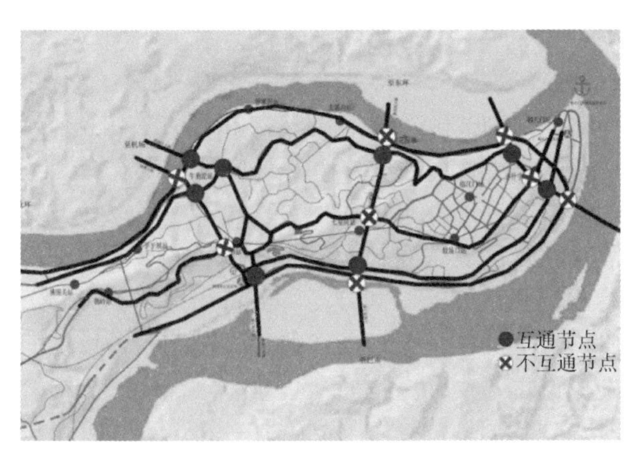

图 5.20 渝中半岛对外交通节点示意图

了设计通行能力 6000pcu/h，其他桥梁进入渝中区的方向也逼近或超过大桥的设计通行能力值，且通过桥梁与岛内隧道的过境交通也对岛内的整体可达性有一定的影响。另外，岛内不同方向的转换节点仍在平面进行，而不是互通立交，这也在一定程度上制约了纵横向车流的快速转换，导致以中干路高集成度吸引的大量车流产生拥堵，北干路上过多的对外交通节点产生拥堵，而且滨江路与对外交通的节点基本不是互通也在一定程度上影响了车流向滨江路的转换，总的来说就是对外交通节点的连通性较差。

渝中半岛内部道路连通性较弱主要表现为：受地形限制，南北向联系以支路为主，道路等级低，通行效率不高，且支路数量有限；岛内以分离式立交为主，部分道路不能互通，道路网络整体运行效率不高；由于老旧住区的影响，岛内“尽端道路 + 梯便道”的模式直接影响车行效率。一般来讲，高密度的城市需要以大运量的公共交通为主，目前渝中半岛的公共交通主要分布在中部干路上，滨江路分布相对较少，公交线网的重复系数为 7.48，重复率高，容易在高峰时段引发道路堵塞。轨道交通站点虽然可以覆盖，但由于多级台地的实际情况，站点连接居民区的垂直交通仍不够，且轨道交通站点与地面公共交通站点衔接性较差。另外，完善的步行网络系统对高密度城市的交通出行也尤为重要，重庆市作为典型的山地城市，山城步道是渝中半岛典型的步行系统。目前步行系统存在的问题主要是城市更新导致局部步行导通阻断、滨江地带步行系统不完善、地上过街天桥不能满足需求等。

通过对渝中半岛交通可达性的评估，可以发现其主要存在对外交通网络低效、内部道路网络连通性差、公共交通网络建设不足以及步行交通网络不完整等主要问题。

5.3　空间布局效能定量评价

5.3.1　社会效能定量评价

1. 社会效能指标的测算

2018 年，重庆市主城区常住人口 875.0 万，重庆市都市区总用地面积 5473km^2，主城区建成区面积 1396.7km^2，现状城市建设用地 674km^2[①]，城市总建筑面积为 1126787.7 万 m^2，其中居住建筑面积约为 69233.6 万 m^2。规划至 2035 年，主城区

① 《中国城市建设统计年鉴》（2014）。

总人口1250万，城镇建设总用地为1370.2km^2，人均城镇建设用地为109.62m^2[①]，规划期末城市毛容积率不超过1.0。根据以上基础数据，计算城市空间效能评价模型中社会效能因子层的各项指标。

1）都市区空间布局社会效能要素指标

重庆市都市区现状城市规模等级（A_{111}）为5，现状城市建设用地面积（A_{112}）为674km^2，城市总建筑面积（A_{113}）为1126787.7万m^2；规划至2035年重庆市都市区城市规模等级仍为5，规划城市建设用地面积1370.2km^2，城市总建筑面积为1370000万m^2。重庆市都市区现状平均城市毛容积率（A_{121}）1.67（1126787.7/674000），城市形态紧凑度（A_{122}）为0.59（现状形态面积1961.30km^2，形态周长266.89km）；规划城市毛容积率低于1.0，城市形态紧凑度0.57（现状形态面积2724.3km^2，形态周长323.4km）。居住用地比重（A_{211}）为42.3%，公益性用地[②]比重（A_{212}）为33.9%；规划居住用地比重为30%，公益性用地比重为48%。都市区现状城市用水普及率为98.28%，城市燃气普及率为97.39%[③]，城市污水处理率为95.84%，中小学数量为659个（中学230个，小学429个），医疗卫生院数量为398个（卫生机构数4578个），基础设施完善度[④]（A_{221}）约为96.90%[⑤]，人均医疗教育数量（A_{222}）约为1.21个/万人，广播电视覆盖率（A_{223}）约为99.92%；规划基础设施完善度为100%，人均医疗教育数量为1.5个/万人，广播电视覆盖率达到100%。都市区现状路网密度（A_{311}）为5.82km/km^2，城市道路面积比率（A_{312}）为21%；规划路网密度为10km/km^2，城市道路面积比率为18%。2018年都市区轨道交通里程达到329km，轨道站点211个，城市轨道网密度（A_{321}）为0.49km/km^2，轨道站点分布密度（A_{322}）为0.31个/km^2，轨道站点1000m覆盖率（A_{323}）达到31.3%；规划至2035年城市轨道里程约为1353km，城市轨道站点约为800个，城市轨道网密度约为0.90km/km^2，轨道站点分布密度达到0.58个/km^2，轨道站点1000m覆盖率约为98.76%。2018年现在公交车保有量约为9216辆，公交站点数为1388个，公交线路总长度（单向）约为9807.21km，公交站300m覆盖率（A_{331}）约为41.3%，公交站500m覆盖率（A_{332}）约为75.5%；规划至2035年，公交车保有量按照15台/万人，应达到18600辆，公交站300m覆盖率应达到95%，公交站500m覆盖率应达到100%（表5.16）。

① 《重庆市城乡总体规划（2007—2020年）》（2011年修订）。

② 包括公共管理与公共服务用地、公用设施用地、道路与交通设施用地、绿地与广场用地、区域公用设施用地和特殊用地。

③ 都市区现状城市用水普及率和城市燃气普及率采用重庆市2018年城市基础设施水平统计中区合计数据。

④ 包括城市用水普及率、燃气普及率、污水处理率以及城市绿化覆盖率。

⑤ 此数据根据2018年城市基础设施水平中用水普及率、燃气普及率及污水处理厂集中处理率平均数计算所得。

表 5.16　重庆市都市区城市空间社会效能评价分析表

指标层	指标代码	分层权重	效能现状要素指标	效能规划要素指标	指标级性	数据标准值	现状指标值	规划指标值
城市规模等级	（A_{111}）	0.0066	5	5	+	5	100.00	100.00
城市建设用地面积	（A_{112}）	0.0026	674km^2	1370.2km^2	+/−	500	100.00	100.00
城市总建筑面积	（A_{113}）	0.0042	1126787.7 万 m^2	1370000 万 m^2	+/−	21608	100.00	100.00
城市毛容积率	（A_{121}）	0.0506	1.67	1	+/−	0.5	29.94	50.00
形态紧凑度	（A_{122}）	0.0167	0.59	0.57	+	1	59.00	57.00
居住用地比重	（A_{211}）	0.0019	42.3%	30%	+/−	25	59.10	83.33
公益性用地比重	（A_{212}）	0.0074	33.9%	48%	+	55	61.64	87.27
公共设施用地比重	（A_{213}）	0.0031	15%	18%	+	25	60.00	72.00
基础设施完善度	（A_{221}）	0.0242	96.9%	100%	+	100	96.90	100.00
人均医疗教育数量	（A_{222}）	0.0104	1.21 个/万人	1.5 个/万人	+	1.5	80.67	100.00
广播电视覆盖率	（A_{223}）	0.0027	99.92%	100%	+	100	99.92	100.00
路网密度	（A_{311}）	0.0196	5.82km/km^2	10km/km^2	+	5.5	100.00	100.00
城市道路面积比率	（A_{312}）	0.0391	21%	18%	+	20	100.00	100.00
轨道网密度	（A_{321}）	0.0023	0.49km/km^2	0.9km/km^2	+	0.4	100.00	100.00
轨道站点分布密度	（A_{322}）	0.0037	0.31 个/km^2	0.58 个/km^2	+	0.3	100.00	100.00
轨道站点 1000m 覆盖率	（A_{323}）	0.0088	31.3%	98.76%	+	100	31.30	98.76
公交站 300m 覆盖率	（A_{331}）	0.0233	41.3%	95%	+	50	82.60	100.00
公交站 500m 覆盖率	（A_{332}）	0.0698	75.5%	100%	+	100	75.50	100.00

2）渝中半岛空间布局社会效能要素指标

重庆市渝中半岛现状城市规模等级（A_{111}）按照都市区计算应为 5，现状城市建设用地面积（A_{112}）为 9.32km^2，城市总建筑面积（A_{113}）为 2137.89 万 m^2；规划至 2035 年重庆市渝中半岛城市规模等级不变，仍为 5，规划城市建设用地面积为 9.32km^2，城市总建筑面积为 2796 万 m^2（9320000×3.0）。渝中半岛现状城市毛容积率（A_{121}）为 2.29（2137.89 万 m^2/9.32km^2），城市形态紧凑度（A_{122}）为 0.59（现状形态面积 9.32km^2，形态周长 18.47km）；规划城市毛容积率为 3.0，城市形态紧凑度不变，为 0.59。居住用地比重（A_{211}）为 20.31%，公益性用地比重（A_{212}）为 39.36%；规划居住用地比重为 18%，公益性用地比重为 41%。渝中半岛现状城市用水普及率为 100%，城市燃气普及率为 100%，城市污水处理率为 100%，中小学数量为 44 个（中学 13 个，小学 31 个），医疗卫生院数量为 34 个（卫生机构数 371 个），基础设施完善度（A_{221}）约为 100%，人均医疗教育数量（A_{222}）约为 1.18 个/万人，广播电视覆盖率（A_{223}）约为 100%；规划基础设施完善度为 100%，人均医疗教育数量为 1.5 个/万人，广播电视覆盖率达到 100%。渝中半岛现状路网密度（A_{311}）为 9.24km/km^2（主干路 26.44km，次干路 29.53km，支路 30.16km），城市道路面积比率（A_{312}）为 25.64%（239hm^2/932hm^2）；规划路网密度为 10km/km^2，城市道路面积比率为 26%。2018 年渝中半岛轨道交通里程达到 18.8km，轨道站点 14 个，城市轨道网密度（A_{321}）为 2.98km/km^2，轨道站点分布密度（A_{322}）为 1.5 个/km^2，轨道站点 1000m 覆盖率（A_{323}）达到 100%；规划至 2035 年渝中半岛城市轨道里程、站点规模、轨道网密度、站点分布密度及站点 1000m 覆盖率均不变。2018 年公交站点数为 108 个，公交站 300m 覆盖率（A_{331}）约为 80%，公交站 500m 覆盖率（A_{332}）约为 100%；规划至 2035 年，公交站点 300m 覆盖率应达到 95%，500m 覆盖率应达到 100%（表 5.17）。

表 5.17　渝中半岛空间布局社会效能评价分析表

指标层	指标代码	分层权重	效能现状要素指标	效能规划要素指标	指标级性	数据标准值	现状指标值	规划指标值
城市规模等级	（A_{111}）	0.0066	5	5	+	5	100.00	100.00
城市建设用地面积	（A_{112}）	0.0026	9.32	9.32	+/−	500	1.86	1.86
城市总建筑面积	（A_{113}）	0.0042	2137.89 万 m^2	2796 万 m^2	+/−	21608	9.89	12.94
城市毛容积率	（A_{121}）	0.0502	2.29	3	+/−	0.5	21.83	16.67
形态紧凑度	（A_{122}）	0.0167	0.59	0.59	+	1	59.00	59.00
居住用地比重	（A_{211}）	0.0019	20.31%	18%	+/−	25	81.24	72.00
公益性用地比重	（A_{212}）	0.0074	39.36%	41%	+	55	71.56	74.55
公共设施用地比重	（A_{213}）	0.0031	—	—	+	25	0	0
基础设施完善度	（A_{221}）	0.0242	100%	100%	+	100	100.00	100.00
人均医疗教育数量	（A_{222}）	0.0104	1.18 个/万人	1.5 个/万人	+	1.5	78.67	100.00
广播电视覆盖率	（A_{223}）	0.0027	100%	100%	+	100	100.00	100.00
路网密度	（A_{311}）	0.0196	9.24km/km^2	10km/km^2	+	5.5	100.00	100.00
城市道路面积比率	（A_{312}）	0.0391	25.64%	26%	+	20	100.00	100.00
轨道网密度	（A_{321}）	0.0023	2.98km/km^2	2.98km/km^2	+	0.4	100.00	100.00
轨道站点分布密度	（A_{322}）	0.0037	1.5 个/km^2	1.5 个/km^2	+	0.3	100.00	100.00
轨道站点 1000m 覆盖率	（A_{323}）	0.0088	100%	100%	+	100	100.00	100.00
公交站 300m 覆盖率	（A_{331}）	0.0233	80%	95%	+	50	100.00	100.00
公交站 500m 覆盖率	（A_{332}）	0.0698	100%	100%	+	100	100.00	100.00

2. 社会效能评价结果

1）都市区空间布局社会效能定量评价结果

根据评价模型中的相关指标权重和标准值，计算出重庆市都市区城市空间社会效能（$A_1A_2A_3$）中，城市规模等级（A_{111}）现状指标值为 100.00，规划指标值为 100.00；城市建设用地面积（A_{112}）现状指标值为 100.00，规划指标值为 100.00；城市总建筑面积（A_{113}）现状指标值为 100.00，规划指标值为 100.00；城市毛容积率（A_{121}）现状指标值为 29.94，规划指标值为 50.00；形态紧凑度（A_{122}）现状指标值为 59.00，规划指标值为 57.00；居住用地比重（A_{211}）现状指标值为 59.10，规划指标值为 83.33；公益性用地比重（A_{212}）现状指标值为 61.64，规划指标值为 87.27；公共设施用地比重（A_{213}）现状指标值为 60.00，规划指标值为 72.00；基础设施完善度（A_{221}）现状指标值为 96.90，规划指标值为 100.00；人均医疗教育数量（A_{222}）现状指标值为 80.67，规划指标值为 100.00；广播电视覆盖率（A_{223}）现状指标值为 99.92，规划指标值为 100.00；路网密度（A_{311}）现状指标值为 100.00，规划指标值为 100.00；城市道路面积比率（A_{312}）现状指标值为 100.00，规划指标值为 100.00；轨道网密度（A_{321}）现状指标值为 100.00，规划指标值为 100.00；轨道站点分布密度（A_{322}）现状指标值为 100.00，规划指标值为 100.00；轨道站点 1000m 覆盖率（A_{323}）现状指标值为 31.30，规划指标值为 98.76；公交站 300m 覆盖率（A_{331}）现状指标值为 82.60，规划指标值为 100.00；公交站 500m 范围覆盖率（A_{332}）现状指标值为 75.50，规划指标值为 100.00。综合各因子层的指标值进行加权计算，得出重庆市城市空间社会效能的现状指标值为 79.81，规划指标值为 91.02，其城市空间的社会效能完成水平整体较好，并在城市规划中有所加强，基本达到高水平程度（表 5.16）。

通过对都市区空间布局社会效能的现状指标和规划指标分析，可以看出目前无论现状指标还是规划指标，城市规模等级、城市建设用地面积、城市总建筑面积、轨道网密度及轨道站点分布密度水平均达到预设的标准数据。公交站 300m 覆盖率和公交站 500m 覆盖率、人均医疗教育数量及基础设施完善度均达到较高水平，且在规划中均达到预设的标准值。而城市毛容积率、居住用地比重、公益性用地比重及公共设施用地比重等指标无论现状还是规划情况均不太理想。

2）渝中半岛空间布局社会效能定量评价结果

根据评价模型中的相关指标权重和标准值，计算出渝中半岛城市空间社会效能（$A_1A_2A_3$），城市规模等级（A_{111}）现状指标值为 100.00，规划指标值为 100.00；城市建设用地面积（A_{112}）现状指标值为 1.86，规划指标值为 1.86；城市总建筑面积（A_{113}）现状指标值为 9.89，规划指标值为 12.94；城市毛容积率（A_{121}）现状指标值为 21.83，规划指标值为 16.67；形态紧凑度（A_{122}）现状指标值为 59.00，规划指标值为 59.00；居住用地比重（A_{211}）现状指标值为 81.24，规划指标值为 72.00；公益性用地比重（A_{212}）现状指标值为 71.56，规划指标值为 74.55；基础设施完善度（A_{221}）现状指标值为 100.00，规划指标值为 100.00；人均医疗教育数量（A_{222}）现状指标值为 78.67，规划指标值为 100.00；广播电视覆盖率（A_{223}）现状指标值为 100.00,规划指标值为 100.00;路网密度(A_{311})现状指标值为 100.00，规划指标值为 100.00；城市道路面积比率（A_{312}）现状指标值为 100.00，规划指标值为 100.00；轨道网密度（A_{321}）现状指标值为 100.00，规划指标值为 100.00；轨道站点分布密度（A_{322}）现状指标值为 100.00，规划指标值为 100.00；轨道站点 1000m 覆盖率（A_{323}）现状指标值为 100.00，规划指标值为 100.00；公交站 300m 覆盖率（A_{331}）现状指标值为 100.00，规划指标值为 100.00；公交站 500m 覆盖率（A_{332}）现状指标值为 100.00，规划指标值为 100.00（图 5.21）。综合各因子层的指标值进行加权计算，得出渝中半岛城市空间社会效能的现状指标值为 73.56，规划指标值为 74.28，渝中半岛城市空间布局社会效能的现状水平和规划水平基本持平。

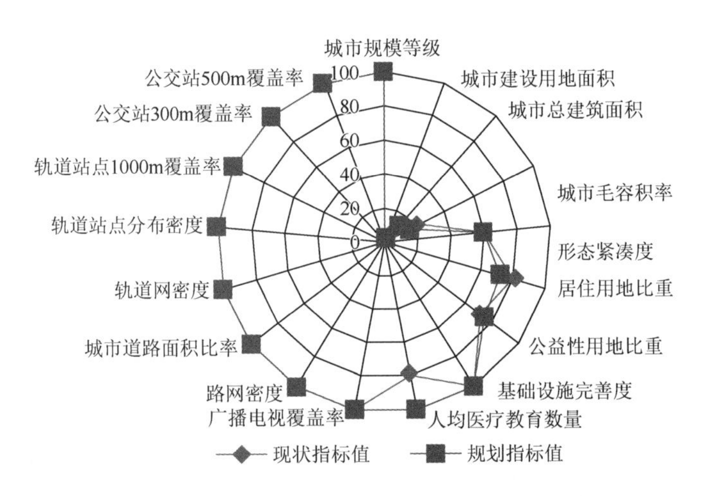

图 5.21　渝中半岛社会效能各项指标完成情况分析图

从渝中半岛空间布局社会效能评价分析表可以看出，目前渝中半岛社会效能现状水平和规划水平不高的主要原因是城市毛容积率太高，渝中半岛用地边界已经确定，所以城市形态的紧凑度也不会因为城市继续发展而发生变化，同时渝中半岛由于整体定位的影响，规划的居住用地比重将会进一步下降，也就导致在总建设用地不变的情况下，人口虽有一定疏解，但因为渝中半岛承担着整个都市区甚至重庆市的商业金融功能，导致在旧城改造中居住用地比重持续降低，进一步增加了人口密度和建筑密度继续增高的可能（表 5.17）。

5.3.2　经济效能定量评价

1. 各项指标的测算

1）都市区空间布局经济效能要素指标

都市区 2018 年地区生产总值为 8388.39 亿元，人均地区生产总值（B_{111}）为 98686.94 万元，全社会市政公用设施固定资产投资 2268.22 亿元，人均市政设施固定资产投资（B_{112}）为 25920 元；地区生产总值与全社会市政公用设施固定资产投资按照年均 10%增长计算，规划至 2035 年，人均地区生产总值为 113489.98 万元，人均固定投资为 29808 元。都市区 2018 年第一产业比重（B_{121}）为 1.36%，第二产业比重（B_{122}）为 39.35%，第三产业比重（B_{123}）为 59.29%。2018 年居住建筑毛容积率（B_{211}）约为 2.43，城市经营性用地比重（B_{212}）约为 9.23%；规划至 2035 年城市建筑用地毛容积率约为 2.25，城市经营性用地比重约为 10%。2018 年都市区建筑基地面积约为 167.03km^2，集中性商业用地面积约为 23.03km^2，建筑平均高度（B_{221}）为 6.79 层，集中性商业规模比重（B_{222}）为 3.55%，建筑用地比重（B_{223}）为 26.96%；规划至 2035 年，建筑基地面积约为 219.2km^2，集中性商业用地面积约为 74.5km^2，建筑平均高度 5 层，集中性商业规模比重为 6.27%，建筑用地比重为 30.0%。2018 年都市区快速路网密度（B_{311}）为 0.65km/km^2，干路网密度（B_{312}）为 3.95km/km^2，支路网密度（B_{313}）为 3.61km/km^2（快速路 436.8km，主干路 1007.9km，次干路 1217.7km，支路 2430.2km）；规划至 2035 年快速路网密度为 0.72km/km^2，干路网密度为 5.21km/km^2（快速路 992km，主干路 2187km，次干路 3955km），支路网密度为 5.4km/km^2。2018 年都市区公路网密度（B_{321}）为 2.10km/km^2，等级公路网密度（B_{322}）为 2.08km/km^2，高速公路网密度（B_{323}）为 0.18km/km^2（公路里程为 11466km，等级公路里程为 11390km，高速公路里程为 1000km）。规划至 2035 年，都市区公路网密度（B_{321}）为 2.5km/km^2，等级公路网密度（B_{322}）为 2.2km/km^2，高速公路网密度（B_{323}）为 0.3km/km^2（表 5.18）。

表 5.18　重庆市都市区城市空间布局经济效能评价分析表

指标层	指标代码	分层权重	效能现状要素指标	效能规划要素指标	指标级性	数据标准值	现状指标值	规划指标值
人均地区生产总值	（B_{111}）	0.0081	9.87 亿元	11.35 亿元	+	9	100.00	100.00
人均固定资产投资	（B_{112}）	0.0027	2.59 万元	2.98 万元	+	0.5	100.00	100.00
第一产业比重	（B_{121}）	0.0021	1.36%	5%	+/–	10	13.60	50.00

续表

指标层	指标代码	分层权重	效能现状要素指标	效能规划要素指标	指标级性	数据标准值	现状指标值	规划指标值
第二产业比重	（B_{122}）	0.0048	39.35%	35%	+/–	25	63.53	100.00
第三产业比重	（B_{123}）	0.0254	59.29%	60%	+	70	84.70	85.71
居住建筑毛容积率	（B_{211}）	0.0722	2.43	2.25	+/–	3	81.00	75.00
经营性用地比重	（B_{212}）	0.0144	9.23%	10%	+/–	40	23.08	25.00
建筑平均高度	（B_{221}）	0.1114	6.79 层	5 层	+/–	10	67.90	50.00
集中性商业规模比重	（B_{222}）	0.0371	3.55%	6.27%	+	50	7.10	12.54
建筑用地比重	（B_{223}）	0.1114	26.96%	30%	+/–	50	53.92	60.00
快速路网密度	（B_{311}）	0.0014	0.65km/km^2	0.72km/km^2	+	0.5	100.00	100.00
干路网密度	（B_{312}）	0.0117	3.95km/km^2	5.21km/km^2	+	2.5	100.00	100.00
支路网密度	（B_{313}）	0.0053	3.61km/km^2	5.4km/km^2	+	3.5	100.00	100.00
公路网密度	（B_{321}）	0.0004	2.1km/km^2	2.5km/km^2	+	3	70.00	83.33
等级公路网密度	（B_{322}）	0.0003	2.08km/km^2	2.2km/km^2	+	2.5	83.20	88.00
高速公路网密度	（B_{323}）	0.003	0.18km/km^2	0.3km/km^2	+	0.5	36.00	60.00

2）渝中半岛空间布局经济效能要素指标

渝中半岛 2018 年地区生产总值为 1122.2 亿元，人均地区生产总值（B_{111}）为 17.05 万元，全社会固定资产投资 213 亿元，人均固定资产投资（B_{112}）为 3.2 万元；地区生产总值与全社会固定资产投资按照年均 5%增长计算，规划至 2035 年，人均地区生产总值为 30 万元，人均固定投资为 6.71 万元。渝中半岛 2018 年第二产业比重（B_{122}）为 2.9%，第三产业比重（B_{123}）为 97.1%。2018 年居住建筑毛容积率（B_{211}）约为 4.84，城市经营性用地比重（B_{212}）约为 13.23%；规划至 2035 年城市居住建筑毛容积率约为 5.0，城市经营性用地比重约为 15%。2018 年渝中半岛建筑基地面积约为 237.77hm^2，集中性商业用地面积约为 655.76 万 m^2，建筑平均高度（B_{221}）为 8.99 层，集中性商业规模比重（B_{222}）为 30.67%，建筑用地比重（B_{223}）为 11.12%；规划至 2035 年，建筑平均高度为 10 层，集中性商业规模比重为 35%，建筑用地比重为 12%。2018 年渝中半岛干路网密度（B_{312}）6.01km/km^2，支路网密度（B_{313}）为 3.24km/km^2（主干路 26.44km，次干路 29.53km，支路 30.16km）；规划至 2035 年干路网密度为 6.5km/km^2，支路网密度为 3.5km/km^2（表 5.19）。

表 5.19　渝中半岛空间布局经济效能评价分析表

指标层	指标代码	分层权重	效能现状要素指标	效能规划要素指标	指标级性	数据标准值	现状指标值	规划指标值
人均地区生产总值	（B_{111}）	0.0081	17.05 万元	30 万元	+	9	100.00	100.00
人均固定资产投资	（B_{112}）	0.0027	3.2 万元	6.71 万元	+	0.5	100.00	100.00
第一产业比重	（B_{121}）	0.0021	0	0	+/–	10	0	0
第二产业比重	（B_{122}）	0.0048	2.9%	2%	+/–	25	11.60	8.00
第三产业比重	（B_{123}）	0.0254	97.1%	98%	+	70	100.00	100.00
居住建筑毛容积率	（B_{211}）	0.0722	4.84	5	+/–	3	61.98	60.00
经营性用地比重	（B_{212}）	0.0144	13.23%	15%	+/–	40	33.08	37.50
建筑平均高度	（B_{221}）	0.1114	8.99 层	10 层	+/–	10	89.90	100.00
集中性商业规模比重	（B_{222}）	0.0371	30.67%	35%	+	50	61.34	70.00
建筑用地比重	（B_{223}）	0.1114	11.12%	12%	+/–	50	22.24	24.00
快速路网密度	（B_{311}）	0.0014	0	0	+	0.5	0	0
干路网密度	（B_{312}）	0.0117	6.01km/km^2	6.5km/km^2	+	2.5	100.00	100.00
支路网密度	（B_{313}）	0.0053	3.24km/km^2	3.5km/km^2	+	3.5	92.57	100.00
公路网密度	（B_{321}）	0.0004	0	0	+	3	0	0
等级公路网密度	（B_{322}）	0.0003	0	0	+	2.5	0	0
高速公路网密度	（B_{323}）	0.003	0	0	+	0.5	0	0

2. 分析评价的结果

1）都市区空间布局经济效能定量评价结果

根据评价模型中的相关指标权重和标准值，计算出重庆市都市区空间经济效能（$B_1B_2B_3$），人均地区生产总值（B_{111}）现状指标值为 100.00，规划指标值为 100.00；人均固定资产投资（B_{112}）现状指标值为 100.00，规划指标值为 100.00；第一产业比重（B_{121}）现状指标值为 13.60，规划指标值为 50.00；第二产业比重（B_{122}）现状指标值为 63.53，规划指标值为 100.00；第三产业比重（B_{123}）现状指标值为 84.70，规划指标值为 85.71；居住建筑毛容积率（B_{211}）现状指标值为 81.00，规划指标值为 75.00；经营性用地比重（B_{212}）现状指标值为 23.08，规划指标值为 25.00；建筑平均高度（B_{221}）现状指标值为 67.90，规划指标值为 50.00；集中性商业规模比重（B_{222}）现状指标值为 7.10，规划指标值为 12.54；建筑用地比重（B_{223}）现状指标值为 53.92，规划指标值为 60.00；快速路网密度（B_{311}）现状指标值为 100.00，规划指标值为 100.00；干路网密度（B_{312}）现状指标值为 100.00，规划指标值为 100.00；支路网密度（B_{313}）现状指标值为 100.00，规划指标值为 100.00；公路网密度（B_{321}）现状指标值为 70.00，规划指标值为 83.33；等级公路网密度（B_{322}）

现状指标值为 83.20，规划指标值为 88.00；高速公路网密度（B_{323}）现状指标值为 36.00，规划指标值为 60.00。

综合各因子层的指标值进行加权计算，得出重庆市都市区城市空间布局经济效能的现状指标值为 67.75，规划指标值为 74.35，城市空间布局现状经济效能水平中等，在城市规划中进一步提升（表 5.18）。

对各项指标的完成情况进行具体分析，可以看出，目前都市区空间经济效能指标中人均地区生产总值、人均固定资产投资以及干路网密度在现状和规划水平均达到预设的指标值。第二产业比重在规划中达到要求，其他指标无论现状水平还是规划水平整体水平较高，但是在规划后仍未达到预设的水平，所以在城市发展中还有诸多提升空间，这些提升内容也非简单的规划手段就能实现，而需要通过城市旧城更新、产业结构调整以及城市业态的逐步调整才能实现。

2）渝中半岛空间布局经济效能定量评价结果

根据评价模型中的相关指标权重和标准值，计算出渝中半岛空间布局经济效能（$B_1B_2B_3$），人均地区生产总值（B_{111}）现状指标值为 100.00，规划指标值为 100.00；人均固定资产投资（B_{112}）现状指标值为 100.00，规划指标值为 100.00；没有第一产业，第二产业比重（B_{122}）现状指标值为 11.60，规划指标值为 8.00；第三产业比重（B_{123}）现状指标值为 100.00，规划指标值为 100.00；居住建筑毛容积率（B_{211}）现状指标值为 61.98，规划指标值为 60.00；经营性用地比重（B_{212}）现状指标值为 33.08，规划指标值为 37.50；建筑平均高度（B_{221}）现状指标值为 89.90，规划指标值为 100.00；集中性商业规模比重（B_{222}）现状指标值为 61.34，规划指标值为 70.00；建筑用地比重（B_{223}）现状指标值为 22.24，规划指标值为 24.00；干路网密度（B_{312}）现状指标值为 100.00，规划指标值为 100.00；支路网密度（B_{313}）现状指标值为 92.57，规划指标值为 100.00（图 5.22）。

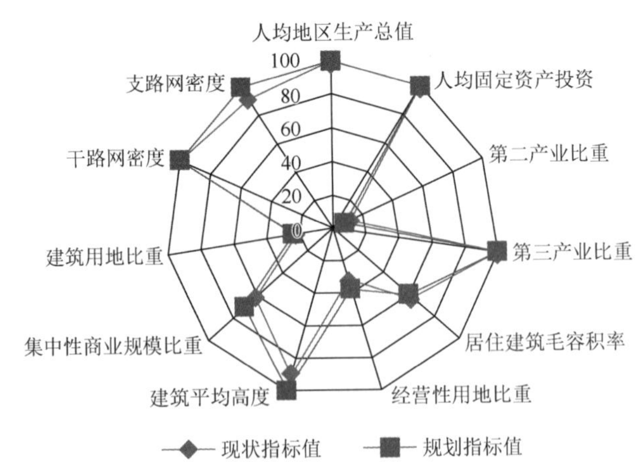

图 5.22　渝中半岛空间经济效能各项指标完成情况分析图

综合各因子层的指标值进行加权计算，得出渝中半岛城市空间经济效能的现状指标值为 48.29，规划指标值为 49.97，城市空间布局生态效能无论现状还是规划后水平均不高（表 5.19）。

从渝中半岛影响经济效能各因子的现状水平和规划水平分析可以看出，目前渝中半岛经济效能整体水平不高的原因主要是居住建筑毛容积率太高，而且在规划后会继续升高，经营性用地比重、集中性商业规模比重以及建筑用地比重几项指标值与预设的指标值有一定的差距，而且在规划的短时期内不能满足，当然这也与渝中半岛的特殊区位及发展定位有直接关系。渝中半岛因为建设用地没有增加的空间，城市化率为 100%，所以给城市的发展带来诸多限制。虽然渝中半岛已经是都市区密度最高的区域，但在未来的发展过程中，城市也只能继续采取高密度的发展模式。在此情况下，提高城市空间布局经济效能的途径相对更有限。

5.3.3　生态效能定量评价

1. 各项指标的测算

1）都市区空间布局生态效能要素指标

2018 年都市区城市人口密度（C_{111}）为 0.92 万人/km^2，城市老龄化水平（C_{112}）为 14%（按照年龄超过 65 岁人口规模计算）；规划至 2035 年，城市人口密度为 0.91 万人/km^2，城市老龄化水平保持 10%。2018 年都市区人均建筑面积（C_{121}）为 128.77m^2，人均用地面积（C_{122}）为 77.02m^2；规划至 2035 年人均建筑面积（C_{121}）为 100.00m^2，人均用地面积为 98.54m^2。2018 年城市绿地面积为 65.0km^2，城市绿地比重（C_{211}）为 9.6%，人均绿地面积（C_{212}）为 7.42m^2，绿化覆盖率（C_{213}）为 37.61%；规划至 2035 年，城市绿地比重为 10.0%，人均绿地面积为 10.8m^2，绿化覆盖率为 38.23%。2018 年都市区公共空间面积约为 212.63km^2，公共空间覆盖面积约为 665.76km^2，公共空间用地比重（C_{221}）为 7%，人均公共空间用地面积（C_{222}）为 7.85m^2，公共空间分布密度（C_{223}）为 70.08%；规划至 2035 年公共空间用地比重为 19.05%，人均公共空间用地面积为 8.45m^2，公共空间分布密度为 85%。2018 年都市区空气质量达标率（C_{231}）为 86.6%，城市污水处理率（C_{232}）为 95.84%，城市垃圾处理率（C_{233}）为 99.8%；规划至 2035 年三项指标要求均达到 100%。2018 年都市区机动车保有量约为 172 万辆，公共停车场数量约为 5143 个，公共停车位数量为 152.08 万个，车均停车位（C_{311}）为 0.88 个/车，公共停车场辐射指标（C_{312}）为 11.09 个/km^2；规划至 2035 年，机动车增加按照年均 15%计算（2018 年机动车增长率为 13.8%），机动车保有量约为 387 万辆，公共停车位数量按照国际标准每车 1.2 个计算，需求约 464 万个，按照同比例配建，停车场数量应该达到 13874 个。2018 年都市区道路面积约为 196.0 万 m^2，公交车保有量约为 9216 辆，轨道交通线路长度为 329km，人均公交车指标（C_{321}）为 10.53 台/万人，人均道路面积（C_{322}）约为 22.4m^2，人均轨道交通指标（C_{323}）为 0.38km/万人；规划至 2035 年，人均公交车指标为 15 台/万人（结合 2018 年公交车保有量增长率 1.38%，2035 年按照年均 1.5%增长率计算），人均道路面积约为 19.84m^2，人均轨道交通指标为 1.0km/万人（轨道里程为 1256km）（表 5.20）。

表 5.20　重庆市都市区城市空间布局生态效能评价分析表

指标层	指标代码	分层权重	效能现状要素指标	效能规划要素指标	指标级性	数据标准值	现状指标值	规划指标值
城市人口密度	（C_{111}）	0.0112	9200 人/km^2	9100 人/km^2	+/–	10000	92.00	91.00
城市老龄化水平	（C_{112}）	0.0037	14%	10%	+/–	10	71.43	100.00
人均建筑面积	（C_{121}）	0.0149	128.77m^2	100m^2	+	45	100.00	100.00
人均用地面积	（C_{122}）	0.0448	77.02m^2	98.54m^2	+	110	70.02	89.58
城市绿地比重	（C_{211}）	0.0027	9.6%	10%	+	15	64.00	66.67
人均绿地面积	（C_{212}）	0.0094	7.42m^2	10.8m^2	+	8.5	87.29	100.00
绿化覆盖率	（C_{213}）	0.0016	37.61%	38.23%	+	50	75.22	76.46
公共空间用地比重	（C_{221}）	0.003	7%	19.05%	+	17.5	40.00	100.00
人均公共空间用地面积	（C_{222}）	0.0115	7.85m^2	8.45m^2	+	8.5	92.35	99.41
公共空间分布密度	（C_{223}）	0.0073	70.08%	85%	+	100	70.08	85.00
空气质量达标率	（C_{231}）	0.0102	86.6%	100%	+	100	86.60	100.00
污水处理率	（C_{232}）	0.0256	95.84%	100%	+	100	95.84	100.00
垃圾处理率	（C_{233}）	0.0161	99.8%	100%	+	100	99.80	100.00
车均停车位	（C_{311}）	0.0727	0.88 个/车	1.2 个/车	+	1.2	73.33	100.00
公共停车场辐射指标	（C_{312}）	0.0242	11.09 个/km^2	10.12 个/km^2	+	10	100.00	100.00
人均公交车指标	（C_{321}）	0.0192	10.53 台/万人	15 台/万人	+	15	70.20	100.00
人均道路面积	（C_{322}）	0.0051	22.4m^2	19.84m^2	+	14	100.00	100.00
人均轨道交通指标	（C_{323}）	0.0081	0.38km/万人	1km/万人	+	1	38.00	100.00

2）渝中半岛空间布局生态效能要素指标

2018 年渝中半岛城市人口密度（C_{111}）为 3.79 万人/km^2，城市老龄化水平（C_{112}）为 25.46%（按照年龄超过 60 岁人口规模计算）；规划至 2035 年，渝中半岛城市人口密度为 3.58 万人/km^2（渝中规划人口为 64 万，渝中区规划用地面积 17.9km^2），城市老龄化水平保持在 25%。2018 年渝中半岛人均建筑面积（C_{121}）为 229.38m^2，人均用地面积（C_{122}）为 26.39m^2；规划至 2035 年人均建筑面积（C_{121}）不超过 250.00m^2，人均用地面积为 27.97m^2。2018 年城市绿地面积为 655.7hm^2，城市绿地比重（C_{211}）为 19.94%（绿地面积 185.9hm^2），人均绿地面积（C_{212}）为 5.64m^2，绿化覆盖率（C_{213}）为 40.2%；规划至 2035 年，城市绿地比重为 20%，人均绿地面积为 6m^2，绿化覆盖率为 42%。2018 年渝中半岛公共空间面积约为 211.36hm^2，公共空间覆盖面积约为 9.32km^2，公共空间用地比重（C_{221}）为 22.68%，人均公共空间用地面积（C_{222}）为 5.99m^2，公共空间分布密度（C_{223}）为 100%；规划至 2035 年公共空间用地比重为 23%，人均公共空间用地面积为 6.5m^2，公共空间覆盖率为 100%。2018 年都市区空气质量达标率（C_{231}）为 86.6%，城市污水处理率（C_{232}）为 100%，城市垃圾处理率（C_{233}）为 100%；规划至 2035 年三项指标要求均达到 100%。2018 年渝中区公共停车场数量约为 588 个，公共停车位数量为 78024 个，机动车保有量为 6.88 万辆，车均停车位为 1.13 个/车，公共停车场辐射指标（C_{312}）为 63.22 个/km^2；规划至 2035 年，机动车保有量约为 15.48 万辆，公共停车位数量按照国际标准每车 1.2 个计算，需求约 18.58 万个，按照同比例配建，停车场数量应该达到 1356 个。2018 年渝中半岛道路面积约为 239.00hm^2，公交车保有量约为 371 辆（按照渝中半岛人口占都市区人口比例 4.04% 计算），轨道交通线路长度为 18.8km，人均公交车指标（C_{321}）为 10.50 台/万人，人均道路面积（C_{322}）约为 6.77m^2，人均轨道交通指标（C_{323}）为 0.53km/万人；规划至 2035 年，人均公交车指标为 15 台/万人（结合 2018 年公交车保有量增长率 1.38%，2035 年按照年均 1.5%增长率计算），人均道路面积约为 7.5m^2，人均轨道交通指标为 0.6km/万人（轨道里程为 18.8km 不变）（表 5.21）。

表 5.21　渝中半岛空间布局生态效能评价分析表

指标层	指标代码	分层权重	效能现状要素指标	效能规划要素指标	指标级性	数据标准值	现状指标值	规划指标值
城市人口密度	（C_{111}）	0.0112	3.79 万人/km^2	3.58 万人/km^2	+/–	1	26.39	27.93
城市老龄化水平	（C_{112}）	0.0037	25.46%	25%	+/–	10	39.28	40.00
人均建筑面积	（C_{121}）	0.0149	229.38m^2	250m^2	+/–	45	19.62	18.00
人均用地面积	（C_{122}）	0.0448	26.39m^2	27.97m^2	+	110	23.99	25.43
城市绿地比重	（C_{211}）	0.0027	19.94%	20%	+	15	100.00	100.00
人均绿地面积	（C_{212}）	0.0094	5.64m^2	6m^2	+	8.5	66.35	70.59
绿化覆盖率	（C_{213}）	0.0016	40.2%	42%	+	50	80.40	84.00
公共空间用地比重	（C_{221}）	0.003	22.68%	23%	+	17.5	100.00	100.00
人均公共空间用地面积	（C_{222}）	0.0115	5.99m^2	6.5m^2	+	8.5	70.47	76.47
公共空间分布密度	（C_{223}）	0.0073	100%	100%	+	100	100.00	100.00

续表

指标层	指标代码	分层权重	效能现状要素指标	效能规划要素指标	指标级性	数据标准值	现状指标值	规划指标值
空气质量达标率	（C_{231}）	0.0102	86.6%	100%	+	100	86.60	100.00
污水处理率	（C_{232}）	0.0256	100%	100%	+	100	100.00	100.00
垃圾处理率	（C_{233}）	0.0161	100%	100%	+	100	100.00	100.00
车均停车位	（C_{311}）	0.0727	1.13 个/车	1.2 个/车	+	1.2	94.17	100.00
公共停车场辐射指标	（C_{312}）	0.0242	63.22 个/km^2	145.49 个/km^2	+	10	100.00	100.00
人均公交车指标	（C_{321}）	0.0192	10.5 台/万人	15 台/万人	+	15	70.00	100.00
人均道路面积	（C_{322}）	0.0051	6.77m^2	7.5m^2	+	14	48.36	53.57
人均轨道交通指标	（C_{323}）	0.0081	0.53km/万人	0.6km/万人	+	1	53.00	60.00

2. 分析评价的结果

1）都市区空间布局生态效能定量评价结果

根据评价模型中的相关指标权重和标准值，计算出重庆市都市区城市空间生态效能（$C_1C_2C_3$），城市人口密度（C_{111}）现状指标值为 92.00，规划指标值为 91.00；城市老龄化水平（C_{112}）现状指标值为 71.43，规划指标值为 100.00；人均建筑面积（C_{121}）现状指标值为 100.00，规划指标值为 100.00；人均用地面积（C_{122}）现状指标值为 70.02，规划指标值为 89.58；城市绿地比重（C_{211}）现状指标值为 64.00，规划指标值为 66.67；人均绿地面积（C_{212}）现状指标值为 87.29，规划指标值为 100.00；绿化覆盖率（C_{213}）现状指标值为 75.22，规划指标值为 76.46；公共空间用地比重（C_{221}）现状指标值为 40.00，规划指标值为 100.00；人均公共空间用地面积（C_{222}）现状指标值为 92.35，规划指标值为 99.41；公共空间分布密度（C_{223}）现状指标值为 70.08，规划指标值为 85.00；空气质量达标率（C_{231}）现状指标值为 86.60，规划指标值为 100.00；污水处理率（C_{232}）现状指标值为 95.84，规划指标值为 100.00；垃圾处理率（C_{233}）现状指标值为 99.80，规划指标值为 100.00；车均停车位（C_{311}）现状指标值为 73.33，规划指标值为 100.00；公共停车场辐射指标（C_{312}）现状指标值为 100.00，规划指标值为 100.00；人均公交车指标（C_{321}）现状指标值为 70.20，规划指标值为 100.00；人均道路面积（C_{322}）现状指标值为 100.00，规划指标值为 100.00；人均轨道交通指标（C_{323}）现状指标值为 38.00，规划指标值为 100.00。综合各因子层的指标值进行加权计算，得出重庆市都市区城市空间布局生态效能的现状指标值为 79.23，规划指标值为 94.90，城市空间生态效能现状水平一般，规划后有一定的提升（表 5.20）。

通过都市区空间布局生态效能评价指标可以看出，目前都市区城市空间布局生态效能指标中，现状指标仅公共停车场辐射指标、人均建筑面积、人均道路面积达到预设标准值，其他指标现状水平总体比较高，规划后大部分指标达到 100%的水平，城市绿地比重、绿化覆盖率、人均公共空间用地面积、人均用地面积、公共空间分布密度以及城市人口密度几项指标还有提升的空间。

2）渝中半岛空间布局生态效能定量评价结果

根据评价模型中的相关指标权重和标准值，计算出渝中半岛城市空间布局生态效能（$C_1C_2C_3$），城市人口密度（C_{111}）现状指标值为 26.39，规划指标值为 27.93；城市老龄化水平（C_{112}）现状指标值为 39.28，规划指标值为 40.00；人均建筑面积（C_{121}）现状指标值为 19.62，规划指标值为 18.00；人均用地面积（C_{122}）现状指标值为 23.99，规划指标值为 25.43；城市绿地比重（C_{211}）现状指标值为 100.00，规划指标值为 100.00；人均绿地面积（C_{212}）现状指标值为 66.35，规划指标值为 70.59；绿化覆盖率（C_{213}）现状指标值为 80.40，规划指标值为 84.00；公共空间用地比重（C_{221}）现状指标值为 100.00，规划指标值为 100.00；人均公共空间用地面积（C_{222}）现状指标值为 70.47，规划指标值为 76.47；公共空间分布密度（C_{223}）现状指标值为 100.00，规划指标值为 100.00；空气质量达标率（C_{231}）现状指标值为 86.60，规划指标值为 100.00；污水处理率（C_{232}）现状指标值为 100.00，规划指标值为 100.00；垃圾处理率（C_{233}）现状指标值为 100.00，规划指标值为 100.00；车均停车位（C_{311}）现状指标值为 94.17，规划指标值为 100.00；公共停车场辐射指标（C_{312}）现状指标值为 100.00，规划指标值为 100.00；人均公交车指标（C_{321}）现状指标值为 70.00，规划指标值为 100.00；人均道路面积（C_{322}）现状指标值为 48.36，规划指标值为 53.57；人均轨道交通指标（C_{323}）现状指标值为 53.00，规划指标值为 60.00（图 5.23）。总体来看，渝中半岛空间布局生态效能的现状指标值为 71.04，规划指标值为 75.33，其现状空间布局的生态效能水平一般，在规划中有一定的提升（表 5.21）。

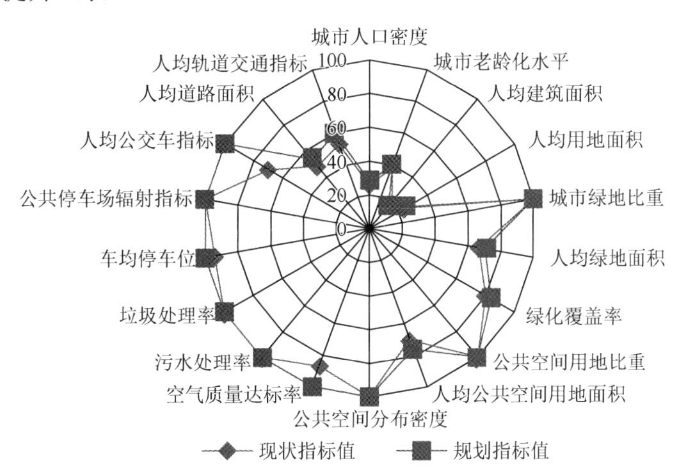

图 5.23　渝中半岛空间生态效能各项指标完成情况分析图

通过渝中半岛空间布局生态效能现状水平和规划水平分析，可以看出，城市绿地比重、公共空间用地比重、公共空间分布密度、污水处理率、垃圾处理率以及公共停车场辐射指标无论现状水平还是规划均达到100%的高水平。而城市人口密度、城市老龄化水平、人均建筑面积、人均用地面积、人均绿地面积、人均公共空间用地面积、人均道路面积以及人均轨道交通指标等受到渝中半岛用地没有发展空间的影响，人口规模相对较高导致各项人均指标无论现状情况还是规划都无法达到预设的水平。所以提高渝中半岛空间布局的生态效能，需要通过大力的人口疏解才能实现。

5.3.4 综合效能定量评价

1. 都市区空间布局效能综合评价

综上所述，重庆市都市区城市空间布局效能评价的最终现状分值为75.90，城市空间效能综合属于较高水平，其中社会效能达到较高水平，经济效能和生态效能属于中等水平（表5.22）。

表 5.22 都市区空间布局效能现状指标障碍度判定及排序

指标层	指标代码	分层权重	现状指标值	现状效能加权分值	现状指标偏离度	现状指标偏离度×分层权重	现状指标障碍度	现状障碍度排序
建筑用地比重	（B_{223}）	0.1114	53.92	6.01	46.08	5.13	0.1780	1
建筑平均高度	（B_{221}）	0.1114	67.9	7.56	32.1	3.58	0.1240	2
城市毛容积率	（A_{121}）	0.0506	29.94	1.51	70.06	3.55	0.1229	3
集中性商业规模比重	（B_{222}）	0.0371	7.1	0.26	92.9	3.45	0.1195	4
车均停车位	（C_{311}）	0.0727	73.33	5.33	26.67	1.94	0.0672	5
公交站500m覆盖率	（A_{332}）	0.0698	75.5	5.27	24.5	1.71	0.0593	6
居住建筑毛容积率	（B_{211}）	0.0722	81	5.85	19	1.37	0.0476	7
人均用地面积	（C_{122}）	0.0448	70.02	3.14	29.98	1.34	0.0466	8
经营性用地比重	（B_{212}）	0.0144	23.08	0.33	76.92	1.11	0.0384	9
形态紧凑度	（A_{122}）	0.0167	59	0.99	41	0.68	0.0237	10
轨道站点1000m覆盖率	（A_{323}）	0.0088	31.3	0.28	68.7	0.60	0.0210	11
人均公交车指标	（C_{321}）	0.0192	70.2	1.35	29.8	0.57	0.0198	12
人均轨道交通指标	（C_{323}）	0.0081	38	0.31	62	0.50	0.0174	13

续表

指标层	指标代码	分层权重	现状指标值	现状效能加权分值	现状指标偏离度	现状指标偏离度×分层权重	现状指标障碍度	现状障碍度排序
公交站 300m 覆盖率	（A_{331}）	0.0233	82.6	1.92	17.4	0.41	0.0141	14
第三产业比重	（B_{123}）	0.0254	84.7	2.15	15.3	0.39	0.0135	15
公益性用地比重	（A_{212}）	0.0074	61.64	0.46	38.36	0.28	0.0098	16
公共空间分布密度	（C_{223}）	0.0073	70.08	0.51	29.92	0.22	0.0076	17
人均医疗教育数量	（A_{222}）	0.0104	80.67	0.84	19.33	0.20	0.0070	18
高速公路网密度	（B_{323}）	0.003	36	0.11	64	0.19	0.0067	19
第一产业比重	（B_{121}）	0.0021	13.6	0.03	86.4	0.18	0.0063	20
公共空间用地比重	（C_{221}）	0.003	40	0.12	60	0.18	0.0062	21
第二产业比重	（B_{122}）	0.0048	63.53	0.30	36.47	0.18	0.0061	22
空气质量达标率	（C_{231}）	0.0102	86.6	0.88	13.4	0.14	0.0047	23
公共设施用地比重	（A_{213}）	0.0031	60	0.19	40	0.12	0.0043	24
人均绿地面积	（C_{212}）	0.0094	87.29	0.82	12.71	0.12	0.0041	25
污水处理率	（C_{232}）	0.0256	95.84	2.45	4.16	0.11	0.0037	26
城市老龄化水平	（C_{112}）	0.0037	71.43	0.26	28.57	0.11	0.0037	27
城市绿地比重	（C_{211}）	0.0027	64	0.17	36	0.10	0.0034	28
城市人口密度	（C_{111}）	0.0112	92	1.03	8	0.09	0.0031	29
人均公共空间用地面积	（C_{222}）	0.0115	92.35	1.06	7.65	0.09	0.0031	30
居住用地比重	（A_{211}）	0.0019	59.1	0.11	40.9	0.08	0.0027	31
基础设施完善度	（A_{221}）	0.0242	96.9	2.34	3.1	0.08	0.0026	32
绿化覆盖率	（C_{213}）	0.0016	75.22	0.12	24.78	0.04	0.0014	33
公路网密度	（B_{321}）	0.0004	70	0.03	30	0.01	0.0004	34
等级公路网密度	（B_{322}）	0.0003	83.2	0.02	16.8	0.01	0.0002	35
垃圾处理率	（C_{233}）	0.0161	99.8	1.61	0.2	0.00	0.0001	36

现状效能指标障碍度排序中，排在前面的指标依次为建筑用地比重、建筑平均高度、城市毛容积率、集中性商业规模比重、车均停车位、公交站 500m 覆盖率、居住建筑毛容积率、人均用地面积、经营性用地比重、形态紧凑度、轨道站点 1000m 覆盖率、人均公交车指标、人均轨道交通指标、公交站 300m 覆盖率、第三产业比重、公益性用地比重、公共空间分布密度等，这些指标总体偏离度较高。

重庆市都市区城市空间效能评价的最终规划分值为 87.23。城市空间效能综合水平较高，其中社会效能水平最高，经济效能次之，生态效能仅仅达到中等水平。

规划效能指标障碍度排序中，排在前面的指标依次为建筑平均高度、建筑用地比重、集中性商业规模比重、城市毛容积率、居住建筑毛容积率、经营性用地比重、形态紧凑度、人均用地面积、城市道路面积比率、第三产业比重、高速公路网密度、公共空间分布密度、第一产业比重、城市人口密度等（表 5.23）。

表 5.23　都市区空间布局效能规划指标障碍度判定及排序

指标层	指标代码	分层权重	规划指标值	规划效能加权分值	规划指标偏离度	规划指标偏离度×分层权重	规划指标障碍度	规划障碍度排序
建筑平均高度	（B_{221}）	0.1114	50	5.57	50	5.57	0.2599	1
建筑用地比重	（B_{223}）	0.1114	60	6.68	40	4.46	0.2079	2
集中性商业规模比重	（B_{222}）	0.0371	12.54	0.47	87.46	3.24	0.1514	3
城市毛容积率	（A_{121}）	0.0506	50	2.53	50	2.53	0.1181	4
居住建筑毛容积率	（B_{211}）	0.0722	75	5.42	25	1.81	0.0842	5
经营性用地比重	（B_{212}）	0.0144	25	0.36	75	1.08	0.0504	6
形态紧凑度	（A_{122}）	0.0167	57	0.95	43	0.72	0.0335	7
人均用地面积	（C_{122}）	0.0448	89.58	4.01	10.42	0.47	0.0218	8
城市道路面积比率	（A_{312}）	0.0391	90	3.52	10	0.39	0.0182	9
第三产业比重	（B_{123}）	0.0254	85.71	2.18	14.29	0.36	0.0169	10
高速公路网密度	（B_{323}）	0.003	60	0.18	40	0.12	0.0056	11
公共空间分布密度	（C_{223}）	0.0073	85	0.62	15	0.11	0.0051	12
第一产业比重	（B_{121}）	0.0021	50	0.11	50	0.11	0.0049	13
城市人口密度	（C_{111}）	0.0112	91	1.02	9	0.10	0.0047	14
公益性用地比重	（A_{212}）	0.0074	87.27	0.65	12.73	0.09	0.0044	15
城市绿地比重	（C_{211}）	0.0027	66.67	0.18	33.33	0.09	0.0042	16
公共设施用地比重	（A_{213}）	0.0031	72	0.22	28	0.09	0.0041	17
绿化覆盖率	（C_{213}）	0.0016	76.46	0.12	23.54	0.04	0.0018	18
居住用地比重	（A_{211}）	0.0019	83.33	0.16	16.67	0.03	0.0015	19
轨道站点1000m覆盖率	（A_{323}）	0.0088	98.76	0.87	1.24	0.01	0.0005	20
人均公共空间用地面积	（C_{222}）	0.0115	99.41	1.14	0.59	0.01	0.0003	21
公路网密度	（B_{321}）	0.0004	83.33	0.03	16.67	0.01	0.0003	22
等级公路网密度	（B_{322}）	0.0003	88	0.03	12	0.00	0.0002	23

2. 渝中半岛空间布局效能综合评价

通过综合评价，渝中半岛空间布局效能现状效能分值为 67.50，属于中等水平，规划水平有一定提高，分值为 69.85。其中，社会效能和生态效能水平相对较好，经济效能水平最低。所有影响因子中对评价结果贡献度较高的包括绿化覆盖率（C_{213}）、等级公路网密度（B_{322}）、城市规模等级（A_{111}）、基础设施完善度（A_{221}）、广播电视覆盖率（A_{223}）、路网密度（A_{311}）、城市道路面积比率（A_{312}）、轨道网密度（A_{321}）、轨道站点分布密度（A_{322}）、轨道站点 1000m 覆盖率（A_{323}）、公交站 300m 覆盖率（A_{331}）、公交站 500m 覆盖率（A_{332}）、人均地区生产总值（B_{111}）、人均固定资产投资（B_{112}）、第三产业比重（B_{123}）、干路网密度（B_{312}）、城市绿地比重（C_{211}）、公共空间用地比重（C_{221}）、公共空间分布密度（C_{223}）、污水处理率（C_{232}）、垃圾处理率（C_{233}）、公共停车场辐射指标（C_{312}）。

现状指标障碍度排序中，排在前面的指标依次为建筑用地比重、城市毛容积率、人均用地面积、居住建筑毛容积率、集中性商业规模比重、人均建筑面积、建筑平均高度、经营性用地比重以及城市人口密度（表 5.24）。首先要提高这些指标的分值，以降低其障碍度。

表 5.24　渝中半岛空间布局效能现状指标障碍度判定及排序

指标层	指标代码	分层权重	现状指标值	现状效能加权分值	现状指标偏离度	现状指标偏离度×分层权重	现状指标障碍度	现状障碍度排序
建筑用地比重	（B_{223}）	0.1114	22.24	2.48	77.76	8.66	0.2864	1
城市毛容积率	（A_{121}）	0.0502	21.83	1.10	78.17	3.92	0.1297	2
人均用地面积	（C_{122}）	0.0448	23.99	1.07	76.01	3.41	0.1126	3
居住建筑毛容积率	（B_{211}）	0.0722	61.98	4.48	38.02	2.75	0.0907	4
集中性商业规模比重	（B_{222}）	0.0371	61.34	2.28	38.66	1.43	0.0474	5
人均建筑面积	（C_{121}）	0.0149	19.62	0.29	80.38	1.20	0.0396	6
建筑平均高度	（B_{221}）	0.1114	89.90	10.01	10.10	1.13	0.0372	7
经营性用地比重	（B_{212}）	0.0144	33.08	0.48	66.93	0.96	0.0319	8
城市人口密度	（C_{111}）	0.0112	26.39	0.30	73.61	0.82	0.0273	9
形态紧凑度	（A_{122}）	0.0167	59.00	0.99	41.00	0.68	0.0226	10
人均公交车指标	（C_{321}）	0.0192	70.00	1.34	30.00	0.58	0.0190	11
第二产业比重	（B_{122}）	0.0048	11.60	0.06	88.40	0.42	0.0140	12
车均停车位	（C_{311}）	0.0727	94.17	6.85	5.83	0.42	0.0140	13
人均轨道交通指标	（C_{323}）	0.0081	53.00	0.43	47.00	0.38	0.0126	14
城市总建筑面积	（A_{113}）	0.0042	9.89	0.04	90.11	0.38	0.0125	15
人均公共空间用地面积	（C_{222}）	0.0115	70.47	0.81	29.53	0.34	0.0112	16
人均绿地面积	（C_{212}）	0.0094	66.35	0.62	33.65	0.32	0.0105	17
公共设施用地比重	（A_{213}）	0.0031	0.00	0.00	100.00	0.31	0.0102	18

续表

指标层	指标代码	分层权重	现状指标值	现状效能加权分值	现状指标偏离度	现状指标偏离度×分层权重	现状指标障碍度	现状障碍度排序
高速公路网密度	(B_{323})	0.003	0.00	0.00	100.00	0.30	0.0099	19
人均道路面积	(C_{322})	0.0051	48.36	0.25	51.64	0.26	0.0087	20
城市建设用地面积	(A_{112})	0.0026	1.86	0.00	98.14	0.26	0.0084	21
城市老龄化水平	(C_{112})	0.0037	39.28	0.15	60.72	0.22	0.0074	22
人均医疗教育数量	(A_{222})	0.0104	78.67	0.82	21.33	0.22	0.0073	23
公益性用地比重	(A_{212})	0.0074	71.56	0.53	28.44	0.21	0.0070	24
第一产业比重	(B_{121})	0.0021	0.00	0.00	100.00	0.21	0.0069	25
快速路网密度	(B_{311})	0.0014	0.00	0.00	100.00	0.14	0.0046	26
空气质量达标率	(C_{231})	0.0102	86.60	0.88	13.40	0.14	0.0045	27
公路网密度	(B_{321})	0.0004	0.00	0.00	100.00	0.04	0.0013	28
支路网密度	(B_{313})	0.0053	92.57	0.49	7.43	0.04	0.0013	29
居住用地比重	(A_{211})	0.0019	81.24	0.15	18.76	0.04	0.0012	30

渝中半岛空间布局效能评价的最终规划分值为67.16，空间布局效能综合水平中等；与现状水平基本持平，这主要因为影响渝中半岛空间布局综合效能水平的因子无法通过规划手段在一定时期内实现。对综合效能水平指标影响不大的指标主要包括城市规模等级、基础设施完善度、人均医疗教育数量、广播电视覆盖率、路网密度、城市道路面积比率、轨道网密度、轨道站点分布密度、轨道站点1000m覆盖率、公交站300m覆盖率、公交站500m覆盖率、人均地区生产总值、人均固定资产投资、第三产业比重、建筑平均高度、干路网密度、支路网密度、城市绿地比重、公共空间用地比重、公共空间分布密度、空气质量达标率、污水处理率、垃圾处理率、车均停车位、公共停车场辐射指标、人均公交车指标等。

规划指标障碍度排序中，排在前面的指标依次为建筑用地比重、城市毛容积率、人均用地面积、居住建筑毛容积率、人均建筑面积、集中性商业规模比重、经营性用地比重、城市人口密度、形态紧凑度等（表5.25）。这些指标基本与现状影响因子相重合，所以首先要提高这些指标的分值，以降低其障碍度。

表5.25　渝中半岛空间布局效能规划指标障碍度判定及排序

指标层	指标代码	分层权重	规划指标值	规划效能加权分值	规划指标偏离度	规划指标偏离度×分层权重	规划指标障碍度	规划障碍度排序
建筑用地比重	(B_{223})	0.1114	24.00	2.67	76.00	8.47	0.3102	1
城市毛容积率	(A_{121})	0.0502	16.67	0.84	83.33	4.18	0.1533	2

续表

指标层	指标代码	分层权重	规划指标值	规划效能加权分值	规划指标偏离度	规划指标偏离度×分层权重	规划指标障碍度	规划障碍度排序
人均用地面积	（C_{122}）	0.0448	25.43	1.14	74.57	3.34	0.1224	3
居住建筑毛容积率	（B_{211}）	0.0722	60.00	4.33	40.00	2.89	0.1058	4
人均建筑面积	（C_{121}）	0.0149	18.00	0.27	82.00	1.22	0.0448	5
集中性商业规模比重	（B_{222}）	0.0371	70.00	2.60	30.00	1.11	0.0408	6
经营性用地比重	（B_{212}）	0.0144	37.50	0.54	62.50	0.90	0.0330	7
城市人口密度	（C_{111}）	0.0112	27.93	0.31	72.07	0.81	0.0296	8
形态紧凑度	（A_{122}）	0.0167	59.00	0.99	41.00	0.68	0.0251	9
第二产业比重	（B_{122}）	0.0048	8.00	0.04	92.00	0.44	0.0162	10
城市总建筑面积	（A_{113}）	0.0042	12.94	0.05	87.06	0.37	0.0134	11
人均轨道交通指标	（C_{323}）	0.0081	60.00	0.49	40.00	0.32	0.0119	12
公共设施用地比重	（A_{213}）	0.0031	0.00	0.00	100.00	0.31	0.0114	13
高速公路网密度	（B_{323}）	0.003	0.00	0.00	100.00	0.30	0.0110	14
人均绿地面积	（C_{212}）	0.0094	70.59	0.66	29.41	0.28	0.0101	15
人均公共空间用地面积	（C_{222}）	0.0115	76.47	0.88	23.53	0.27	0.0099	16
城市建设用地面积	（A_{112}）	0.0026	1.86	0.00	98.14	0.26	0.0093	17
人均道路面积	（C_{322}）	0.0051	53.57	0.27	46.43	0.24	0.0087	18
城市老龄化水平	（C_{112}）	0.0037	40.00	0.15	60.00	0.22	0.0081	19
第一产业比重	（B_{121}）	0.0021	0.00	0.00	100.00	0.21	0.0077	20
公益性用地比重	（A_{212}）	0.0074	74.55	0.55	25.45	0.19	0.0069	21
快速路网密度	（B_{311}）	0.0014	0.00	0.00	100.00	0.14	0.0051	22
居住用地比重	（A_{211}）	0.0019	72.00	0.14	28.00	0.05	0.0019	23
公路网密度	（B_{321}）	0.0004	0.00	0.00	100.00	0.04	0.0015	24
等级公路网密度	（B_{322}）	0.0003	0.00	0.00	100.00	0.03	0.0011	25
绿化覆盖率	（C_{213}）	0.0016	84.00	0.13	16.00	0.03	0.0009	26

通过渝中半岛空间布局效能评价可以看出渝中半岛存在的主要问题是人口总量高，导致各项人均指标相对较低；半岛内商业用地的集中性仍有提升空间；通过定性定量分析，存在的问题与前文分析的山地城市高密度发展下存在的问题基本吻合。

5.4 渝中半岛空间布局优化策略

通过效能定性与定量的评价，可以知道空间布局在效能方面存在的问题是什么，根据前文确定的空间布局效能综合协调理论，主要通过效能协调的方法去实现协调目标在社会、经济、生态及综合维度的相关要求。

5.4.1 宏观：控制发展规模、强化空间结构

1. 限定人口用地容量，确定适宜建筑总量

根据上节都市区和渝中半岛空间布局效能定性评价和定量评价的结果，可以知道渝中半岛目前存在的问题诸如用地面积无法扩展时，人口总量也变化不大的情况下，人地关系的耦合不能简单地通过人口和用地规模的变化来调节。同时由于渝中半岛不但是重庆市的母城，而且在发展过程中功能定位是重庆市都市区的主要中心区，对人口集聚的吸引持续增强。所以需要针对这个问题进行城市规模的控制，包括人口规模、建筑规模两个方面（图 5.24）。当然渝中半岛的规模控制离不开重庆市都市区整体容量的控制和各个组团的容量调整。

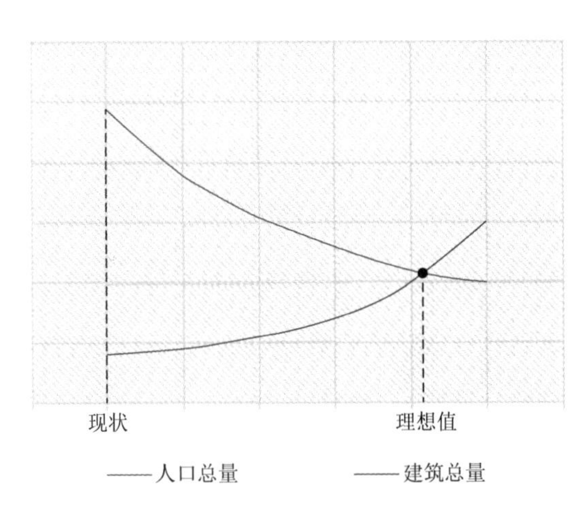

图 5.24 人口和建筑总量调整模拟

对容量的控制不仅需要对现状容量进行统计，同时还需要通过合理的方法科学地预测在规划期末的人口规模和建筑规模。首先来看都市区的情况，重庆市都市区 1981～2018 年 37 年间城市建成区规模从 73km^2 增加到 674km^2，城市建筑规

模从 2976 万 m^2 增加到 112678.7 万 m^2。建成区规模与城市建筑规模均呈现出正弦曲线上升的发展态势，与美国城市地理学家纳瑟姆提出的“纳瑟姆曲线”前半段相吻合，城市化率在 30%前城市用地规模与建筑规模增长缓慢，城市化率达到 30%的时候，用地规模与建筑规模快速增长。根据 2018 年最新现状人口统计，都市区户籍人口 687 万、常住人口 875 万、手机信令人口 951 万、城镇人口 792 万人。在最新版《重庆市国土空间规划（过程稿）》中规划至 2035 年都市区人口为 1250 万，用地规模为 1370km^2。在此基础上进行建筑总量的测算。考虑未来随着城镇化水平的提高，公共服务设施建筑规模增加的因素，按照人均 100m^2 计算，至 2035 年底按照人口 1250 万计算，重庆市主城区总建筑规模约为 12.5 亿 m^2。如果按照人均住宅建筑面积 45m^2 的指标计算，根据都市区现状住宅建筑面积占比及国内外城市的参考值，至 2035 年底城市住宅建筑规模约为 5.6 亿 m^2，则城市总建筑规模约为 9.33 亿 m^2。同样根据《城市居住区规划设计标准》（GB50180—2018）及《重庆市城乡公共服务设施规划标准》（DB 50/T 543—2014）的规定，参照国内城市公共服务设施水平较高的城市，远期新建中小学的生均建筑面积综合水平应达到 8.0m^2/人，假设远期人口年龄结构和现状变化不大，至 2035 年中小学的学校建筑面积约为 1000 万 m^2，如果保持中小学建筑在建筑总量中的构成比例不变（大约 1.1%），则主城区总建筑规模约为 9.09 亿 m^2。同样以医疗设施的床位数计算，重庆主城区医院的总体规模按 4 床/1000 人，建筑面积的标准应达到 60～70m^2/床。考虑到重庆正处于迅速发展时期，对医疗保健的需求较大，兼顾未来发展，应适当增加床均建筑面积和用地面积；床均建筑面积取 65m^2/床，2035 年都市区 1250 万人口的病床需求数为 5 万张，对应的综合医院建筑面积为 325 万 m^2。假设医院建筑面积占建筑总量的比例为 0.44%保持不变，可以推测 2035 年的建筑总量为 7.4 亿 m^2。教育设施和医疗卫生设施同属于公共设施，二者叠加取均值，最终测算重庆市至 2035 年城市总建筑规模应该为 8.25 亿 m^2 左右。如果按照总建筑规模在 8.5 亿～12.5 亿 m^2 计算，主城区毛容积率应该介于 0.65～0.91，考虑重庆市为山地城市，用地紧张，城市化发展加速阶段的实际情况，最终都市区整体毛容积率应该不超过 1.0。

就渝中半岛而言，每平方千米约 4 万人的人口密度早已超过香港岛、曼哈顿等大家公认的高密度城市地区。按照都市区建筑规模计算标准，渝中区规划至 2035 年人口约 30 万，总建筑面积预计将达到 3000 万 m^2。在半岛用地无法拓展的情况下，对人口总量的控制更多是通过都市区其他组团功能的布局对岛内人口进行疏解。首先，积极采取部分服务全市的功能进行外迁，同时抓住城区内部旧城更新的机遇从土地开发政策和就业岗位供给两方面逐步向其他组团迁移下半城过于密集的人口。其次，主要通过优化居住用地布局，使岛内东部人口向西部转移，使城市用地功能与人口分布正相关，减少过多的岛内通勤交通。总的来说，就是在确保城市密度提升的同时，向外疏解岛内人口，使人口密度与建设密度实现在总量和土地空间分布上的平衡。

2. 加快主要核心升级，培育圈核次级核心

重庆市在山地城市中是典型的组团式布局模式，在城市发展过程中，逐步形成了目前多中心的空间结构。在2017年版《重庆市城乡总体规划》（简称《规划》）中确定的“一城五片，多中心组团式”经过多年的发展基本完善，正是通过东西南北中五个部分对城市人口和功能进行有机地组织。各个片区根据地形地貌以及主要交通干道又分成相对独立又彼此联系的城市组团，渝中半岛就是21个组团中的一个。2017年版《规划》尽力追求组团内的功能相对完善、紧凑发展、用地内部平衡。在编的2020年版《重庆市国土空间规划》中，逐步将“一城五片”的格局顺应“四山”“两江”山水本底，按照互联互通、均衡发展的原则，统筹布局国家级、区域级重大战略平台和产业空间，优化配置重大公共服务设施，布局门户客运枢纽，推动东、中、西三大槽谷既相对独立发展，又紧密联系、分工协作。

重点统筹城市更新和新区发展，全面优化中心城区城市空间与功能，确定差异化城市空间发展策略。在原有“一城五片”的格局基础上向西以高新区为核心，建设重庆科学城，在以水定城的前提下，增强城市综合承载能力，营造创新环境；向东重点做优两江新区龙盛片区和重庆经开区，加强产城景融合，依托广阳岛片区开展长江生态文明示范；向北持续巩固两江新区发展，强化创新驱动，完善开放功能；向南深度联结西部陆海新通道，促进城乡融合发展；中部重点治理“大城市病”，完善延伸城市功能，推动城市有机更新，改善人居环境。

原有的“多中心”结构逐步优化为“一核多心”城市中心体系。“一核”即中央活力区，强化解放碑、江北城、弹子石的中央商务区功能，提升观音桥、沙坪坝、南坪、九龙坡等传统商圈，培育化龙桥、大坪、九龙半岛等新兴商务区域，在渝中半岛、江北城、九龙半岛、磁器口等区域，重点发展文化交往、旅游观光等功能。“多心”即两江中心、西永中心、茶园中心、钓鱼嘴-龙洲湾中心、北碚中心、陶家中心、龙盛中心、南彭中心8个组团中心，作为所在区域的文化、医疗、体育等公共服务和公共活动中心，以商业商务、文化交往、科技创新、生活居住等功能为主。两江中心还承担国际商务商业、文化交往等城市级功能，西永中心还承担国际科教文化、创新创意等城市级功能，茶园中心还承担区域生态文明展示、商贸服务、创新制造等城市级功能。

渝中半岛属于中部槽谷中心组团的重点区域，功能更强调以金融商务、总部办公、文化创意、国际交往等为主，全面提升对外开放能级。渝中半岛的现状空间结构体系主要由解放碑-朝天门、上清寺及两路口三个节点构成。解放碑区域不仅是渝中半岛的中心，其更主要的功能是都市区商业商务中心，随着与弹子石和

江北嘴跨区域 CBD 的建设，在未来的城市发展过程中会进一步加强。上清寺节点主要以重庆市政府为主，其属于重庆市的行政中心，承担的功能更多是面对其他组团，对渝中半岛而言，更重要的是强化两路口商业中心，从而达到纾解解放碑-朝天门商业中心功能的目的，以发展服务半岛内部人口的体育健身、休闲娱乐、都市旅游、信息中介等现代服务业。

一般来说，对于大城市而言，中心区的主核-亚核体系可以实现区位和功能上的互补，实现特大城市趋中性与分离性的有机结合，是一种高效的中心区空间结构。对渝中半岛而言，正是由于解放碑-朝天门和上清寺两个主要中心地主要功能面对都市区所有城市组团与人口，在渝中半岛内仅仅依靠主要核心，无法满足岛内居民的需求，所以需要培育围绕主中心周边的圈核次级中心。结合渝中半岛的实际情况，半岛内七星岗和黄花园两个节点具有亚核培育的基本特质，且与主要核心之间有高效的交通输配线路。七星岗节点紧靠解放碑区域，周边不仅有代表开敞空间的通远门遗址公园和琵琶山公园，同时周边相对居住社区较多，该片区在未来的建设中可以围绕周边居民的需求发展以休闲服务、文化娱乐功能为主的生活性亚核，以社区功能综合配套为主，与主要中心形成区位和功能的互补。黄花园亚核的重要价值在于其交通区位优越，由于其位于黄花园大桥南部，拥有独特的滨江景观资源，可以结合轨道交通站点形成商业、办公及住宅功能混合的综合体，这对解放碑的商务办公功能有一定的补充和疏散作用，同时可以带动周边地区的升级发展。

5.4.2　中观：科学密度分区、引导混合使用

1. 构建科学密度分区，引导容量合理分布

对于城市空间布局的优化不能仅停留在城市人口规模、用地规模以及建筑规模的总量控制上，而需要就如何引导人口和建筑在空间上的分布提出相应的策略。总体来讲，在前文确定的密度分区模型的基础上，随着重庆都市区轻轨的快速建设，重庆主城区参数权重确定中的大小排序分别为服务区位＞交通区位＞环境区位。但因为重庆山地城市的特征，交通区位、环境区位对于城市密度的影响，显然不如平原城市那般显著。因此，最终确定三个密度分布影响因子的权重分配：服务区位 0.7；交通区位 0.2；环境区位 0.1。

根据交通条件、服务条件和环境条件分区的参数赋值和相应权重，进行叠合和归并，在此基础上得到重庆市都市区密度分区的基准模型和基准密度分区参数，最终将重庆市都市区划分为四种密度分区，包括高密度、中高密度、中低密度和低密度，公共绿地作为非开发用地，赋值 0。

根据以上各类区位条件权重，首先建立密度分区的基础方案，考虑生态因子，

将山体四周、组团隔离绿化以及滨水区域作为生态相对较敏感区域，对密度分区基础分布模型进行修正，将密度分区等级适当降低；考虑美学因子，依据城市设计中提出的具体要求，将“重要节点地区”修正为4区，其他地区降为密度3区；将城市设计中的“引导高层发展区”与基础密度分布中的密度3区合并作为修正后的密度3区；以城市设计中的“控制高层发展区”为依据，将基础密度分布方案中与其相对应的地区降到密度1区。将重点保护古镇、街区、地段影响范围、国家级、市级文保单位影响范围、区级文保单位影响范围分别按空间距离500m、200m、100m划定影响区，降低密度。鉴于港口、军事用地等开发强度的特殊性不纳入一般密度分区。修正后，通过叠加密度控制单元最后得出以密度控制为主题的分布方案。分析结果显示，主城区密度等级分布总体在空间上形成极核与组团分布并存的特征。渝中半岛和两江汇流相邻区域形成一个中高密度和高密度发展的空间极核，此区域高密度、中高密度单元呈现连片趋势，主要涉及渝中组团全部，观音桥组团、大杨石组团的大部区域以及南坪组团、弹子石组团的一部分区域。其他区域以各自中心高密度区为核心，随着空间距离的递增，密度分布等级递减。

具体而言，高密度单元在空间上分布以渝中半岛最为集中（图5.25），除渝中半岛之外地区的高密度单元主要分布在南坪商圈、沙坪坝商圈、观音桥商圈、杨家坪商圈以及组团商业中心大坪、石桥铺等区域。这一空间分布特征与重庆主城现状建设情况完全吻合。规划建设中的茶园、西永城市副中心的中心地带也是高密度单元集中分布的区域，这一分布态势与重庆市未来城市发展的方向相一致。以高密度单元区域为圆心，中高密度单元、中密度单元、低密度单元依据距离高密度单元的空间距离为半径呈近似的圈层分布。中高密度区域主要分布在与渝中半岛、各大商圈等高密度区域空间毗邻且交通联系便捷的地区，中密度单元和低密度单元依次向外展开。

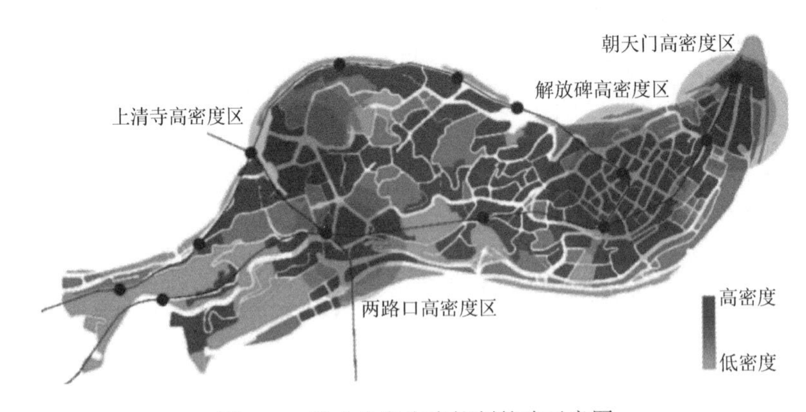

图5.25　渝中半岛密度控制策略示意图

对渝中半岛而言，在都市区确定的密度分区基础上，结合渝中半岛自身情况，进行基于用地功能调整的城市密度调控。调控的目标主要是疏解岛内过于聚集的人口和建筑。首先，通过城市用地功能和结构的调整将朝天门地区的商业与解放碑的商业中心协同发展，形成商业综合体，进一步扩大渝中半岛地区的辐射力和影响力，目前新建设的来福士广场以及道路交通网络完善正起到积极的作用。其次，重点对商业副中心的商业、办公及文化功能进行整合，通过规模的集聚效应进一步凸显副中心的作用，从而起到疏解解放碑商业中心的作用，已经建设的大坪时代天街商业街区在一定程度上已经起到积极的疏解作用。最后，对破碎的现状用地进行功能的整合，对一些生态敏感及地灾高发地区进行适当的控制与生态保护。

2. 提高混合使用程度，增强城市多样性

功能完善的城市组团不仅需要合理的用地比例，同时建筑比例是否科学以及是否与用地和人口相匹配，对于避免形成大尺度的单一功能区，减少钟摆式跨组团潮汐交通也有积极的作用。渝中组团目前存在的问题就是商业商务功能太集中，现状商业/商务与居住用地比值达到 1∶1.5，远高于曼哈顿（1∶3.6）、巴黎市（1∶7.5）、东京区（1∶3.6），这就必然导致在上下班高峰时期形成明显进出渝中半岛的潮汐现象，进出通道压力较大。现代城市中心区要满足城市的需求需要具备城市功能复合、一定的居住人口、公共服务设施用地占比较高、公共空间及绿化空间较大等条件。针对渝中半岛应该尽量压缩居住用地比重，提高公益性用地的比例和绿地广场以及道路交通用地比例，同时应该在有限的用地和建筑内丰富业态来增强城市的多样性。

居住用地比例的压缩可以通过用地性质的置换、碎片化居住用地的整合、旧城改造中采用复合的开发方式等实现。部分用地尤其毗邻商业商务中心及公园广场的居住住宅一般属于独栋或者几栋建筑，规模较小，在城市的综合改造中可以将部分用地置换为城市广场、绿地、公共服务设施用地或者配套道路交通的公共停车场；针对解放碑核心区居住功能的外迁策略，结合半岛下半城原来环境较差的居住社区整体改造的情况，可以采取高层低密度建设模式，预留更多的城市绿地；针对位于次级核心区域周边的居住社区，居住用地规模相对较大且是经过多年逐步形成的社区一般存在用地较破碎的特征，在城市环境提升过程中可以利用居住用地的调整在完善内部道路交通、住区环境的情况下进行用地权属的整合；渝中半岛部分地块在整块用地再开发时，由于用地规模限制，可以结合地段周边特征，采用商业住宅复合的建设模式（图 5.26）。

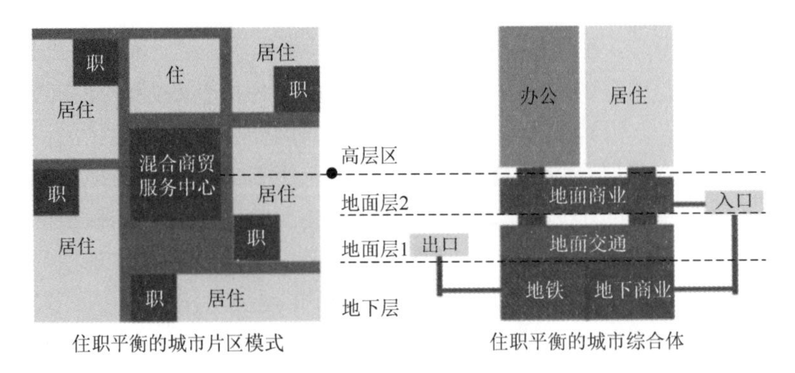

图 5.26　住职平衡的山地城市土地利用模式示意图

目前渝中半岛的道路网密度与高密度的城市环境仍不够匹配（图 5.27），但是道路广场用地的增加不能像城市新区一样按照一定的规范直接配置，同时因为渝中半岛属于老城区，道路用地的增加可以采用局部拓宽或者结合用地改造增加内部支路等方式。广场用地增加也可以采用“针灸式”优化方法，结合城市设计利用山地城市立体的城市空间增加广场空间。国泰广场就巧妙采取架空连廊和屋顶绿化的方式，既连接了不同的城市功能，又在解放碑商圈繁华地段开辟出一个街头广场公园。城市绿地的增加与道路用地一样不能采用直接配置的方式，可以结合城市道路、滨水空间、城市空地建设街头绿地；也可以结合半岛内大量历史遗存，如寺庙、文物、园林等设置绿化隔离带，作为城市绿化用地（图 5.28）。

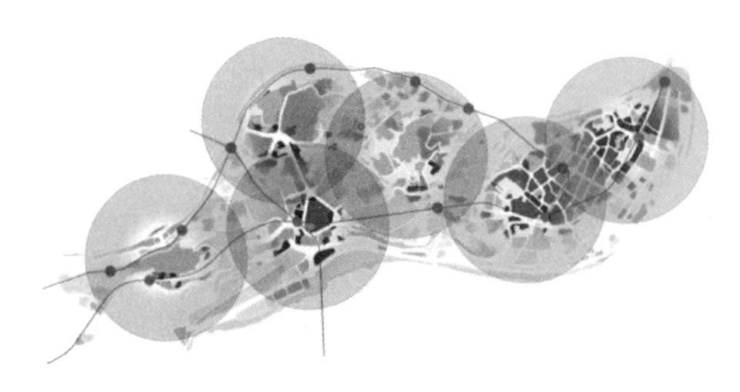

图 5.27　渝中半岛“产业-居住平衡圈”布局分析

无论对于一个地块还是一个建筑，功能混合的目的主要是减少交通出行距离。荷兰学者 Eric Hoppenbrouwe 就构建了一种规模、尺度、结构及空间维数为一体的功能混合模型，包括水平维度、垂直维度及时间维度的混合等多种形式。渝中半岛水平维度的功能混合主要通过用地内居住功能与产业功能的混合来提高区域内住职比来减小交通出行的压力；垂直维度的功能混合更多地表现在单栋建筑中容纳更多的城市功能，利用建筑的垂直空间分割及不同产业人流的特征进行布局，一般建筑底层为公共停车及交通空间，中部为商业等公共功能，上部为办公、居住等。这种方式在高密度的城市中运用非常普遍，香港张为平先生《隐形逻辑》一书中的香港高密度城市垂直都市主义正是该模型的极致利用。

图 5.28　重庆市国泰广场

5.4.3　微观：土地集约利用、路地协调发展

根据前文对渝中半岛定性和定量的评价可知，导致目前渝中半岛用地集约度不高的是建设用地比重不高，存在部分零散用地多年闲置的现象。用地集约不能通过用地面积和人口规模的增长来协调，通过存量用地的盘活对紧凑度的提高有一定的作用。目前，虽然渝中半岛轨道交通站点分布比较密集，但是部分站点没有与周边用地形成 TOD 的发展模式，在一定程度上影响到道路交通与城市用地的关系。另外，渝中半岛主次干路无论在里程还是面积层面均不可能发生大的变化，那么，支路的增加不仅对路网密度的提高有所帮助，同时支路中的慢行系统对道路与用地协调在山地城市中更加有效，渝中半岛中山城步道不仅是城市中重要的支路出行辅助系统，更是山地城市景观的展示廊道。

1. 盘活城市存量用地，用地集约利用

虽然目前都市区整体毛容积率接近 1.0，渝中半岛现状毛容积率达到 2.29，岛内居住用地毛容积率达到 4.84，但与香港岛 5.68 的毛容积率仍有较大差距。虽然在规划中强调控制城市总量，但对于渝中半岛而言，2.29 的毛容积率似乎与人们感觉的高密度有一定出入，这主要因为最密集、最高层数建筑基本均集中在解放碑地区，其他区域由于老旧住区的影响以及地形的影响城市密度相对较低，从而拉低了半岛的总体密度。另外，9.32km^{2}范围内并不是全部为建设用地，仍有部分用地属于未建设用地或者空地。所以提高半岛空间布局效能水平需要对岛内存量建设用地进行盘活，结合城市功能定位，在不降低城市空间布局生态效能的前提下，对影响城市功能及经济发展的存量用地进行盘活，并适当提高土地建设强度。同时需要进行合理密度分区，加强半岛中西部用地的建设强度，而不至于因为超高层建筑在解放碑的集中布局导致整体呈现出头重脚轻的布局。此外则是对其他未建设用地或者效能不高用地的再开发，提高城市的经济与社会效能。

2. 激活轨道交通节点，完善慢行系统

通过前文渝中半岛空间布局效能定性评价和定量评价结果可以发现渝中半岛道路交通存在的问题主要是道路网络系统有待进一步完善、主次支路结构比例需要进一步优化、部分交通节点效率低下以及岛内承担的跨组团出行量较大。对于高密度环境需要什么样的城市道路体系，前文已经进行了充分的论证，就渝中半岛而言，不仅需要满足岛内过多地联系其他城市组团的过境交通，同时高密度的环境更需要高效的公共交通网络体系为之服务。针对部分交通站点效率不高的问题，可以以站点为中心对周边用地进行 TOD 建设，从而减少过境交通。同时，在城市主次干路框架确定的基础上也可以结合旧城改造进行支路系统的建设，加强轨道交通站点与住区的联系。

图 5.29　渝中半岛山城步道

渝中半岛除了主次干路系统、轨道系统以及公共交通系统以外，由于特殊的地形以及上半城和下半城的空间布局，不同台地之间以及横向的联系无法通过机动车系统进行解决，必须加强城市的慢行系统，在渝中半岛目前已经有与车行道配套的步行道、跨江索道、电动扶梯等特色的公共交通方式。另外，都市区的山城步道更是渝中半岛慢行系统中重要的补充（图 5.29）。对于渝中半岛多台地的地形条件，仅仅通过提高道路网密度不一定可以提高交通可达性，而山城步道的建设刚好解决了水平交通与垂直交通联系的问题，是提高交通出行效率的重要手段，在 2018 年的交通出行统计中，都市区居民全方式出行结构中，步行占比达到了 43.6%，几乎与机动化出行持平。以山城半岛为主的慢行系统不仅是城市公共交通的补充，更可以利用山城步道串联城市自然景观、历史文化遗产、公共空间以及住区，形成独具特色的立体交通网络体系。

第6章　结　　语

高密度发展作为我国新时期城市乃至城市群的重要发展类型，在我国山地城市用地紧张的条件下，其为城市节约用地起到了关键作用。同时，由于高密度发展的自身规律，在发展过程中，城市空间布局层面显现出了各种各样的问题。对于山地城市而言，城市用地紧张，拓展难度较大，受地形地貌等因素的影响，一方面，高密度发展成为山地城市发展的必然途径；另一方面，山地城市在高密度发展同时，也对城市空间效能的发挥有所制约。

本书通过对高密度城市空间的认知充分了解了高密度城市形成的动因，结合我国城市高密度发展的时空演变规律对我国城市高密度发展现状有了基本的认知，从而基本确定了我国高密度城市的划分标准。结合山地城市的具体情况，分析了高密度发展下山地城市空间的特征与存在的问题，以问题为导向，通过山地城市空间效能定量评价与定性评估的研究，提出实现山地城市空间效能优化的具体途径，并以重庆市渝中半岛为例，进行实证研究。各个部分围绕高密度发展、山地城市空间及效能优化等内容，在分析过程中还得出以下若干结论：

（1）高密度概念具有不确定性、相对性，高密度城市环境形成也不仅仅是物理密度的增加，更是城市发展过程中城市化的快速发展、人口急剧增加、人居环境改善诉求及生态补偿等造成的。

（2）通过对山地城市、城市空间概念的讨论进一步明确本书所指山地城市空间是广义的概念，并以典型山地城市重庆市都市区和渝中半岛作为实证研究的对象。依据研究脉络与特定的指向，明确本书研究的山地城市空间布局主要指山地城市的物质空间。虽然山地城市空间具有多维特性，但其他维度的城市要素在城市社会中不断物化后，也可以以其在城市土地上的投影关系来替代，主要包括城市空间结构、土地利用与道路交通等内容。

（3）从效能概念出发，针对效能包含广义效能及狭义效能的特点，选取层次分析法作为评价城市空间效能的方法。从城市高密度发展空间运行的多因素、多目标的特性出发，揭示影响空间效能的主要因素，提炼空间布局效能优化的参与评价因子，建立起这些因子相互之间的关系及其变动所产生结果的空间效能分析模型，提出评价的方法和分析技术。

（4）在通过分析与协调理论相关的系统论、协同论和控制论三大理论的基础上，结合山地城市空间布局协调发展中集约化与生态化的内涵提出高密度山地城市空间布局效能协调的概念、目标及效能协调方法共同形成效能综合协调的理论框架，指导山地城市的空间布局优化。

（5）以重庆市都市区、渝中半岛为研究对象从宏观、中观、微观三个层面进行实证研究，充分印证了本书建立的“高密度概念与标准-空间效能评价体系-空间效能优化标准-空间效能优化策略”的空间布局效能优化方法的实践作用。

参 考 文 献

曹珂，肖竞. 2013. 契合地貌特征的山地城镇道路规划——以西南山地典型城镇为例[J]. 山地学，（4）：473-481.

陈敦鹏. 2011. 促进土地混合使用的思路与方法研究——以深圳为例[C]//中国城市规划学会，南京市政府. 转型与重构——2011 中国城市规划年会论文集.

陈明. 2005. 协同论与人类文化[J]. 系统辩证学学报，（2）：90-93.

陈仪. 2007. 大城市住区高密度发展形态初探[D]. 南京：东南大学硕士学位论文.

崔大树，张晓亚. 2016. 长江三角洲城市群空间效率测度研究[J]. 地理科学，36（3）：393-400.

戴均良，高晓路，杜守帅. 2010. 城镇化进程中的空间扩张和土地利用控制[J]. 地理研究，（10）：1822-1832.

丁成日. 2005. 城市密度及其形成机制：城市发展静态和动态模型[J]. 国外城市规划，（4）：7-10.

丁成日. 2007. 城市空间规划——理论、方法与实践[M]. 北京：高等教育出版社.

董春方. 2010. 城市高密度环境下的建筑学思考[J]. 建筑学报，（4）：20-23.

董春方. 2012. 高密度建筑学[M]. 北京：中国建筑工业出版社.

董鉴泓. 1982. 中国城市建设史[M]. 北京：中国建筑工业出版社.

董祚继. 2007. 中国现代土地利用规划研究[D]. 南京：南京农业大学博士学位论文.

杜春兰. 2005. 山地城市景观学研究[D]. 重庆：重庆大学博士学位论文.

杜栋. 2000. 管理控制论[M]. 徐州：中国矿业大学出版社.

段进. 1999. 城市空间发展论[M]. 南京：江苏科学技术出版社.

范进. 2011. 城市密度对城市能源消耗影响的实证研究[J]. 中国经济问题，（6）：16-22.

方创琳，祁巍锋，宋吉涛. 2008. 中国城市群紧凑度的综合测度分析[J]. 地理学报，63（10）：1011-1021.

费移山，王建国. 2004. 高密度城市形态与城市交通——以香港城市发展为例[J]. 新建筑，（5）：4-6.

付磊. 2008. 全球化和市场化进程中大都市的空间结构及其演化[D]. 上海：同济大学博士学位论文.

付磊，贺旺，刘畅. 2012. 山地带形城市的空间结构与绩效[J]. 城市规划学刊，（S1）：18-22.

傅建春，李钢，赵华，等. 2015. 中国城市人口与建成区土地面积异速生长关系分析——基于 652 个设市城市的实证研究[J] .中国土地科学，（2）：46-53.

顾朝林. 1994. 战后西方城市研究的学派[J]. 地理学报，49（4）：363-370.

顾朝林，甄峰，张京祥. 2000. 集聚与扩散——城市空间结构新论[M]. 南京：东南大学出版社.

官莹，黄瑛. 2004. 轨道交通对城市空间形态的影响[J]. 城市问题，（1）：36-39.

郭腾云，董冠鹏. 2009. 基于 GIS 和 DEA 的特大城市空间紧凑度与城市效率分析[J]. 地球信息科学学报，11（4）：482-490.

国家行政管理学院，建设部，世界银行. 2002. 可持续的城市发展与管理（上、下册）[M].

海道清信. 2011. 紧凑型城市的规划与设计[M]. 苏利英，译. 北京：中国建筑工业出版社.
何宁，顾保南. 1998. 城市轨道交通对土地利用的作用分析[J]. 城市轨道交通研究，1（4）：32-36.
胡俊. 1994. 中国城市：模式与演进[M]. 北京：中国建筑工业出版社.
胡列格，刘荣，王佳. 2013. 中小城市公交车车辆规模适量性研究[J]. 铁道科学与工程学报，10（1）：98-102.
黄光宇. 2002. 山地城市学[M]. 北京：中国建筑工业出版社.
黄光宇. 2005. 山地城市空间结构的生态学思考[J]. 城市规划，（1）：57-63.
黄亚平. 2002. 城市空间理论与空间分析[M]. 南京：东南大学出版社.
黄永斌，董锁成，白永平. 2015. 中国城市紧凑度与城市效率关系的时空特征[J]. 中国人口 • 资源与环境，25（3）：64-73.
霍绍周. 1988. 系统论[M]. 北京：科学技术文献出版社.
简 • 雅各布斯. 2005. 美国大城市的死与生[M]. 金衡山，译. 南京：译林出版社.
李保华. 2013. 低碳交通引导下的城市空间布局模式及优化策略研究：以郑州为例[D]. 西安：西安建筑科技大学博士学位论文.
李德华. 2001. 城市规划原理[M]. 北京：中国建筑工业出版社.
李坚明，孙一菱，庄敏芳. 2005. 台湾二氧化碳排放脱钩指标建立与评估[C]//中华发展基金管理委员会. 两岸环境保护与永续发展研讨会论文集. 台北.
李娟，李苗裔，龙瀛，等. 2016. 基于百度热力图的中国多中心城市分析[J]. 上海城市规划，（3）：30-36.
李敏，叶昌东. 2015. 高密度城市的门槛标准及全球分布特征. 世界地理研究，（1）：38-45.
李平华，陆玉麒. 2005. 可达性研究的回顾与展望[J]. 地理科学进展，（3）：69-78.
李小云，杨宇，刘毅. 2016. 中国人地关系演进及其资源环境基础研究进展[J]. 地理学报，（12）：2067-2088.
李秀彬，朱会义，谈明洪，等. 2008. 土地利用集约度的测度方法[J]. 地理科学进展，（6）：12-17.
理查德 • 罗杰斯，菲利普 • 古姆齐德简. 2004. 小小地球上的城市[M]. 仲德崑，译. 北京：中国建筑工业出版社.
联合国经济和社会事务部人口司. 2005. 联合国人口与发展委员会 2005 年数据[R].
联合国经济和社会事务部人口司. 2007. 2007 年世界人口状况报告[R].
林炳耀. 1998. 城市空间形态的计量方法及其评价[J]. 城市规划汇刊，（3）：42-45，65.
林东华. 2016. 基于 DEA 的中国城市群经济效率[J]. 北京理工大学学报（社会科学版），18（6）：92-98.
林展鹏. 2008. 高密度城市防灾公园绿地规划研究——以香港作为研究分析对象[J]. 中国园林，（9）：37-42.
凌莉. 2012. 土地混合使用开发控制策略研究[C]//中国城市规划学会.多元与包容——2012 中国城市规划年会论文集（13.城市规划管理）.
刘滨谊，余畅，刘悦来. 2002. 高密度城市中心区街道绿地景观规划设计——以上海陆家嘴中心区道路绿化调整规划设计为例[J]. 城市规划汇刊，（1）：60-62，67-80，88.
刘冰冰，杨晓春，李云. 2007. 深圳市密度分布实证研究方法再探[C]. 中国城市规划年会论文集.
刘高翔. 2009. 基于人地关系论的山地城市生长空间规划研究[D]. 重庆：重庆大学硕士学位论文.
刘盛和，吴传钧，陈田. 2007. 评析西方城市土地利用的理论研究[J]. 地理研究，（1）：111-119.

刘易斯·芒福德. 2004. 城市发展史[M]. 宋俊岭，倪文彦，译. 北京：中国建筑工业出版社.
陆化普，王继峰，张永波. 2009. 城市交通规划中交通可达性模型及其应用[J]. 清华大学学报（自然科学版），（6）：765-769.
马克平. 1993. 试论生物多样性的概念[J]. 生物多样性，（1）：20-22.
迈克·詹克斯，伊丽莎白·伯顿，凯蒂·威廉姆斯. 2004. 紧缩城市[M]. 周玉鹏，龙洋，楚先锋，译. 北京：中国建筑工业出版社.
毛蒋兴，闫小培. 2005a. 城市交通系统对土地利用的影响作用研究——以广州为例[J]. 地理科学，（3）：3353-3360.
毛蒋兴，闫小培. 2005b. 高密度开发城市交通系统对土地利用的影响作用研究——以广州为例[J]. 经济地理，（2）：185-188，210.
毛蒋兴，闫小培，王芳. 2004. 高密度土地开发对交通系统的影响——以广州为例[J]. 规划师，（12）：99-104.
毛蒋兴，闫小培，李响. 2005. 广州城市交通系统与土地利用互动关系格局演化研究[J]. 热带地理，1：43-48.
明庆忠. 2007. 人地关系和谐：中国可持续发展的根本保证——一种地理学的视角[J]. 清华大学学报（哲学社会科学版），（6）：114-121，142.
欧文·拉兹洛. 1998. 系统哲学引论：一种当代思想的新范式[M]. 钱兆华，译. 北京：商务印书馆.
彭瑶玲. 2014. 土地利用视角下的交通拥堵问题与改善对策——以重庆主城为例[J]. 城市规划，38（9）：85-89.
彭瑶玲，孟庆，许洁. 2011. 宜居视角下的重庆主城区居住建筑容量控制路径探索[J]. 重庆建筑，10（1）：1-6.
钱紫华，何波. 2011. 重庆主城区的合理建筑量测算[J]. 城市问题，（2）：44-48.
邱均平，文庭孝等. 2010. 评价学：理论·方法·实践[M]. 北京：科学出版社.
邱灵，方创琳. 2010. 城市产业结构优化的纵向测度与横向诊断模型及应用——以北京市为例[J]. 地理研究，29（2）：327-337.
仇保兴. 2012. 紧凑度与多样性——中国城市可持续发展的两大核心要素[J]. 城市规划，（10）：11-18.
任致远. 1982. 兰州城市容量试析[J]. 兰州学刊，（4）：42-45.
沙超奇. 2013. 中国城市轨道交通发展及现状调查报告[R]. 南京：南京铁道职业技术学院.
单舰. 2016. 南方山地城市街道网络的慢行化模型构建研究[D]. 重庆：重庆大学硕士学位论文.
沈清基. 1994. 城市人口容量问题的探讨[J]. 同济大学学报（人文·社会科学版），（1）：17-22.
沈清基，徐溯源. 2009. 城市多样性与紧凑性：状态表征及关系辨析[J]. 城市规划，（10）：25-34，59.
苏红键，魏后凯. 2013. 密度效应、最优城市人口密度与集约型城镇化[J]. 中国工业经济，（10）：5-17.
孙施文. 2007. 现代城市规划理论[M]. 北京：中国建筑工业出版社.
唐子来，付磊. 2003. 城市密度分区研究——以深圳经济特区为例[J]. 城市规划汇刊，（4）：1-9，95.
汪华丽. 2008. 重庆市城市土地集约利用研究[D]. 重庆：重庆大学硕士学位论文.
汪军，赵民，李新阳. 2012. 我国规划建设用地新标准制定的思路探讨[J]. 城市规划，（4）：54-60.
汪昭兵. 2009. 基于对比平原城市的山地城市用地标准讨论[C]//中国城市规划学会.城市规划和

科学发展——2009 中国城市规划年会论文集.
王波. 2007. 浅谈城市住区高密度发展的分布规律[J]. 江苏城市规划，(5)：31-33.
王国恩，胡敏. 2016. 城市容量研究的趋势与展望[J]. 城市问题，(1)：36-41.
王浩锋. 2013. 街道形态与城市密度[C]//中国城市规划学会. 城市时代，协同规划——2013 中国城市规划年会论文集（02-城市设计与详细规划）.
王峤，曾坚. 2012. 高密度城市中心区的防灾规划体系构建[J]. 建筑学报，S2：144-148.
王婧，方创琳，李裕瑞. 2014. 中国城乡人口与建设用地的时空变化及其耦合特征研究[J]. 自然资源学报，29（8）：1271-1281.
王维国. 2000. 协调发展的理论与方法研究[M]. 北京：中国财政经济出版社.
王晓军，朱文莉. 2017. 日本城市建成环境效率综合评价方法研究[J]. 国际城市规划，32（2）：147-150.
王志高. 2014. 尺度、密度、面积率——中国城市道路规划建设指标的启示[C]//中国城市科学研究会，天津市滨海新区人民政府. 2014（第九届）城市发展与规划大会论文集——S04 绿色交通、公交优先与综合交通体系.
韦亚平，赵民，肖莹光. 2006. 广州市多中心有序的紧凑型空间系统[J]. 城市规划学刊，164（4）：41-46.
魏清泉，韩延星. 2004. 高密度城市绿地规划模式研究——以广州市为例[J]. 热带地理，(2)：177-181.
温晓金，杨新军，王子侨. 2016. 多适应目标下的山地城市社会-生态系统脆弱性评价[J]. 地理研究，(2)：299-312.
吴传钧. 1991. 论地理学的研究核心——人地关系地域系统[J]. 经济地理，(3)：1-6.
吴恩融. 2014. 高密度城市设计[M]. 北京：中国建筑工业出版社.
吴启焰. 2001. 大城市居住空间分异研究的理论与实践[M]. 北京：科学出版社.
吴启焰，朱喜钢. 2001. 城市空间结构研究的回顾与展望[J]. 地理学与国土研究，(2)：46-50.
吴一洲，赖世刚，吴次芳. 2016. 多中心城市的概念内涵与空间特征解析[J]. 城市规划，(6)：23-31.
吴志强，刘朝晖. 2014. “和谐城市”规划理论模型[J]. 城市规划学刊，(3)：12-19.
武进. 1990. 中国城市形态[M]. 南京：江苏科技出版社.
席强敏. 2012. 城市效率与城市规模关系的实证分析——基于 2001～2009 年我国城市面板数据[J]. 经济问题，(10)：37-41.
向云波，王圣云，彭秀芬. 2009. 大城市人地关系空间结构演变及其优化研究——以上海市为例[J]. 云南师范大学学报（哲学社会科学版），(5)：50-56.
徐煜辉. 1999. 历史、现状、未来——重庆市中心城市演变发展与规划研究[D]. 重庆：重庆大学博士学位论文.
杨青山，梅林. 2001. 人地关系、人地关系系统与人地关系地域系统[J]. 经济地理，(5)：532-537.
姚存卓. 2009. 浅析规划管理部门在存量土地管理中存在的问题与解决途径. 规划师，25（10）：81-84.
叶锺楠. 2008. 2000 年以来“紧缩城市”相关理论发展综述[J]. 城市发展研究，(S1)：155-158.
于立. 2007. 关于紧凑型城市的思考[J]. 城市规划学刊，(1)：89.
余瑞林. 2013. 武汉城市空间生产的过程、绩效与机制分析[D]. 武汉：华中师范大学博士学位论文.
袁超. 2010. 缓解高密度城市热岛效应规划方法的探讨——以香港城市为例[J]. 建筑学报，（S1）：120-123.
袁晓玲，张宝山，张小妮. 2008. 基于超效率 DEA 的城市效率演变特征[J]. 城市发展研究，15（6）：102-107.
张杰，唐宏. 2009. 效能评估方法研究[M]. 北京：国防工业出版社.
张泠伟. 2011. 紧凑城市综合测度及其规划路径研究[D]. 重庆：重庆大学硕士学位论文.
张明哲. 2007. 社会效益理论、指标体系与方法探索[D]. 兰州：兰州大学硕士学位论文.
张为平. 2009. 隐形逻辑：香港，亚洲式拥挤文化的典型[M]. 南京：东南大学出版社.
张小松，胡志晖，郑荣洲. 2003. 城市轨道交通对土地利用的影响分析[J]. 城市轨道交通研究，（6）：24-26.
赵岑，冯长春. 2010. 我国城市化进程中城市人口与城市用地相互关系研究[J]. 城市发展研究，（10）：113-118.
赵燕菁. 2014a. 存量规划：理论与实践[J]. 北京规划建设，（4）：153-156.
赵燕菁. 2014b. 土地财政：历史、逻辑与抉择[J]. 城市发展研究，21（1）：1-13.
郑晓伟，王瑞鑫. 2014. 国内关于控制性详细规划容积率指标确定方法的研究进展综述[J]. 建筑与文化，（2）：45-47.
周丽亚，邹兵. 2004. 探讨多层次控制城市密度的技术方法——《深圳经济特区密度分区研究》的主要思路[J]. 城市规划，（12）：28-32.
周素红，杨利军. 2005. 城市开发强度影响下的城市交通[J]. 城市规划学刊，（2）：75-80，49.
朱俊华，许靖涛，王进安. 2014. 城市土地混合使用概念辨析及其规划控制引导审视[J]. 规划师，（9）：112-115.
朱炜. 2004. 公共交通发展模式对城市形态的影响[J]. 华中建筑，22（5）：104-106.
邹兵. 2015. 增量规划向存量规划转型：理论解析与实践应对[J]. 城市规划学刊，（5）：12-19.
邹德慈. 2002. 城市规划导论[M]. 北京：中国建筑工业出版社.
邹德慈. 2004. 城镇化和城市发展的科技问题研究[J]. 城市规划，28（11）：26-28.
Alexander E R. 1993. Density measures：A review and analysis[J]. Journal of Architectural and Planning Research，10（3）：181-202.
Amin T，Christopher P B，Hossein T A. 2011. An urban growth boundary model using neural networks，GIS and radial parameterization：An application to Tehran，Iran[J]. Landscape and Urban Planning，100（1-2）：35-44.
Batty M，Longley P A. 1989. Urban growth and form：Scaling，fractal geometry，and dissusion-limited aggregatiom[J]. Environment and Planning A，21；1447-1472.
Beckett H E. 1942. Population densities and the heights of building[J]. Lighting Research & Technology，7（7）：75-80.
Bertaud A. 2003. World development report 2003：Dynamic development in a sustainable world background paper：The spatial organization of cities：Deliberate outcome or unforeseen Consequence[R]. World Bank.
Betanzo M. 2007. Pros and cons of high density urban environments[J]. Build，（4）：39-40.
Bibby R，Shepherd J. 2004. Rural Urban Methodology Report[R]. Department for Environment Food

and Rural Affairs，London.

Brueckner J K，Largey A G. 2008. Social interaction and urban sprawl[J]. Journal of Urban Economics，64（1）：18-34.

Cervero R，Kang C D. 2011. Bus rapid transit impacts on land uses and land values in Seoul，Korea[J]. Transport Policy，18（1）：102-116.

Churchman A. 1999. Disentangling the concept of density[J]. Journal of Planning Literature，13（4）：389-411.

Duany A. 2000. Suburban Nation：The Rise of Sprawl and the Decline of American Dream[M]. San Francisco：North Point Press.

Edward Ng. 2010. DESIGNING HIGH-DENSITY CITIES：For Social & Environmental Sustainablity[R]. Eearthscan in the UK and USA.

Ellis J G. 2004. Explaining residential density[J]. Places，16（2）：34-43.

Erickson R A，Gentry M. 1985. Suburban nucleations[J]. Geographical Review，75：19-31.

Ewing R H. 1994. Characteristics，causes，and effects of sprawl：A literature review[J]. Environmental and Urban Issues，21（2）：1-15.

Freedman J L. 1975. Crowding and Behaviour，The Psychology of High-Density Living[M]. New York：Viking Press.

Giuliaono G，Naravan D. 2003. Another look at travel patterns and urban form：The US and great britain[J]. Urban Studies，40（11）：2295-2312.

Halvard B，Henrik U. 2013. An urbanization bomb Population growth and social disorder in cities[J]. Global Environmental Change，23（1）：1-10.

Kloosterman R C，Musterd S. 2001. The polycentric urban region：Towards a research agenda[J]. Urban Studies，38（4）：623-633.

Koolhaas R. 1994. Delirious New York[M]. New York：Monacelli Press.

Lee Y. 1989. An allometric analysis of the US urban system：1960—80[J]. Environment and Planning A，21（4）：463-476.

Levinson D M，Kumar A. 1997. Density and the journey to work[J]. Growth and Change，28（2）：147-172.

Longley P A，Mesev V. 2002. Measurement of density gradients and space-filling in urban systerm[J]. Regional Science，81：1-28.

Mandelbrot B B. 1982. The Fractal Geometry of Nature[M]. San Francisco：W H Freeman.

Martin L，March L. 1972. Urban Space and Structures[M]. Cambridge：Cambridge University Press.

Moon H. 1990. Land use around suburban transit stations[J]. Transportation，17（1）：67-88.

Muller P O. 2004. Transportation and urban form：Stages in the spatial evolution of the American metropolis//Hanson S，Giuliano G. Thee Geography of Urban Transportation[M]. 3rd ed. New York：Guilford Press.

MVRDV. 2005. KM3：Excursions on Capacities[M]. New York：Actar.

Nordbeck S. 1971. Urban allometric growth. Geografiska Annale[J]. Human Geography（Series B），53（1）：54-67.

Pont M B，Haupt P. 2004. Spacemate：the Spatial Logic of Urban Density[M]. Delft：Delft University

Press.

Pushkarev B M，Jeffery M Z. 1977. Public Transportation and Land Use Policy[M]. Bloomington：Indiana University Press.

Rapoport A. 1975. Toward a redefinition of density[J]. Environment and Behavior，7（2）：133-158.

Schaeffer K H，Sclar E. 1975. Access for All：Transportation and Urban Growth[M]. Baltimore：Penguin Books.

Sebastián M，William G A，Olga R G M. 2007. Land development，land use，and urban sprawl in Puerto Rico integrating remote sensing and population census data[J]. Landscape and Urban Planning，79（3-4）：288-297.

Smith W S. 1984. Mass transport for high-density living[J]. Journal of Singapore，November，15（2）：69-75.

Tapio P. 2005. Towards a theory of decoupling：Degrees of decoupling in the EU and case of road traffic in Finland between1970 and 2001 [J]. Transport Policy，12（2）：137-151.

TCPA（Town and Country Planning Association）. 2003. TCPA Policy Statement：Residential Densities [C]. TCPA，London.

Uytenhaak R. 2008. Cities Full of Space，Qualities of Density[M]. Rotterdam：010 Publishers.

附　录

A 都市区基础指标统计表

附表 A1　2018 年各区县户数和人口统计表

地区	年末总人口/万人	城镇人口/万人	60 岁及以上/万人	自然增长（户籍统计）		常住人口/万人	城镇人口/万人	城镇化率/%
				人数/万人	自然增长率/‰			
全市	3403.64	1655.72	718.94	11.46	3.37	3101.79	2031.59	65.50
主城区	687.49	564.63	163.53	4.14	6.09	875.00	791.96	90.51
渝中区	50.44	50.44	16.80	0.12	2.37	66.00	66.00	100.00
大渡口区	26.91	26.91	6.46	0.12	4.51	35.70	34.83	97.56
江北区	62.28	58.70	15.73	0.37	5.98	88.51	85.15	96.20
沙坪坝区	85.82	76.24	19.99	0.62	7.34	115.20	110.10	95.57
九龙坡区	95.02	80.11	22.03	0.58	6.17	122.50	114.55	93.51
南岸区	73.68	68.54	16.64	0.53	7.31	91.00	87.09	95.70
北碚区	63.57	43.71	17.42	0.24	3.79	81.10	67.78	83.58
渝北区	136.75	103.12	24.86	1.25	9.36	166.17	137.59	82.80
巴南区	93.02	56.86	23.60	0.31	3.35	108.82	88.87	81.67

附表 A2　2018 年各区县生产总值及各产业产值统计表

地区	第一产业产值/元	第二产业产值/元	第三产业产值/元	人均地区生产总值/元
全市	13782700	83287900	106561300	65933
主城区	962600	26953900	54167400	94346
渝中区	—	383616	11654896	182540
大渡口区	9733	767930	1503666	64082
江北区	10757	2587519	7680388	116836
沙坪坝区	38197	3553298	5772648	81328
九龙坡区	63040	4598175	7451262	99279
南岸区	38075	2786306	4423448	80487
北碚区	153283	2911538	2453059	68257
渝北区	237099	6340514	8853332	93691
巴南区	412376	3025076	4374709	72489

附表 A3　2018 年各区县教育和文化设施情况统计表

地区	普通中学			小学			广播覆盖率/%	电视覆盖率/%	公共图书馆/个	公共图书馆藏书/万册
	学校数/个	专任教师数/人	在校学生数/人	学校数/个	专任教师数/人	在校学生数/人				
全市	1122	117159	1653294	2893	126513	2095361	99.04	99.27	43	1807.93
主城区	230	26938	346468	429	27055	504261	99.88	99.91	11	998.42
渝中区	13	2484	20996	31	2273	29293	100.00	100.00	2	165.39
大渡口区	9	1221	14462	21	1170	22085	100.00	100.00	1	31.26
江北区	21	2272	39277	33	2309	39549	100.00	100.00	1	46.34
沙坪坝区	30	3189	40033	62	3449	74305	100.00	100.00	2	451.78
九龙坡区	31	4562	61640	48	3825	82091	100.00	100.00	1	57.02
南岸区	27	2872	39261	41	2507	58861	100.00	100.00	1	43.30
北碚区	18	2667	33567	47	2156	33109	100.00	100.00	1	65.77
渝北区	44	4865	62626	80	5992	107027	100.00	99.79	1	57.29
巴南区	37	2806	34606	66	3374	57941	99.11	99.61	1	80.27

附表 A4　2018 年各区县公共卫生情况统计表

地区	卫生机构数/个	医院、卫生院/个	卫生机构床位数/张	卫生技术人员/人	执业（助理）医师/人	注册护士/人
全市	20524	1684	220104	209237	76361	95104
主城区	4688	419	75669	87895	31959	42099
渝中区	371	34	14410	20468	6541	10165
大渡口区	226	26	2726	3034	1125	1464
江北区	397	42	8930	9969	3566	4915
沙坪坝区	592	48	10500	11131	3970	5464
九龙坡区	777	75	11532	11377	4269	5362
南岸区	554	32	5720	7902	3220	3557
北碚区	371	35	5243	5583	2232	2432
渝北区	630	65	7201	8979	3487	4177
巴南区	660	41	7146	6620	2552	3151

B 都市区城市空间布局定量评价指标一览表

附表 B1 重庆市都市区空间总体情况指标一览表

项目	基础数据			评价指标		
	城市建设用地面积/km²	城市总建筑面积/万 m²	城市常住人口/万人	城市规模等级	城市建设用地面积/km²	城市总建筑面积/万 m²
现状	674	112678.7	875	5	674	112678.7
规划	1370	＜1370000	1250	5	1370	＜1370000

附表 B2 重庆市都市区城市结构指标一览表

项目	基础数据				评价指标	
	城市建设用地面积/km²	城市总建筑面积/万 m²	建成区（规划区）周长/km	建成区（规划区）面积/km²	毛容积率	城市形态紧凑度
现状	674	112678.7	266.9（2014 年）	1961.30（2018 年）	1.67	0.59
规划	1370	＜1370000	323.4（2020 年）	2724.3（2035 年）	1.00	0.57

附表 B3 重庆市都市区城市建设用地指标一览表

项目	基础数据			评价指标	
	城市建设用地面积/km²	居住用地面积/hm²	公益性用地面积/hm²	居住用地比重/%	公益性用地比重/%
现状	674	285.1	228.49	42.3	33.9
规划	1370	411	657.6	30	48

附表 B4 重庆市都市区城市结构指标一览表

项目	基础数据						评价指标		
	城市建设用地面积/km²	城市用水普及率/%	城市燃气普及率/%	城市污水处理率/%	中小学数量/个	医院卫生院数量/个	基础设施完善度/%	人均医疗教育数量/(个/万人)	广播电视覆盖率/%
现状	674	98.28	97.39	95.84	658	398	96.90	1.21	99.92
规划	1370	100	100	100	1100	590	100	1.5	100

附表 B5 重庆市都市区城市道路指标一览表

项目	基础数据			评价指标	
	城市建设用地面积/km²	城市干路长度/km	道路建设用地面积/km²	路网密度/(km/km²)	城市道路面积比率
现状	674	3922.68	141.54	5.82	21
规划	1370	13700	246.6（含广场）	10.0	18

附表 B6　重庆市都市区城市轨道交通指标一览表

项目	基础数据			评价指标		
	城市建设用地面积/km^2	城市轨道里程/km	城市轨道站点数量/个	城市轨道网密度/(km/km^2)	轨道站点分布密度/(个/km^2)	轨道站点 1000m 覆盖率/%
现状	674	329	211	0.49	0.31	31.3
规划	1370	1353	800	0.90	0.58	98.76

附表 B7　重庆市都市区城市公共交通指标一览表

项目	基础数据			评价指标	
	公交车保有量/辆	公交站点数/个	公交线路总长度/km	公交站 300m 覆盖率/%	公交站 500m 覆盖率/%
现状	9216	1388	9807.21	41.3	75.5
规划	18750（15 台/万人）	—	—	95	100

附表 B8　重庆市都市区城市总体经济指标一览表

项目	基础数据				评价指标	
	城市人口规模/万人	城市用地规模/km^2	地区生产总值/亿元	全社会市政公用设施固定资产投资/万元	人均地区生产总值/元	人均市政设施固定资产投资/元
现状	875	674	8388.39	22680000	98686.94	25920
规划	1250	1370	14186.25	37260000	113489.98	29808

附表 B9　重庆市都市区城市产业结构指标一览表

项目	基础数据			评价指标		
	地区生产总值（第一产业）/亿元	地区生产总值（第二产业）/亿元	地区生产总值（第三产业）/亿元	第一产业比重/%	第二产业比重/%	第三产业比重/%
现状	114.10	3300.58	4973.84	1.36	39.35	59.29

附表 B10　重庆市都市区城市用地集约度指标一览表

项目	基础数据				评价指标	
	城市建设用地规模/km^2	居住建筑规模/万 m^2	居住用地面积/km^2	经营性用地面积/km^2	居住建筑毛容积率	城市经营性用地比重/%
现状	674	69233.6	285	62.21	2.43	9.23
规划	1370	308250.0	219.2	137	2.25	10

附表 B11　重庆市都市区城市建筑集约度指标一览表

项目	基础数据				评价指标		
	城市建设用地规模/km^2	建筑规模/万 m^2	建筑基地面积/km^2	集中性商业用地面积/km^2	建筑平均高度/m	集中性商业规模比重/%	建筑用地比重/%
现状	674	112678.7	167.03	23.03	6.79	3.55	26.96
规划	1370	＜1370000	219.2	74.5	5	6.27	30.0

附表 B12　重庆市都市区城市交通集约度指标一览表

项目	基础数据					评价指标		
	城市建设用地面积/km^2	快速路总长度/km	主干路总长度/km	次干路总长度/km	支路总长度/km	快速路网密度/(km/km^2)	干路网密度/(km/km^2)	支路网密度/(km/km^2)
现状	674	436.8	1007.9	1217.7	2430.2	0.65	3.95	3.61
规划	1370	992	2187	3955	7398	0.72	5.21	5.4

附表 B13　重庆市都市区城市交通运输能力指标一览表

项目	基础数据				评价指标		
	都市区面积/km^2	公路里程/km	等级公路/km	高速公路/km	公路网密度/(km/百 km^2)	等级公路密度/(km/百 km^2)	高速公路密度/(km/万 km^2)
现状	5473	11466	11390	1000	2.5	2.2	0.3

附表 B14　重庆市都市区城市人口概况指标一览表

项目	基础数据				评价指标	
	城市建设用地面积/km^2	城市人口规模/万人	城市 60 岁人口规模/万人	年末户籍人口/万人	城市老龄化水平/%	城市人口密度/(万人/km^2)
现状	674	875	157.31	687	17.98	0.92
规划	1370	1250	—	—	10	0.91

附表 B15　重庆市都市区城市人均指标一览表

项目	基础数据			评价指标	
	城市建设用地面积/km^2	城市居住建筑规模/万 m^2	城市人口规模/万人	人均建筑面积/m^2	人均用地面积/m^2
现状	674	69233.6	875	128.77	77.02
规划	1370	308250.0	1250	100	98.54

附表 B16　重庆市都市区城市绿化指标一览表

项目	基础数据			评价指标		
	城市建设用地面积/km^2	城市人口规模/万人	城市绿地面积/km^2	城市绿地比重/%	人均绿地面积/m^2	绿化覆盖率/%
现状	674	875	65	9.6	7.42	37.61
规划	1370	1250	135	10.0	10.8	38.23

附表 B17　重庆市都市区城市公共开放空间指标一览表

项目	基础数据				评价指标		
	城市建设用地面积/km^2	城市人口规模/万人	公共空间面积/km^2	公共空间覆盖面积/km^2	公共空间用地比重/%	人均公共空间面积/m^2	公共空间覆盖率/%
现状	674	875	212.63	665.76	7.0	7.85	70.08
规划	1370	1250	260.99	1164.5	19.05	8.45	85

附表 B18　重庆市都市区环境影响因素指标一览表

项目	基础数据		评价指标		
	城市建设用地面积/km^2	城市人口规模/万人	空气质量优良天数比例/%	城市污水处理率/%	垃圾处理率/%
现状	674	875	86.6	95.84	99.8
规划	1370	1250	100	100	100

附表 B19　重庆市都市区城市公共停车指标一览表

项目	基础数据					评价指标	
	城市建设用地面积/km^2	城市人口规模/万人	机动车保有量/万辆	公共停车场数量/个	公共停车位数量/万个	车均停车位/(个/车)	公共停车场辐射指标/(个/km^2)
现状	674	875	172	5143	152.08	0.88	11.09
规划	1370	1250	387	13874	464	1.2	10.12

附表 B20　重庆市都市区城市人均交通指标一览表

项目	基础数据					评价指标		
	城市建设用地面积/km^2	城市人口规模/万人	道路面积/万 m^2	公交车保有量/辆	轨道交通长度/km	人均公交车指标/(台/万人)	人均道路面积/m^2	人均轨道长度/(km/万人)
现状	674	875	196.0（含广场）	9216	329	10.53	22.4	0.38
规划	1370	1250	248.0（含广场）	18750	1256	15	19.84	1.0

C 渝中半岛城市空间布局定量评价指标一览表

附表 C1　渝中半岛空间总体情况指标一览表

项目	基础数据			评价指标		
	城市建设用地面积/km^2	城市总建筑面积/万 m^2	城市常住人口/万人	城市规模等级	城市建设用地面积/km^2	城市总建筑面积/万 m^2
现状	9.32	2137.83	35.31	5	9.32	2137.83
规划	9.32	＜1370000	1250	5	9.32	＜2796

附表 C2　渝中半岛城市结构指标一览表

项目	基础数据				评价指标	
	城市建设用地面积/km^2	城市总建筑面积/万 m^2	建成区（规划区）周长/km	建成区（规划区）面积/km^2	毛容积率	城市形态紧凑度
现状	9.32	2137.83	18.47	9.32	2.29	0.59
规划	9.32	＜12796	18.47	9.32	3.0	0.59

附表 C3　渝中半岛城市建设用地指标一览表

项目	基础数据			评价指标	
	城市建设用地面积/km^2	居住用地面积/hm^2	公益性用地面积/hm^2	居住用地比重/%	公益性用地比重/%
现状	9.32	189.29	366.84	20.31	39.36
规划	9.32	167.76	382.12	18	41

附表 C4　渝中半岛城市结构指标一览表

项目	基础数据						评价指标		
	城市建设用地面积/km^2	城市用水普及率/%	城市燃气普及率/%	城市污水处理率/%	中小学数量/个	医院卫生院数量/个	基础设施完善度/%	人均医疗教育数量/(个/万人)	广播电视覆盖率/%
现状	9.32	100	100	100	44	34	100	1.5	100
规划	9.32	100	100	100	44	34	100	1.5	100

附表 C5　渝中半岛城市道路指标一览表

项目	基础数据			评价指标	
	城市建设用地面积/km^2	城市干路长度/km	道路建设用地/hm^2	路网密度/(km/km^2)	城市道路面积比率
现状	9.32	55.97	239	9.24	25.64
规划	9.32	93.2	242.32	10.0	26

附表 C6　渝中半岛城市轨道交通指标一览表

项目	基础数据			评价指标		
	城市建设用地面积/km^2	城市轨道里程/km	城市轨道站点数量/个	城市轨道网密度/(km/km^2)	轨道站点分布密度/(个/km^2)	轨道站点 1000m 覆盖率/%
现状	9.32	18.8	14	2.98	1.5	100
规划	9.32	18.8	14	2.98	1.5	100

附表 C7　渝中半岛城市公共交通指标一览表

项目	基础数据			评价指标	
	公交车保有量/辆	公交站点数/个	公交线路总长度/km	公交站 300m 覆盖率/%	公交站 500m 覆盖率/%
现状	—	108	—	100	100
规划	—	—	—	100	100

附表 C8　渝中半岛城市总体经济指标一览表

项目	基础数据				评价指标	
	城市人口规模/万人	城市建设用地规模/km^2	地区生产总值/亿元	全社会市政公用设施固定资产投资/万元	人均地区生产总值/元	人均市政设施固定资产投资/元
现状	35.31	9.32	1122.2	1139534.91	170528	32272.3
规划	30	9.32	1064.09	2013818.4	354698.24	67127.28

附表 C9　渝中半岛城市产业结构指标一览表

项目	基础数据			评价指标		
	地区生产总值（第一产业）/亿元	地区生产总值（第二产业）/万元	地区生产总值（第三产业）/万元	第一产业比重/%	第二产业比重/%	第三产业比重/%
现状	—	383616	11654896	—	2.9	97.1

附表 C10　渝中半岛城市用地集约度指标一览表

项目	基础数据				评价指标	
	城市建设用地面积/km^2	居住建筑规模/万 m^2	居住用地面积/hm^2	经营性用地面积/hm^2	居住建筑毛容积率	城市经营性用地比重/%
现状	9.32	916.11	189.29	122.09	4.84	13.23
规划	9.32	699	139.8	139.8	5.0	15

附表 C11　渝中半岛城市建筑集约度指标一览表

项目	基础数据				评价指标		
	城市建设用地面积/km^2	建筑规模/万 m^2	建筑基地面积/hm^2	集中性商业用地面积/万 m^2	建筑平均高度/m	集中性商业规模比重/%	建筑用地比重/%
现状	9.32	2137.83	237.77	285.84	8.99	30.67	25.5
规划	9.32	＜12796	243.32	326.2	10	35	26

附表 C12　渝中半岛城市交通集约度指标一览表

项目	基础数据					评价指标		
	城市建设用地面积/km^2	快速路总长度/km	主干路总长度/km	次干路总长度/km	支路总长度/km	快速路网密度/(km/km^2)	干路网密度度/(km/km^2)	支路网密度度/(km/km^2)
现状	9.32	—	26.44	29.53	30.16	—	6.01	3.24
规划	9.32	—	60.58		32.62	—	6.5	3.5

附表 C13　渝中半岛（渝中区）城市人口概况指标一览表

项目	基础数据				评价指标	
	城市建设用地面积/km^2	城市人口规模/万人	城市 60 岁人口规模/万人	年末户籍人口/万人	城市老龄化水平/%	城市人口密度/(万人/km^2)
现状	17.9	66	16.8	50.4	25.46	3.79
规划	17.9	64	16.0	—	25	3.58

附表 C14　渝中半岛城市人均指标一览表

项目	基础数据			评价指标	
	城市建设用地面积/km^2	城市居住建筑规模/万 m^2	城市人口规模/万人	人均建筑面积/m^2	人均用地面积/m^2
现状	9.32	916.11	35.31	60.52	26.39
规划	9.32	308250.0	30	100	31.07

附表 C15　渝中半岛城市绿化指标一览表

项目	基础数据			评价指标		
	城市建设用地面积/km^2	城市人口规模/万人	城市绿地面积/hm^2	城市绿地比重/%	人均绿地面积/m^2	绿化覆盖率/%
现状	9.32	35.31	185.9	19.94	5.64	40.2
规划	9.32	30	186.4	20	10.8	42

附表 C16　渝中半岛城市公共开放空间指标一览表

项目	基础数据				评价指标		
	城市建设用地面积/km^2	城市人口规模/万人	公共空间面积/hm^2	公共空间覆盖面积/hm^2	公共空间用地比重/%	人均公共空间面积/m^2	公共空间覆盖率/%
现状	9.32	35.31	211.36	932	22.68	5.99	100
规划	9.32	30	214.36	932	23	6.5	100

附表 C17　渝中半岛环境影响因素指标一览表

项目	基础数据		评价指标		
	城市建设用地面积/km^2	城市人口规模/万人	空气质量优良天数比例/%	城市污水处理率/%	垃圾处理率/%
现状	9.32	35.31	86.6	100	100
规划	9.32	30	100	100	100

附表 C18　渝中半岛城市公共停车指标一览表

项目	基础数据					评价指标	
	城市建设用地面积/km^2	城市人口规模/万人	机动车保有量/万辆	公共停车场数量/个	公共停车位数量/个	车均停车位/(个/车)	公共停车场辐射指标/(个/km^2)
现状	9.32	35.31	6.88	588	78024	1.13	63.22
规划	9.32	30	15.48	1356	185800	1.2	145.49

附表 C19　渝中半岛城市人均交通指标一览表

项目	基础数据					评价指标		
	城市建设用地面积/km^2	城市人口规模/万人	道路面积/hm^2	公交车保有量/辆	轨道交通长度/km	人均公交车指标/(台/万人)	人均道路面积/m^2	人均轨道长度/(km/万人)
现状	9.32	35.31	239.0	371	18.8	10.50	6.77	0.53
规划	9.32	30	225	—	18.8	15	7.5	0.6

后　记

城市高密度发展已然成为当今城市发展的重要类型，但是没有明确的概念界定，往往以个人的感知与主观性对密度的基准进行判断。本书从城市高密度包含的内容出发，认为第一是城市空间物质环境建造的高密度，第二是城市居住人口的高密度集聚，第三是社会个体对其所处环境的主观认知及对比评价。从客观的视角出发，认为城市人口的高密度不能作为高密度城市的唯一标准，城市人口高密度往往伴随着城市建筑高容量的增加及城市建筑密度的增加，高人口密度与高建筑密度是高密度城市的主要表征，高密度城市的衡量标准由人口密度和建筑密度两个指标共同决定。对处于快速持续城市化进程中的中国城市而言，一方面像京津冀、长三角、珠三角及成渝等几个最重要的城市群地区，正面临城市人口规模和建设规模高密度发展带来的压力；另一方面，在我国尤其土地资源相对短缺的情况下，高密度发展既是城市发展的现实环境又是未来发展的主要趋势，是不同于许多国外城市发展模式的所在。

本书是国家“十二五”科技支撑重点项目“城镇群空间规划与动态监测关键技术研发与集成示范项目”中课题“城镇群高密度空间效能优化关键技术研究”（课题编号：2012BAJ15B03）的部分成果。主要提出了高密度山地城市识别标准，建立了空间布局效能定性与定量的双重评价体系；针对城市高密度发展过程中的现实课题，讨论了山地城市空间布局效能协调的方法，并以典型的山地城市高密度发展地区重庆市渝中半岛进行实证研究，充分印证了本书建立的山地城市空间布局效能优化方法的现实可行性，对重庆及其他地区的山地城市空间布局优化具有较好的理论价值与指导意义。核心内容包括从空间结构、土地利用与道路交通等方面建立了高密度山地城市空间布局效能定性与定量评价体系；提出了高密度山地城市背景下的“社会-经济-生态”效能综合协调方法及相应的“宏观-中观-微观”空间布局优化策略。

衷心感谢科技部的资助，使项目组在资料收集、调研、模型评价等环节得到了有力支撑，也使整个研究与实践反馈过程始终有足够的人力、物力支持，从而顺利完成了研究工作。参与本项目研究的人员包括赵万民教授、李和平教授、杜春兰教授、李泽新教授、闫水玉教授、卢峰教授、龙灏教授、褚冬竹教授、刘骏教授、韩贵锋教授和研究生仝昕、曾茜、宁一瑄，他们都为课题研究收集了诸多基础数据并提供了很多有价值的观点，他们对本书的最终完成做出了重要的贡献，在此要特别感谢他们！

本项目研究得到了重庆大学建筑城规学院、重庆市规划设计研究院的大力支持，感谢赵万民（重庆大学建筑城规学院前院长）、余颖（重庆市规划和自然资源局前总工）等为本课题研究提供的丰富实践和实证机会。在本书的完成过程中重庆大学建筑城规学院龙彬教授、谭少华教授、徐煜辉教授、闫水玉教授、杨宇震教授、杨培峰教授、黄瓴教授、卢峰教授、黄勇教授以及西南交通大学沈中伟教授、重庆市设计院院长徐千里教授及重庆市规划和自然资源局扈万泰局长等提出了宝贵的建议和指导，在此表示特别感谢！

李和平　刘　志

2020年10月于山城重庆